Friseurfachrechnen

Von Oberstudienrätin Hanna Lipp-Thoben, Kassel,
und Oberstudienrätin Petra Jany, Göttingen

3., neu bearbeitete Auflage
mit 72 Bildern und Tabellen,
268 Beispielen und 2282 Aufgaben

B. G. Teubner Stuttgart 1997

Die Deutsche Bibliothek – CIP-Einheitsaufnahme

Lipp-Thoben, Hanna:
Friseurfachrechnen / Hanna Lipp-Thoben und Petra Jany. –
Stuttgart: Teubner.

[Hauptbd.]. Mit Tabellen, 268 Beispielen und 2282 Aufgaben. –
3., neu bearb. Aufl. – 1997
ISBN 978-3-519-25701-1 ISBN 978-3-322-99938-2 (eBook)
DOI 10.1007/978-3-322-99938-2

Gesamtherstellung: Passavia Druckerei GmbH Passau
Umschlaggestaltung: Peter Pfitz, Stuttgart

Vorwort

Ach übrigens ...

Nicht nur Frisurenmode ändert sich, sondern auch M.M. = Mathemode. In vielen Schulen hat der Taschenrechner Einzug gehalten. Um 3×9 auszurechnen, sollte man ihn sicherlich nicht benutzen; im Kalkulationskapitel (Oberstufe, Meisterkurs) ist der Rechnereinsatz sicherlich sinnvoll und wird auch von Taschenrechner-Feinden akzeptiert. Trotzdem sollte man die Rechenbezirke des Gehirns stets trainieren, denn schon manch einer hat verzweifelt auf einem Rechner mit leerer Batterie rumgehackt. Sie sollten jede Aufgabe nicht nur mit, sondern auch ohne Taschenrechner lösen können.

Dieses Werk folgt der reformierten Rechtschreibung und Zeichensetzung. Ausnahmen bilden Texte, bei denen künstlerische, philologische und lizenzrechtliche Gründe einer Änderung entgegenstehen.

Ihre
H. Lipp-Thoben und
P. Jany

Frühjahr 1997

Inhaltsverzeichnis

1 Grundrechnungsarten

Wozu brauchen wir Zahlen? Onkel Heinrichs Vorfahre Adam besaß nur Schweine. Jeden Tag gab es Schweinebraten. Sein Nachbar lebte von Hühnern. Neidvoll schauten sich die beiden Familien gegenseitig in den Kochkessel. Die eine Familie hatte immer nur Schwein, die andere immer nur Huhn. Eines Tages nahm Adam viel Schwein, ging zu seinem Nachbarn und wollte von ihm viel Hühner dafür tauschen. Dabei gerieten sie in Streit, denn der Geizkragen wollte für viel Schwein nur wenig Huhn geben. Die beiden konnten sich nicht einigen, und Adam musste sein Schwein wieder mitnehmen.

Warum konnten sie sich nicht einigen? Ihnen fehlten Zahlen um festzulegen, wie viel Huhn es für wie viel Schwein gibt (**1**.1).

1.1 Viel Schwein – wenig Huhn

Rechnen mit ganzen und Dezimalzahlen. Unsere Zahlen sind ein System von verschiedenen Stellenwerten: es gibt Einer, Zehner, Hunderter usw.

Stellen

…	10.	9.	8.	7.	6.	5.	4.	3.	2.	1.	
										1	Einer
									1	0	Zehner
								1	0	0	Hunderter
							1	0	0	0	Tausender
						1	0	0	0	0	Zehntausender
					1	0	0	0	0	0	Hunderttausender
				1	0	0	0	0	0	0	Million
			1	0	0	0	0	0	0	0	Zehn Millionen
		1	0	0	0	0	0	0	0	0	Hundert Millionen
	1	0	0	0	0	0	0	0	0	0	Milliarde

Beispiel 5736547920 = fünfmilliardensiebenhundertsechsunddreißigmillionenfünfhundertsiebenundvierzigtausendneunhundertzwanzig

Diese Zahlen nennt man g a n z e Z a h l e n im Unterschied zu den D e z i m a l z a h l e n, die immer ein Komma enthalten. Dabei stehen an erster Stelle hinter dem Komma die Zehntel, an der zweiten die Hundertstel, an dritter die Tausendstel usw. Bei mehr als zwei Stellen hinter dem Komma werden die Zahlen einzeln gelesen.

Beispiele 0,357 gelesen: null-Komma-drei-fünf-sieben
198,54 gelesen: einhundertachtundneunzig-Komma-vierundfünfzig

1.1 Addition

5 + 8 = 13
Summand plus Summand gleich Summe

Ganze Zahlen werden addiert, indem wir gleiche Stellen der Summanden untereinander schreiben und zusammenzählen. Dabei beginnen wir mit den Einern. Geht der jeweilige Additionswert über zehn hinaus, werden die Zehnerwerte der nächsten Reihe hinzugezählt. Die Summe wird zweimal unterstrichen (im Buch fett gedruckt).

Beispiele

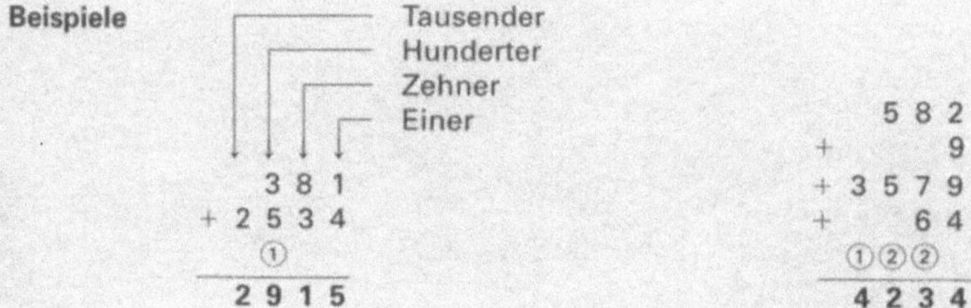

Dezimalzahlen werden addiert, indem wir Komma unter Komma setzen, so dass gleiche Stellen untereinander stehen. Das Komma wird beibehalten.

Beispiele

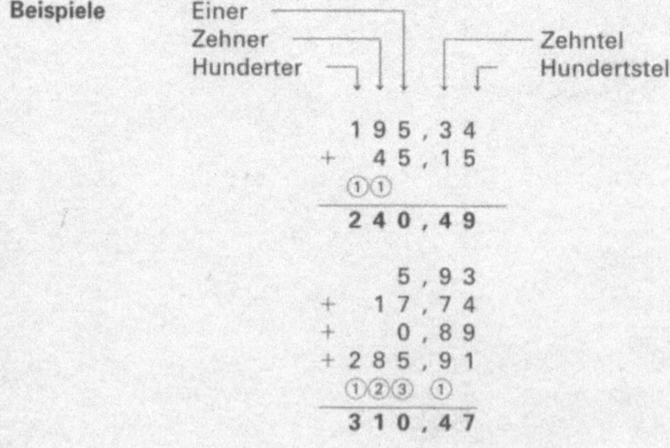

Ganze Zahlen können als Dezimalzahlen geschrieben werden, indem hinter die letzte Stelle (= Einer) das Komma gesetzt und eine oder mehrere Nullen ergänzt werden. Der Wert ändert sich dadurch nicht.

Beispiel

```
  17,88    oder     17,88
+ 14              + 14,00
------            -------
  31,88             31,88
```

Rechenvorteil. Müssen viele Zahlen addiert werden, geht es schneller, wenn wir zuerst die Zahlen zusammenzählen, die sich zu z e h n ergänzen. Dabei streichen wir sie durch, um sie nicht noch einmal zu berücksichtigen.

Beispiel

```
    1685 \
+    427  > 5 + 5 = 10
+    785 /
+     17 \
+    322  > 7 + 3 = 10
+     40
+    163 /
      ②
  ------
   . . . 9
```

Benannte Zahlen. Zurück zu den beiden Streithälsen. Wenn wir überlegen, was den beiden außer der Abwechslung im Suppenkessel und den Zahlen fehlte, so merken wir, dass sie ihre Schweine und Hühner auf gleiche E i n h e i t e n bringen mussten. Sie hätten es mit dem Gewicht (z. B. Kilogramm) oder einer Währung (z. B. DM) schaffen können. Dabei entstehen benannte Zahlen.

> Benannte Zahlen können wir nur addieren, wenn sie gleiche Einheiten haben.

Beispiele

```
  105 kg       35 DM      38 DM
+  25 kg     + 15 kg    + 17 Pf
-------      (durchgestrichen)  (durchgestrichen)
  130 kg

  3800 Pf    oder     38,00 DM
+   17 Pf           +  0,17 DM
--------            ---------
  3817 Pf             38,17 DM
```

Übungsaufgaben

Diese Sportübungen in Sachen Addition sind keine „Gemeinheit“, sondern erhöhen die Schnelligkeit im Rechnen und steigern die Konzentrationsfähigkeit.

1. Trimm-dich-Übung
   a) Addieren Sie die waagerechten Reihen →,
   b) addieren Sie die senkrechten Reihen ↓,
   c) addieren Sie alle zehn Ergebnisse von a) und b) zu einer Summe.

1.	15	9	38	237	8572
2.	4	7325	77	1532	27
3.	325	3	131	7898	1355
4.	1503	29	498	307	2973
5.	5	723	1033	85	921

2. Trimm-dich-Übung für Fortgeschrittene
   a) Addieren Sie die waagerechten Reihen →,
   b) addieren Sie die senkrechten Reihen ↓,
   c) addieren Sie die Ergebnisse von a) und b).

1.	1,53	253,71	0,089	0,72
2.	0,054	17,86	189,05	3,95
3.	9,31	89,09	3527,89	0,07
4.	975,04	0,06	19,542	3,038
5.	3598,37	10,33	545,71	0,09

3. Vom ersten Lohn geht Tiny einkaufen: Jeans 59,– DM, T-Shirt 26,80 DM, Kniestrümpfe 9,60 DM und Turnschuhe zu 45,40 DM. Wie viel hat sie ausgegeben?

4. Mitte des Monats hat Tiny kein Geld mehr. Damit ihr das nicht wieder passiert, macht sie eine genaue Buchführung über ihre Ausgaben.

Datum	Ausgaben	DM
1.9.	Monatskarte	46,–
	Süßigkeiten	5,40
	Cola	1,–
	Fernsehzeitung	2,–
2.9	Geburtstagsgeschenk	14,60
	Wurstbrötchen	2,20
	Milch	–,89
5.9.	Lippenstift	7,60
	Deo-Spray	3,29
	Strumpfhose	4,95
	Disco	12,80
	Zigaretten	5,–
6.9.	Kino	15,–
	Eis	4,80
7.9.	Ringhefteinlage	1,95
	Süßigkeiten	3,20
	Cola	1,–
9.9.	Pizza	9,–
12.9.	Kopfschmerztabletten	5,10
	Disco	18,50
	Bratwurst	4,80
15.9.	Süßigkeiten	4,40
	Cola	1,–
	Anteil Feten-Geld	6,–
	Schreibwaren	3,60
	Zeitung	4,–

   a) Wie viel Geld hat Tiny bis zur Monatsmitte ausgegeben?
   b) Wie viel Geld opfert Tiny für Süßigkeiten, Eis und Zigaretten?

5. Der Chef nimmt Tiny in den Friseurgroßhandel mit. Sie darf sich eine Erstausstattung an eigenem Werkzeug kaufen. Der Chef empfiehlt:

	Endpreis
1 Haarschneideschere	68,60 DM
1 Effilierschere	66,80 DM
1 Stielkamm	6,80 DM
1 Haarschneidekamm	8,20 DM
1 Föhnbürste	15,40 DM
1 Frisierkamm	8,60 DM
1 Drahtbürste	6,95 DM

   Was kostet das Werkzeug?

6. Im Schaufenster des Friseursalons, in dem Tiny arbeitet, hängt nachstehende Preisliste.

Damensalon	
Haarschnitt	**DM**
Neuschnitt	44,–
Nachschneiden	28,–
Pony kürzen	6,–
Frisur	
Waschen/Legen (Kurzhaar)	32,80
Waschen/Legen (Langhaar)	40,80
Waschen/Föhnen (Kurzhaar)	34,50
Waschen/Föhnen (Langhaar)	41,30
Festiger	7,50
Packung	12,80
Dauerwelle	
Kurzhaar	63,–
Langhaar	88,–
Färbungen	
Neufärbung	42,50
Ansatzfärbung	35,–
Pflanzenfärbung	48,40
Tönungen	25,20
Strähnen (kurz)	45,50
Strähnen (lang)	62,–
Herrensalon	
Neuschnitt	32,–
Nachschneiden	25,–
Bartschneiden	12,50
Waschen/Föhnen	28,–
Dauerwelle	55,–

Tiny hat sich in den Finger geschnitten. Beim Kassendienst rechnet sie

a) folgende Bedienungszettel ab (je = ? DM):

Damensalon

- Neuschnitt, Dauerwelle (Langhaar), Packung, Föhnen (Langhaar)
- Waschen/Legen (Kurzhaar), Strähnen, Festiger
- Waschen/Föhnen (Kurzhaar), Pony schneiden
- Waschen/Föhnen (Langhaar), Strähnen (lang), Tönung
- Neufärbung, Waschen/Legen (Langhaar), Packung
- Pflanzenfärbung, Waschen/Legen (Kurzhaar)

Herrensalon

- Waschen/Föhnen, Neuschnitt
- Waschen/Föhnen, Nachschneiden, Bartschneiden
- Waschen/Föhnen, Dauerwelle, Nachschneiden
- Waschen/Föhnen, Nachschneiden

b) Wie hoch waren die Einnahmen im Damen- und im Herrensalon?

7. Berechnen Sie die Bedienungszettel des Damensalons mit den Preisen des Salons, in dem Sie arbeiten.

8. Tinys Freund Tommy hat sich einen Traum erfüllt und eine gebrauchte 500er Maschine gekauft. Damit Tiny mitfahren kann, braucht sie Motorradkleidung. Sie geht in drei Spezialläden und notiert sich die Preise.

	Sturz-helm	Leder-kombi	Nie-ren-schutz	Stiefel	Hand-schuhe
1	180,–	560,–	33,80	156,80	49,– DM
2	174,50	640,80	49,50	198,–	34,20 DM
3	214,80	575,80	38,75	174,90	52,80 DM

a) Was muss sie anlegen, wenn sie sich die preiswertesten Stücke zusammenstellt?
b) Welches Geschäft bietet die Waren insgesamt am preiswertesten an?
c) Was muss sie bezahlen, wenn sie Helm und Nierenschutz gebraucht von einer Freundin für 120,– DM bekommt und bei den übrigen Stücken auf die preisgünstigsten zurückgreift?

9. Tiny hat ein todschickes Kleid gesehen. Wegen ihrer ständigen Finanznot setzt sich ihre Großmutter an die Nähmaschine. Tiny kauft das Material: Stoff 44,80 DM, Futterstoff 9,75 DM, Reißverschluss 3,80 DM, Knöpfe 7,10 DM, Nähseide 6,35 DM, Vliseline für den Kragen 2,80 DM.
Wie viel hat sie ausgegeben?

10. Beim Kassensturz sieht Tiny dem Chef über die Schulter und liest:

Damensalon	795,20 DM
Herrensalon	413,40 DM
Warenverkauf	189,35 DM
Wechselgeld	100,– DM

Wie viel Geld ist abends in der Kasse?

11. Bei der Beratung zur Dauerwelle empfiehlt der Friseur einer Kundin für ihre vorgeschädigten Haare Präparate zur Heimbehandlung. Das Shampoo kostet 12,80 DM, der Kurfestiger 9,45 DM, die Cremepackung 14,30 DM. Reichen 150,00 DM, die die Kundin mithat, wenn die Dauerwelle 88,00 DM kostet?

12. In den Quadraten sollen die Summen in den waagerechten Reihen, senkrechten Spalten und in den Diagonalen (schräg von links oben nach rechts unten und von rechts oben schräg nach links unten) gleich sein. Setzen Sie die fehlenden Summanden ein.

a)

16	3	2	13
	10		8
9		7	12
4			

b)

1			13
		11	2
	6	10	
4	9		16

c)

	12	1	14
	13		
16	3	10	
9			

d)

4		6	9
5	10		
		13	
14		12	

1.2 Subtraktion

13	−	8	=	5

Minuend minus Subtrahend gleich Differenz

Ganze Zahlen werden subtrahiert, indem wir gleiche Stellen untereinander schreiben und – mit den Einern beginnend – die Subtrahenden addieren und zum oben stehenden Minuenden ergänzen.

Probe: Differenz plus Subtrahend gleich Minuend!

Beispiel 1	Minuend	12397	**gerechnet**	Einer	5 bis 7 ist **2**
	Subtrahend	− 145		Zehner	4 bis 9 ist **5**
		12252		Hunderter	1 bis 3 ist **2**
				Tausender	0 bis 2 ist **2**
				Zehntausender	0 bis 1 ist **1**

Probe	Differenz	12252
	Subtrahend	+ 145
	Minuend	12397

Beispiel 2	12397	**gerechnet**	Einer	9 bis ① 7 ist **8**
	− 6549		Zehner	1 + 4 bis 9 ist **4**
	①① ①		Hunderter	5 bis ① 3 ist **8**
	5848		Tausender	1 + 6 bis ① 2 ist **5**
			Zehntausender	1 bis 1 ist **0**

Probe	5848
	+ 6549
	① ①
	12397

Beispiel 3	29864	Minuend	**Subtrahiere**
	− 94	Summe der Subtrahenden	
	− 125	**Addiere**	
	− 2037		
	− 5		
	①②		
	27603		

gerechnet	Einer	5 + 7 + 5 + 4 = 21	21 bis ② 4 ist **3**
	Zehner	2 + 3 + 2 + 9 = 16	16 bis ① 6 ist **0**
	Hunderter	1 + 0 + 1 = 2	2 bis 8 ist **6**
	Tausender		2 bis 9 ist **7**
	Zehntausender		0 bis 2 ist **2**

Probe	94	Subtrahenden
	+ 125	
	+ 2037	
	+ 5	
	+ 27603	Differenz
	29864	Minuend

Dezimalzahlen werden subtrahiert, indem wir Stelle unter Stelle (Komma unter Komma) schreiben und sie dann wie ganze Zahlen behandeln. Das Komma wird beibehalten.

Beispiele

a)	b)	c)
398,59	25843,46	16,50
− 12,14	− 2460,17	− 3,75
		① ①
386,45	**23383,29**	**12,75**

gerechnet c) Hundertstel 5 bis ① 0 ist **5**
Zehntel 1 + 7 = 8, 8 bis ① 5 ist **7**
Einer 1 + 3 = 4, 4 bis 6 ist **2**
Zehner 0 bis 1 ist **1**

Proben

386,45	23383,29	12,75
+ 12,14	+ 2460,17	+ 3,75
	① ①	①①
398,59	25843,46	16,50

Sind die Subtrahenden größer als der Minuend, entsteht eine **negative** Zahl!
In diesem Fall rechnen wir Minuend minus Subtrahend und setzen das **negative Vorzeichen** vor die Differenz.

Beispiel 1 8 − 9 = − **1**

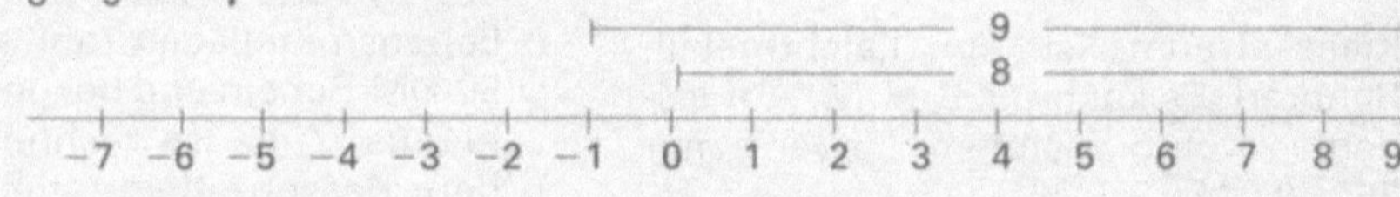

Beispiel 2

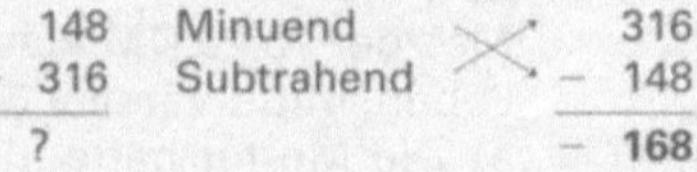

			c)	
148	Minuend	316	26,45	28,90
− 316	Subtrahend	− 148	− 28,90	− 26,45
?		− **168**	?	− **2,45**

Übungsaufgaben

1. a) 3698 − 1426
b) 9504 − 3261
c) 2931 − 345
d) 275,36 − 86,19
e) 210 − 245
f) 0,06 − 0,0038
g) 0,34 − 200
h) 10,45 − 18,092
i) 128,007 − 13,2
j) 1004,9 − 0,0043
k) 2327,4 − 329,0043

2. Subtrahieren Sie von **10000**

a)	b)	c)
− 93	− 1368	− 195
− 128	− 514	− 3418
− 16	− 2475	− 12
− 689	− 12	− 307
− 45	− 3524	− 28

d)	e)
− 37	− 25
− 386	− 294
− 14	− 3764
− 2947	− 88
− 3	− 2461

3. Subtrahieren Sie von **29 385,50**

a)		b)	
	− 24,60		− 4000,60
	− 16,22		− 379,02
	− 311,98		− 1854,16
	− 0,45		− 316,19
	− 987,67		− 0,04
c)	− 186,10	d)	− 16450,20
	− 16,24		− 1135,18
	− 593,86		− 12498,17
	− 36		− 0,007
	− 0,114		− 165,105

4. Die Grippewelle hat Tinys Klasse erreicht. Von 28 Schülern fehlen 15. Wie viel sind mittags noch da, wenn zwei Schülerinnen nach der ersten Pause schwänzen?

5. Tommy hat Geburtstag. Tiny und ihre Freunde wollen ihn mit einer Fete überraschen. Sie haben 210,– DM zusammengelegt und kaufen ein: Eine Kiste Cola 23,80 DM, ein Fässchen Bier 52,60 DM, Orangensaft für 11,80 DM, Partybrote für 26,90 DM und für 60,– DM Grillwürstchen. Wie viel Geld bleiben Tiny für Pappteller, Grillkohle und eine Überraschung?

6. Klaus Traum ist ein Leichtmetall-Rennrad. Es kostet 956,– DM. Auf seinem Konto stehen aber nur 264,50 DM.
   a) Wie viel Geld fehlt ihm?
   b) Er hilft seinem Geldmangel durch Gartenarbeit und Autowaschen ab. In zwei Monaten verdient er sich 186,– DM. Die Großmutter hat Mitleid und erlöst ihn mit einer Spende von 500,– DM. Kann er das Rad jetzt bezahlen?

7. Tante Berta hat Tiny von der Reise ein Fläschchen Parfüm mitgebracht. Da Tiny die Duftnote nicht besonders gefällt, gibt sie es ihrer Mutter, die ihr bare 48,50 DM dafür bezahlt. Mit dem Geld geht Tiny einkaufen: 1 Eau de Toilette zu 16,40 DM, ein Highlighter zu 6,95 DM, 1 Lipgloss zu 5,98 DM. Reicht das restliche Geld noch für eine Lidschattenpalette zu 26,80 DM?

8. Tiny bedient ihre Lieblingskundin, die heute zur Dauerwelle gekommen ist. Zur Behandlung verkauft sie ihr Spezialshampoo (18,30 DM), Spezialfestiger (9,25 DM), Haarkur (16,75 DM) sowie einen Einsteckkamm (14,95 DM). Die Kundin gibt Tiny zwei 100-DM-Scheine und bittet sie, 5,– DM in die Trinkgeldkasse zu stecken. Wie viel DM muss Tiny herausgeben, wenn die Dauerwelle 94,50 DM gekostet hat?

9. Tiny hat 284,90 DM auf dem Girokonto. Sie schreibt eine Überweisung von 36,20 DM und nimmt 75,– DM Bargeld mit. Wie viel bleiben auf dem Konto?

10. Tommys kleiner Bruder macht Vorgriffe auf das Taschengeld vom nächsten Monat (20,– DM). Er lässt sich folgende Beträge auszahlen: 0,50 DM; 1,98 DM; 2,89 DM; 0,35 DM und 86 Pf. Was bleibt ihm für den nächsten Monat?

11. Montags geht Tiny für die Mutter einkaufen. Beim Metzger bezahlt sie mit einem 20-DM-Schein und bekommt 3,80 DM zurück. Beim Bäcker gibt sie 10,– DM und erhält 6,10 DM wieder. Im Lebensmittelladen zahlt sie mit einem 50-DM-Schein und bekommt 17,40 DM heraus. Zuhause rechnet sie ab. Auf den Kassenzetteln stehen folgende Summen:
    Metzger 16,20 DM, Bäcker 3,90 DM, Lebensmittelhändler 30,60 DM.
    a) Die Mutter hatte ihr 100,– DM mitgegeben. Wie viel erhält sie zurück?
    b) Tiny stülpt das Portemonnaie um, hat aber nur 47,30 DM drin. In welchem Geschäft hat sie zu wenig Wechselgeld herausbekommen?

12. Die Mäuse haben Zahlen gefressen. Füllen Sie die Lücken aus.

a)		b)	
	7 . . 4		. 92, . . DM
	+ 36 .		+ . 1,80 DM
	7496		644,52 DM
c)	. 6 . 0	d)	. . . .
	+ 7 . 2 .		+ 6195
	10978		16194

1.3 Multiplikation und Potenzieren

1.3.1 Multiplizieren

Die Multiplikation ist nichts anderes als eine abgekürzte Addition gleicher Summanden.

Beispiel Addition: 8 + 8 + 8 + 8 + 8 = **40**
Multiplikation: 5 · 8 = **40**

5	·	8	=	40
1. Faktor (Multiplikand)	**mal**	**2. Faktor (Multiplikator)**	**gleich**	**Produkt**

Bei der schriftlichen Multiplikation mehrstelliger Zahlen schreiben wir den kleineren Faktor nach rechts, denn Faktoren dürfen vertauscht werden. Wir beginnen die Multiplikation mit den Einern des 1. Faktors und fahren fort mit den Zehnern, Hundertern usw.

Beispiel 1

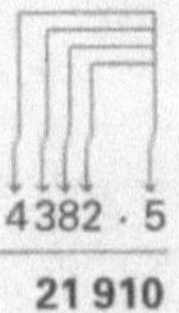

4382 · 5
21 910

gerechnet

Einer	5 · 2 = ①0	
Zehner	*5 · 8 = 40*	*40 + ① = ④***1**
Hunderter	5 · 3 = 15	15 + ④ = ①9
Tausender	5 · 4 = 20	20 + ① = **21**

Die Rechenweise ergibt sich aus folgender Überlegung:

Einer	5 · 2	=	10
+ Zehner	5 · 80	=	400
+ Hunderter	5 · 300	=	1500
+ Tausender	5 · 4000	=	20000
			21910

Die Summe der einzelnen Multiplikationen ist also das Produkt.

Beispiel 2

285 · 23
570
\+ 855
①
6555

gerechnet

1. Stelle des 2. Faktors
   mal E i n e r des 1. Faktors → 2 · 5 = ①0
   mal Z e h n e r des 1. Faktors → 2 · 8 = 16,
   16 + ① = ①**7**
   mal H u n d e r t e r des 1. Faktors → 2 · 2 = 4,
   4 + ① = **5**
2. Stelle des Faktors
   mal E i n e r des 1. Faktors → 3 · 5 = ①5
   mal Z e h n e r des 1. Faktors → 3 · 8 = 24,
   24 + ① = ②**5**
   mal H u n d e r t e r des 1. Faktors → 3 · 2 = 6,
   6 + ② = **8**

Schreiben Sie die Stellen der Teilprodukte genau unter den jeweiligen 2. Faktor. Sie vermeiden so Fehler bei der anschließenden Addition.

Rechenvorteile

```
456 · 3002        verkürzt   456 · 3002
-----------                  ----------
1368                          136800
   000                           912
    000                      ----------
     912                     1368912
-----------
1368912
```

Dezimalzahlen werden bei der Multiplikation wie ganze Zahlen behandelt. Im Ergebnis wird das Komma durch Abzählen der Dezimalstellen beider Faktoren gesetzt. Das Produkt hat also ebenso viel Stellen hinter dem Komma wie die multiplizierten Dezimalzahlen zusammen:

1. Faktor **2** Stellen hinter dem Komma
2. Faktor **3** Stellen hinter dem Komma

Produkt **5** Stellen hinter dem Komma

Beispiele

a) 3741 · 223,6	b) 374,1 · 223,6	c) 37,41 · 22,36
7482 8482 11223 22446	...	...
836487,6	**83648,76**	**836,4876**
Faktoren 1 → Produkt 1 Dezimalstelle	Faktoren 2 → Produkt 2 Dezimalstellen	Faktoren 4 → Produkt 4 Dezimalstellen

Beim Multiplizieren mit 10, 100, 1000 usw. hängen wir die entsprechende Anzahl Nullen an den Faktor. Bei Dezimalzahlen wird das Komma um die Anzahl der Nullen nach rechts gerückt. Fehlende Stellen ergänzen wir durch Nullen.

215 · 10 = 2150 215 · 1000 = 215000
5,76 · 10 = 57,6 5,76 · 1000 = 5760

Addieren und Subtrahieren konnte Tiny schnell und sicher. Weil sie sich aber bei mehrstelligen Multiplikationen häufig verrechnete, zeigen wir ihr eine schnell durchzuführende P r o b e, damit sie ihre Ergebnisse selbst kontrollieren kann. Die Sache klingt zwar kompliziert, ist aber nach dem „großen Durchblick“ ganz einfach!

Probe: Die Quersumme aus den multiplizierten einstelligen Quersummen der Faktoren ist gleich der einstelligen Quersumme des Produktes.

Die Q u e r s u m m e einer Zahl ist die Summe ihrer Ziffern (z. B. 134 → Quersumme 1 + 3 + 4 = **8**).

Die e i n s t e l l i g e Quersumme wird aus mehrstelligen Quersummen wiederum durch Addition ermittelt (z. B. 147368 → Quersumme 1 + 4 + 7 + 3 + 6 + 8 = 29, einstellige Quersumme → 2 + 9 = 11 → 1 + 1 = **2**).

Beispiel 1 4382 · 5 = 21910

4 + 3 + 8 + 2 = 17 | 2 + 1 + 9 + 1 + 0 = 13

1 + 7 = **8** | 1 + 3 = **4**

8 · 5 = 40 = **4** + 0

Quersumme der Faktoren **4** | Quersumme des Produkts **4**

Beispiel 2 3741 · 223,6 = 836487,6

3 + 7 + 4 + 1 = 15 | 2 + 2 + 3 + 6 = 13 | 8 + 3 + 6 + 4 + 8 + 7 + 6 = 42

1 + 5 = 6 | 1 + 3 = 4 | 4 + 2 = **6**

6 · 4

24

2 + 4 = **6**

Übungsaufgaben

1. Multiplizieren Sie mit 100
   a) 27 f) 6,5
   b) 348 g) 17,25
   c) 1267 h) 0,8
   d) 10053 i) 210,05
   e) 98562 j) 0,006
2. a) 128 · 5 g) 3064 · 90
   b) 384 · 7 h) 45312 · 47
   c) 1095 · 9 i) 212 · 123
   d) 17418 · 6 j) 948 · 706
   e) 34 · 16 k) 6420 · 512
   f) 618 · 25 l) 95026 · 826
3. a) 846 · 0,3 d) 728,3 · 1,5
   b) 1020 · 0,45 e) 859,76 · 0,42
   c) 16718 · 0,324 f) 16,219 · 64,39

   Sicher ist sicher! Deshalb sollten Sie die Ergebnisse immer durch die Probe kontrollieren!
4. Die Tintenhexe hat Zahlen verschluckt. Setzen Sie sie wieder ein.

a)
```
216 · . .
---------
    . . 6
  . . 44
---------
  . 10 .
```

b)
```
3522 · . 3 .
------------
 . . . . 2
  . . . . .
   . . . . 8
    . . . . 8
------------
  . . 5055 .
```

c)
```
3748 · . . . .
--------------
11244
  . . . 8
   . . . 6
    . . . . .
--------------
11705 . . 4
```

5. Ergänzen Sie die fehlenden Angaben in der Lohntabelle

	Std.-Lohn	Tageslohn 8 Std.	Wochenlohn 5 Tage
a)	15,80	? DM	? DM
b)	17,56	? DM	? DM
c)	27,95	? DM	? DM
d)	12,48	? DM	? DM
e)	32,24	? DM	? DM

6. Lena gehört immer noch zu den Rauchern! Sie braucht in der Woche 4 Packungen.
   a) Wie viel Packungen braucht sie im Jahr (52 Wochen)?
   b) Die Packung enthält 20 Zigaretten. Mit wie viel Zigaretten schädigt sie jährlich ihre Lunge und verpestet die Umwelt?
   c) Wie viel Geld gibt sie im Jahr dafür aus, wenn die Packung 5,– DM kostet?
7. Tiny hat zu Weihnachten eine sechsteilige Besteckgarnitur geschenkt bekommen. Sie möchte das Besteck auf 12 Teile ergänzen und lässt sich im Geschäft die Preisliste geben.

Esslöffel	14,80 DM
Gabel	16,20 DM
Messer	19,40 DM
Teelöffel	12,60 DM
Kuchengabel	13,20 DM

Im Januar kauft sie 6 Teelöffel und 3 Kuchengabeln, im Februar 2 Messer und 2 Gabeln, im März 6 Esslöffel, im April 3 Kuchengabeln, 4 Messer und 4 Gabeln.

a) Wie viel bezahlt sie in den einzelnen Monaten?
b) Was ist das gesamte Besteck (12 Teile) wert, wenn die Anlegteile 198,– DM gekostet haben?

8. Tinys Kusine und ihr Mann sind von einer Skandinavien-Rundreise zurückgekehrt. Der Tageskilometerzähler reicht bis 1000 km. Er war während der Fahrt neunmal durchgelaufen und zeigte vor der Haustür 816,58 km an. Wie viel km sind sie insgesamt gefahren?

9. Tiny möchte zum Konzert ihrer Lieblingsgruppe nach München fahren. Mit dem Zug kostet der Spass 264,– DM hin und zurück sowie 60,– DM Übernachtung. Mit dem Auto sind es bis dort 573 km, das Hotel kann sie aber sparen. Für 1 km Autofahrt rechnet Tiny 32 Pf. Was ist billiger, der Zug oder das Auto?

10. Jahresinventur in Tinys Salon. Der Chef schickt sie zum Zählen ins Lager. Hier ist das erste Blatt ihrer Liste:

5 Kartons Festiger blau	je 35 Stück
2 Kartons Festiger gelb	je 25 Stück
7 Kartons Festiger grün	je 35 Stück
3 Kartons Kurfestiger	je 12 Stück
11 Kartons Shampoo normal	je 15 Stück
4 Kartons Kurshampoo	je 15 Stück
6 Kartons Kurspülung	je 8 Stück
4 Kartons Haarspray	je 18 Dosen

a) Wie viel Festiger stehen im Lager?
b) Wie viel Stück und Dosen hat Tiny gezählt?

11. Frau Müller hat 10 Jahre lang ihre Haare färben lassen. Sie kommt einmal im Monat und hat in den ersten drei Jahren jeweils 36,40 DM, im vierten und fünften Jahr 37,80 DM und in den letzten fünf Jahren 42,70 DM bezahlt. Wie viel DM hat sie in den 10 Jahren für ihre Haarfarbe hingeblättert?

1.3.2 Potenzieren

In der Fachtheorie stand neulich in Tinys Klasse der pH-Wert kosmetischer Präparate auf dem Programm. Nachdem die Schüler die Skala von 0 bis 14 kennen gelernt hatten fragte eine Schülerin: „Was bedeuten denn nun eigentlich die Zahlen genau?" Der Lehrer antwortete ganz sachlich: „Es handelt sich um den negativen dekadischen Logarithmus der Wasserstoff-Ionen-Konzentration; also pH-Wert 3 $= 10^{-3} = \frac{1}{1000}$ mol $H^{\oplus}$-Ionen in 1 l Lösung!"

Da wollte niemand mehr etwas Genaues wissen!
Beim Anblick der 10^{-3} fiel Tiny das Kinn um 10^{1} cm herunter. Wie tief fiel ihr Kinn? Hier die Erklärung:

Treten mehrere gleich große Faktoren auf, schreibt man die Multiplikationsaufgabe kürzer.
$6 \cdot 6 \cdot 6 \cdot 6 \cdot 6 = 6^5$ (gelesen: sechs hoch fünf).
Damit ist also gemeint, dass die Zahl 6 fünfmal mit sich selbst multipliziert wird. Die Zahl, die als Faktor auftritt, heißt Grundzahl oder Basis (hier 6). Die Zahl, die die Anzahl der Faktoren angibt ist die Hochzahl oder Exponent (hier 5). Grundzahl (Basis) und Hochzahl (Exponent) zusammen nennt man Potenz.
Eine Potenz ist das Produkt gleicher Faktoren. Potenzieren heißt also, Zahlen mit sich selbst multiplizieren.

Beispiel

$3^1 = \mathbf{3}$
$3^2 = 3 \cdot 3 = \mathbf{9}$
$3^3 = 3 \cdot 3 \cdot 3 = \mathbf{27}$
$3^4 = 3 \cdot 3 \cdot 3 \cdot 3 = \mathbf{81}$
$3^5 = 3 \cdot 3 \cdot 3 \cdot 3 \cdot 3 = \mathbf{243}$

$5^1 = \mathbf{5}$
$5^2 = 5 \cdot 5 = \mathbf{25}$
$5^3 = 5 \cdot 5 \cdot 5 = \mathbf{125}$
$5^4 = 5 \cdot 5 \cdot 5 \cdot 5 = \mathbf{625}$
$5^5 = 5 \cdot 5 \cdot 5 \cdot 5 \cdot 5 = \mathbf{3125}$

Übrigens haben Sie die Potenzschreibweise schon oft gebraucht, ohne es zu bemerken. Denn m^2 ist ja nichts anderes als $m \cdot m$, m^3 folglich $m \cdot m \cdot m$. Beim Exponenten (Hochzahl) 2 sprechen wir von Quadratzahlen, beim Exponenten 3 von Kubikzahlen.

Quadratzahlen	**Kubikzahlen**	
$1^2 = 1 \cdot 1 = \mathbf{1}$	$1^3 = 1 \cdot 1 \cdot 1 = \mathbf{1}$	$10^1 = \mathbf{10}$
$2^2 = 2 \cdot 2 = \mathbf{4}$	$2^3 = 2 \cdot 2 \cdot 2 = \mathbf{8}$	$10^2 = 10 \cdot 10 = \mathbf{100}$
$3^2 = 3 \cdot 3 = \mathbf{9}$	$3^3 = 3 \cdot 3 \cdot 3 = \mathbf{27}$	$10^3 = 10 \cdot 10 \cdot 10 = \mathbf{1000}$
$4^2 = 4 \cdot 4 = \mathbf{16}$	$4^3 = 4 \cdot 4 \cdot 4 = \mathbf{64}$	$10^4 = 10 \cdot 10 \cdot 10 \cdot 10 = \mathbf{10000}$
$5^2 = 5 \cdot 5 = \mathbf{25}$	$5^3 = 5 \cdot 5 \cdot 5 = \mathbf{125}$	$10^5 = 10 \cdot 10 \cdot 10 \cdot 10 \cdot 10 = \mathbf{100000}$
$6^2 = 6 \cdot 6 = \mathbf{36}$	$6^3 = 6 \cdot 6 \cdot 6 = \mathbf{156}$	usw.
$7^2 = 7 \cdot 7 = \mathbf{49}$	$7^3 = 7 \cdot 7 \cdot 7 = \mathbf{343}$	
$8^2 = 8 \cdot 8 = \mathbf{64}$	$8^3 = 8 \cdot 8 \cdot 8 = \mathbf{512}$	
$9^2 = 9 \cdot 9 = \mathbf{81}$	$9^3 = 9 \cdot 9 \cdot 9 = \mathbf{729}$	

Zehnerpotenzen werden sehr oft gebraucht. Wie Sie sehen, entspricht ihr Exponent der A n z a h l v o n N u l l e n hinter der 1 des Ergebnisses.

Beispiel $10^3 = 1000$

Doch zurück zu Tinys Klasse! Eine kleine Neuigkeit hatte der Lehrer noch zu bieten, nämlich den n e g a t i v e n Exponenten. Er steht für eine Bruchzahl mit dem Zähler 1.

Beispiele $10^{-2} = \frac{1}{100}$, $10^{-3} = \frac{1}{1000}$, $10^{-4} = \frac{1}{10000}$ usw.

Demnach bedeutet der pH-Wert von $10^{-8} = \frac{1}{100\,000\,000}$ mol $H^{\oplus}$-Ionen in einem Liter Lösung.

Übungsaufgaben

12. Schreiben Sie folgende Produkte als Potenzen.
a) $7 \cdot 7$
b) $5 \cdot 5 \cdot 5$
c) $3 \cdot 3 \cdot 3$
d) $8 \cdot 8 \cdot 8 \cdot 8 \cdot 8 \cdot 8$
e) $10 \cdot 10$
f) $10 \cdot 10 \cdot 10$
g) $53 \cdot 53 \cdot 53 \cdot 53 \cdot 53$
h) $\frac{1}{1000}$ i) $\frac{1}{10\,000}$ j) $\frac{1}{1\,000\,000}$

13. Berechnen Sie die Potenzen
a) 10^5 b) 10^{-2} c) 4^5
d) 15^3 e) 125^{-2} f) 10^3
g) 10^{-6} h) 3^7 i) 10^{-4}
j) 14^{-5} k) 10^{-5} l) 2^3
m) 125^{-2} n) 9^{-3} o) 3^{-6}

14. Berechnen Sie die Quadratzahlen von 11 bis 15.

15. Berechnen Sie die Kubikzahlen von 11, 12 und 13.

16. Tommy behauptet: „Es gibt Potenzen, da brauche ich gar nicht zu rechnen, die schreibe ich sofort hin!" Wissen Sie, um welche Potenzen es sich handelt? Geben Sie drei Beispiele.

17. Tinys Chefin saß heute der Schalk im Nacken. Sie schlug einer Stammkundin vor, die Frisur nach der Anzahl der gebrauchten Wickler zu bezahlen. Der erste Wickler sollte 2 Pf kosten, der zweite 2^2 Pf, der dritte 2^3 Pf, der vierte 2^4 Pf usw. Tiny brauchte 18 Wickler.
   a) Was hätte die Kundin bezahlen müssen?
   b) Die Kundin war nicht dumm und schlug vor, sie wolle für den ersten Wickler nur 1 Pf zahlen, für den zweiten 1^2 Pf usw., aber die Endsumme verdoppeln. Wie hoch wäre dann die Rechnung?

18. Mit welcher Zahl muss man 3 potenzieren, um 729 zu bekommen?

1.4 Division

18 : 6 = 3

Dividend geteilt durch Divisor gleich Quotient

Dividieren bedeutet Teilen. Die Zahl, die aufgeteilt wird, heißt Dividend. Der Teiler ist der Divisor, das Ergebnis der Quotient.

Beim schriftlichen Dividieren beginnt man mit der ersten (größten) Stelle des Dividenden und prüft, wie oft der Divisor darin enthalten ist. Es wird von links nach rechts gerechnet.

Beispiel 1 **8 5 : 5 = 1 7**

gerechnet

1. Stelle Dividend — *1. Stelle* Quotient

8 : 5 = 1

1 · 5 = **5** von 8 abziehen

2. Stelle Dividend — *2. Stelle* Quotient

Rest 3 5 : 5 = 1 7

7 · 5 = 3 5

Rest 0 — Ergebnis = **1 7**

Beispiel 2 **1 3 5 : 9 = 1 5**

gerechnet Ist die 1. Stelle des Dividenden kleiner als der Divisor, wird die 2. Stelle hinzugenommen

1. + 2. Stelle Dividend

1 3 : 9 = 1

1 · 9 = 9

3. Stelle Dividend

Rest 4 5 : 9 = 1 5

5 · 9 = 4 5

Rest 0 — Ergebnis = **1 5**

Division von Dezimalzahlen. Dezimalzahlen werden zunächst wie ganze Zahlen dividiert. Vor dem Herunterholen der ersten Stelle hinter dem Komma setzen wir das Komma im Quotienten.

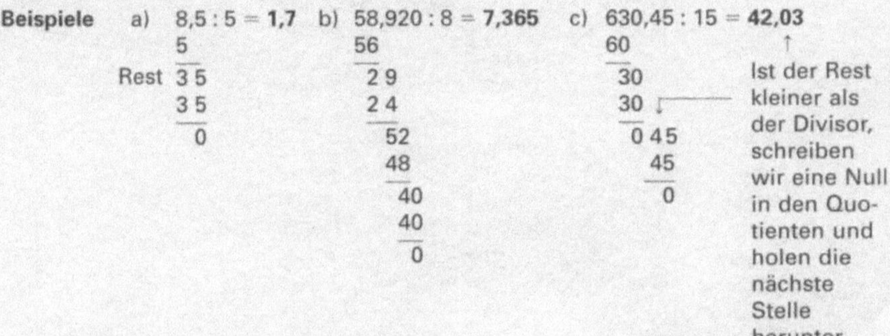

Rest. Bleibt bei der Division ganzer Zahlen ein Rest, verwandelt man den Dividenden in eine Dezimalzahl und rechnet wie bei der Division von Dezimalzahlen.

Beispiele

a) 344 : 5 = **68,8**
30
44
40
40
40
0

gerechnet wurde 344,0 : 5

b) 127 : 6 = **21,166...**
12
07
6
10
6
40
36
40
36
Rest 4

gerechnet wurde 127,000 : 6

Dezimalzahlen, bei denen immer der gleiche Rest übrig bleibt, nennt man periodische Dezimalzahlen. Man macht dies durch einen waagerechten Strich über der zweiten Stelle nach dem Komma deutlich.

Beispiel 21,6666666666 ... = $\mathbf{21{,}6\overline{6}}$

Runden von Zahlen. Tiny hat es besonders gut gemeint und bei einer Aufgabe 16 Stellen hinter dem Komma ausgerechnet! Wir hatten ihr zu sagen vergessen, dass man je nach der Einheit nur zwei oder drei Stellen stehen lässt. Dazu wird eine Stelle mehr als gefordert ausgerechnet, um zu prüfen, ob auf- oder abgerundet werden muss.

> Bei den Ziffern 0/1/2/3/4 wird abgerundet, d.h. die vorletzte Ziffer (Stelle) bleibt unverändert stehen.
> Bei den Ziffern 5/6/7/8/9 wird aufgerundet, d.h. die vorletzte Ziffer wird um 1 erhöht.

Beispiel 1 Einheit DM oder m = 2 Stellen hinter dem Komma

125,753 DM	→ abgerundet (3) ≈	**125,75 DM**
39,578 m	→ aufgerundet (8) ≈	**39,58 m**
146,035 DM	→ aufgerundet (5) ≈	**146,04 DM**
16,744 m	→ abgerundet (4) ≈	**16,74 m**
1,7362 DM	→ aufgerundet (6) ≈	**1,74 DM**

↑ die letzte Stelle wird nicht berücksichtigt!

Beispiel 2 kg oder l = 3 Stellen hinter dem Komma

739,2149 kg	→ aufgerundet (9) ≈	**739,215 kg**
38,2114 l	→ abgerundet (4) ≈	**38,211 l**
7,34509 kg	→ abgerundet (0) ≈	**7,345 kg**

↑ die letzte Stelle wird nicht berücksichtigt!

Wir dürfen aber nur e i n m a l aufrunden – 4,446 DM bleiben 4,45 DM und werden nicht 4,50 DM!

Der Divisor darf keine Dezimalzahl sein. Deshalb wird das Komma bei der Division zweier Dezimalzahlen um so viele Stellen nach rechts gerückt, bis der Divisor eine ganze Zahl ist.

Beispiele a) 2,45 : 0,5 = 24,5 : 5 = **4,9**

```
20
--
 45
 45
 --
  0
```

b) 1,3 : 0,079 = **13** : 0,79 = **130** : 7,9 = 1300 : 79 = **16,456**

```
79
---
510
474
---
 360
 316
 ---
  440
  395
  ---
   450
   440
   ---
    10
     .
     .
     .
```

Sicher haben Sie gemerkt, dass ein gleichmäßiges Verschieben des Kommas nichts anderes ist als ein Erweitern der Aufgaben mit 10, 100, 1000 usw., denn:

1 : 0,2 = 5   10 : 2 = 5   100 : 20 = 5   1000 : 200 = 5   10000 : 2000 = 5

> Teilt man ganze oder Dezimalzahlen durch 10, 100, 1000 usw., wird das Komma im Dividenden um die entsprechende Anzahl der Nullen nach links gesetzt. Fehlende Stellen müssen durch Nullen ersetzt werden.

Beispiele

a) 45 : 10 = **4,5**
→ in Worten: Eine Null = eine Stelle im Dividenden nach links → 4,5

b) 253 : 100 = **2,53**
→ in Worten: Zwei Nullen = zwei Stellen im Dividenden nach links → 2,53

c) 18,57 : 10 = **1,857**
18,57 : 100 = **0,1857**
018,57 : 1000 = **0,01857**

> Bei der Division mehrerer Divisoren darf der Dividend durch das Produkt der Divisoren geteilt werden.

Beispiel 240 : 3 : 4 = ?
240 : (3 · 4) = 240 : 12 = 20
denn 240 : 3 = 80, 80 : 4 = 20

Probe Wenn Sie die Regeln und Beispiele durchgearbeitet haben, lösen Sie alle Divisionsaufgaben problemlos. Kontrollieren können Sie Ihre Ergebnisse, indem Sie jeweils den Divisor mit dem Quotienten malnehmen, denn die Division ist die Umkehrung der Multiplikation. Als Ergebnis der Multiplikation erhalten Sie den Dividenden.

135 : 9 = **15** **Probe** 15 · 9 = 135
85 : 5 = **17** **Probe** 17 · 5 = 85
630,45 : 15 = **42,03** **Probe** 42,03 · 15 = 630,45

Rechenvorteil. Hier noch eine kleine, aber wichtige Rechenhilfe: Bei mehrstelligen Divisoren hilft man sich durch vorläufiges Vereinfachen der Zahlen. So kann man leichter prüfen, wie oft der Divisor in den Dividenden passt.

Beispiele

a)

	97257 : 498 = ?
geschätzt	972 : 500 = 1
gerechnet	972 : 498 = 1
	498
geschätzt	4745 : 500 = 9
gerechnet	4745 : 498 = 9
	4482
geschätzt	2637 : 500 = 5
gerechnet	2637 : 498 = 5
	2490
geschätzt	1470 : 500 = ,2
gerechnet	1470 : 498 = ,2
	996
geschätzt	4740 : 500 = , 9
gerechnet	4740 : 498 = , 9
	4482
Rest	258
Ergebnis **195,29**	Rest 258

b)

	525360 : 3184 = ?
grob geschätzt	5000 : 3000 = 1
gerechnet	5253 : 3184 = 1
	3184
	2069
grob geschätzt	20000 : 3000 = 6
gerechnet	20696 : 3184 = 6
	19104
	15920
grob geschätzt	15000 : 3000 = 5
gerechnet	15920 : 3184 = 5
Ergebnis **165**	

Übungsaufgaben

1. Dividieren Sie 120, 63, 448, 1027, 10398, 36,27, 0,5, 0,456
   a) durch 10, b) durch 100, c) durch 1000.

2. Bei diesen Aufgaben sind die Lösungen ganze Zahlen.

a) 888 : 6	e) 1250 : 25
b) 243 : 9	f) 6016 : 64
c) 1935 : 5	g) 5338 : 17
d) 19557 : 3	h) 156551 : 89

3. Bei diesen Aufgaben sind die Lösungen Dezimalzahlen mit nicht mehr als 3 Stellen.

a) 47 : 5	e) 3440 : 50
b) 10 : 8	f) 42 : 35
c) 163 : 4	g) 1928 : 16
d) 8395 : 2	h) 5460 : 84

4. Auch diese Aufgaben gehen auf!

a) 3,5 : 7	e) 1,80 : 45
b) 87,9 : 6	f) 21,75 : 15
c) 398,67 : 3	g) 1969,92 : 72
d) 9878,96 : 8	h) 2609,30 : 97

5. Tiny hat es ausprobiert und staunt: die Aufgaben gehen alle auf!

a) 0,5 : 0,5	e) 24,5 : 12,5
b) 9,1 : 3,5	f) 196,992 : 0,72
c) 6,24 : 1,3	g) 53458,5 : 0,157
d) 8,45 : 2,5	h) 621554,5 : 4,837

6. Runden Sie die folgenden Zahlen auf 2 Stellen hinter dem Komma.

a) 3,764	d) 1,6951
b) 9,481	e) 0,3709
c) 16,5938	f) 2,095

7.

a) 24 : 3 : 2	d) 26749 : 12 : 7
b) 189 : 3 : 3	e) 0,3 : 6 : 0,5
c) 19410 : 2 : 5	f) 17,3 : 1,5 : 0,4

Tiny findet Divisionsaufgaben „ätzend". Sie etwa auch? Hier kommen zum Trost ein paar einfachere Textaufgaben.

8. Zum 25jährigen Geschäftsjubiläum dürfen sich die fünf Friseurinnen und zwei Auszubildenden die Tageseinnahmen des Herrensalons teilen. Die Chefin beansprucht den gleichen Anteil für sich. Wie viel bekommt jeder, wenn 1816,40 DM eingenommen wurden?

9. Das Salonsparschwein enthielt am Samstag 216,60 DM und einen Hosenknopf. Die drei Azubis teilen das Geld gleichmäßig auf, der Knopf wandert zurück ins Schwein. Wie viel DM gibt's pro Kopf?

10. Nach der Bedienung von 12 Kundinnen und fünf Kunden waren 76,50 DM in der Trinkgeldkasse. Wie viel Trinkgeld hat jeder Kunde durchschnittlich gegeben?

11. Der Vater von Tinys Freundin streckt seiner Tochter den Kaufpreis von 2298,– DM für ihr erstes Auto (Rostbeule!) vor. Sie darf die Summe in 2 Jahren bei ihm abstottern. Wie hoch sind die Monatsraten?

12. Die Abschlussfahrt einer Berufsschulklasse kostet 1415,70 DM. Wie viel muss jeder der 26 Schüler bezahlen?

13. Drei Azubis beantragen bei ihrer Chefin eine Spülmaschine für die Kaffeetassen. Sie rechnet ihnen vor, dass jeder bei 179 Arbeitstagen das lästige Spülen nur 40-mal übernehmen muss. Hat die Chefin recht?

14. Tommys Fußballverein hat im Spiel gegen den 1. FC 5491,20 DM eingenommen. Wie viel Zuschauer waren es, wenn die Eintrittskarte im Durchschnitt 12,80 DM kostete?

15. a) Tinys Führerschein ist teuer geworden. Sie hat allein für Fahrstunden 1322,40 DM bezahlen müssen. Wie viel Stunden hat sie bei 45,60 DM Gebühr je Stunde gebraucht?
    b) Tommy brüstet sich mit seinen 18 Stunden, für die er nur 766,80 DM bezahlt hat. Was kostete die Stunde bei seiner Fahrschule?

16. Ein Kleinwagen kostet im Jahr 560,60 DM Kfz-Steuern und Versicherung. Welcher Betrag sollte im Monat zurück gelegt werden?

17. Tinys dicke Tante Berta hat in 16 Wochen mühsam 22840 g abgespeckt. Um wie viel Gramm wurde sie durchschnittlich am Tag leichter?

1.5 Verbindung der vier Rechenarten

Die „Chaotin" Tiny entwickelt neuerdings einen Hang zur Übersichtlichkeit. Hier ihr Merkkasten zu den Grundrechenarten:

Rechenarten		Rechenzeichen	Bezeichnungen
Strichrechnungen	*Addition*	+	Summand + Summand = Summe
	Subtraktion	−	Minuend − Subtrahend = Differenz
Punktrechnungen	*Multiplikation*	·	Faktor · Faktor = Produkt
	Division	:	Dividend : Divisor = Quotient

Azubi Markus will seine Prüfungschancen verbessern und berechnet seine Übungsmöglichkeiten. Der Salon hat 12 Modelle. Außerdem bedient Markus vier Freunde, die ihm versprochen haben, je zwei weitere willige Kurzhaarkandidaten anzuschleppen. Markus freut sich über die Menge seiner Modelle und rechnet: 12 + 4 · 2 = 32 Haarschnitte bis zur Prüfung! Später merkt er, dass er nur auf 20 Übungsköpfe kommt.

Was hat er falsch gemacht? Er hat diese Regel nicht beachtet:

> Punktrechnung geht vor Strichrechnung!

Er durfte also nicht 12 + 4 = 16 · 2 = 32 rechnen, sondern 12 + 4 · 2 (also 12 + 8) = 20!

Beispiele

a) 20 + 6 · 5 = ?
20 + 30 = **50**

b) 30 − 3 · 4 = ?
30 − 12 = **18**

c) 40 + 20 : 5 = ?
40 + 4 = **44**

d) 100 − 18 : 6 = ?
100 − 3 = **97**

e) 3 · 9 + 12 : 4 = ?
27 + 3 = **30**

Übungsaufgaben

1.
a) 86 + 3 · 7
b) 144 + 8 · 13
c) 23 + 14 · 9
d) 398 + 2 · 48,7
e) 12 · 7 + 13 · 2
f) 9 · 8 + 11 · 0,5
g) 17 · 14 + 3 · 7,84
h) 25 · 7 + 6 · 125
i) 9 · 15 + 4 · 58 + 19
j) 154 + 3 · 7 + 81 · 4

2.
a) 95 − 3 · 8
b) 2 · 75 − 125
c) 26 − 0,4 · 0,3
d) 319 − 16 · 18,5
e) 9 · 9 − 8 · 8
f) 54 · 3 − 2 · 17
g) 37 · 5 − 14 · 8
h) 316 · 5,4 − 2,8 · 0,7
i) 12 · 8 − 3 · 2 − 6 · 9
j) 1354 − 5 · 6 − 4 · 15

3. a) 16 + 12 : 3
   b) 149 + 81 : 9
   c) 14,7 + 1,92 : 0,6
   d) 2300 + 2379,8 : 7,3
   e) 28 : 2 + 14 : 7
   f) 36 : 3 + 180 : 6
   g) 28,88 : 7,6 + 10,4 : 0,5
   h) 7008 : 9,6 + 560 : 3,5
   i) 24 : 8 + 44 : 11 + 63 : 7
   j) 540 : 2 + 420 : 14 + 90 : 0,3
   k) 121 : 11 + 15,08 : 2,6 + 0,0625 : 0,25
   l) 6,24 : 0,39 + 81,6 : 3,4 + 36

4. a) 27 − 81 : 3
   b) 1450 − 90 : 0,45
   c) 3640 − 165 : 2,5
   d) 10,07 − 21,942 : 6,9
   e) 95 : 2 − 735 : 42
   f) 1463 : 17,5 − 367,2 : 27
   g) 2321 : 11 − 966 : 30
   h) 50 : 0,5 − 36 : 3,2
   i) 26 : 2 − 14 : 7 − 81 : 9
   j) 340 : 5 − 180 : 30 − 66 : 1,1
   k) 216 : 6 − 22,08 : 3,2 − 32,25 : 7,5
   l) 25,8 : 1,6 − 18,45 : 3,6 − 7,34

Onkel Heinrich hat drei Ställe mit je 5 Hühnern (**1.2**). Er genehmigt seiner Frau ein Huhn für die Suppe und rechnet:

(3 · 5) − 1 = 14

1.2 Onkel Heinrich spendiert 1 Suppenhuhn

Tante Berta überlistet ihn und nimmt aus jedem Stall ein Huhn (**1.3**). Sie rechnet:

3 · (5 − 1) = 14

1.3 Tante Berta nimmt je 1 Suppenhuhn

Warum hängt bei den beiden der Haussegen schief? Tinys Vater wird zu Rate gezogen und rettet die Lage. Er erklärt ihnen die Regel:

Punktrechnung vor Strichrechnung ist bei Aufgaben mit Klammern nicht gültig! Hier müssen zuerst die Klammern ausgerechnet werden.

Also: 3 · (5 − 1) = ?
      3 ·   4   = **12**

Beim Zusammentreffen mehrerer Rechenarten gilt die Regel: Zuerst werden die Klammern berechnet, dann die Punktrechnungen (Multiplikation und Division), zuletzt die Strichrechnungen (Addition und Subtraktion).

Steht kein Rechenzeichen vor der Klammer, handelt es sich immer um eine Multiplikation!

$14 \cdot (2 + 3) = 14\,(2 + 3)$

Beispiele

a) $(12 + 8) \cdot 3 - 4 =$ **56**
b) $40 : 2\,(10 - 5) =$ **100**
c) $(3 + 9) \cdot (14 - 12) =$ **24**
d) $(27 + 3) : (15 - 5) =$ **3**

Übungsaufgaben

5. a) $(120 + 64) \cdot 2 - 318$
   b) $(513 - 114) \cdot 5 + 5$
   c) $16\,(480 - 330) - 2300$
   d) $999\,(666 - 333) - 2667$

6. a) $80 : (12 - 10) : 2$
   b) $88 : 2\,(152 - 82)$
   c) $1340 : 4\,(420 - 399)$
   d) $16 \cdot 4 : (18 - 14)$

7. a) $(7 + 14) \cdot (2 + 18)$
   b) $(28 - 3) \cdot (48 + 12)$
   c) $(27 - 13) \cdot (84 - 64)$
   d) $(3{,}94 + 6{,}06) \cdot (2{,}5 - 0{,}05)$

8. a) $(43 + 12) : (48 - 37)$
   b) $(720 - 190) : (36 + 14)$
   c) $(3{,}75 + 4{,}25) : (2{,}43 - 1{,}94)$
   d) $(3789 - 35{,}6) : (14{,}75 - 7{,}75)$

Vermischte Übungsaufgaben zu den Grundrechnungsarten

9. Die 7 Kinder der Raumpflegerinnen haben im letzten Monat 84 Colaflaschen in der Berufsschule aufgesammelt. Der Hausmeister gibt ihnen 0,30 DM Flaschenpfand je Flasche. Wie viel DM erhält jedes Kind?

10. Tinys Bruder hat Konfirmation und sahnt außer den Geschenken Bares ab: von Tante Berta 200,– DM, von Onkel Fritz 250,– DM, von Oma Gerti 500,– DM, vom Geizkragen Moritz 75,– DM, von 8 Freunden der Eltern je 20,– DM, von der Patentante Gundel einen Scheck über 450,– DM, von zwei Nachbarn je 15,– DM.
    a) Wie viel Bargeld hat er am Abend?
    b) Wie hoch ist sein Kontostand, wenn er mit dem Scheck und dem Bargeld sein Guthaben von 216,18 DM auf dem Sparbuch auffüllt?

11. Die Rostbeule von Tinys Freundin erweist sich als Sprit- und Ölschlucker. Sie braucht in einem Monat für 620 km 2,5 Tankfüllungen und 0,5 l Öl. 1 Liter Benzin kostete im letzten Monat 1,59 DM, 1 Liter Öl 12,60 DM, in den Tank passen 32 l.
    a) Was hat die Freundin im letzten Monat für Benzin bezahlt?
    b) Was kosten Benzin und Öl zusammen in einem Monat?
    c) Was kostet das Auto einschließlich Benzin und Öl im Jahr, wenn sie die Raten (95,75 DM im Monat), 170,– DM Steuern und 390,60 DM Versicherung sowie eine Pauschale von 180,– DM für Reparaturen einrechnet?

12. Bei einem Spagetti-Wettessen verputzen 24 Personen 14 545 g Nudeln, 7228 g Hackfleisch, 6345 g Tomatensauce und 1520 g Käse. Der Sieger hat 2360 g zugenommen. Wie viel bringt jeder der anderen 23 Teilnehmer zusätzlich auf die Waage?

13. Tinys Klasse hat sich in der letzten Chemiearbeit einen dicken Bock geleistet. Hier der Klassenspiegel:

1	2	3	4	5	6
–	–	3	8	11	3

Die Parallelklasse hat die gleiche Arbeit mit folgenden Ergebnissen geschrieben:

1	2	3	4	5	6
3	4	11	8	2	1

Berechnen Sie die Durchschnittsnoten für beide Klassen.

14. Tinys Chef ist mit einem Tablett Kaffeetassen ausgerutscht. Nach dem ersten Schreck berechnet er die Scherben: 9 Untertassen und 11 Tassen sind zu Bruch gegangen. Wie hoch ist der Schaden, wenn eine Tasse 6,20 DM und eine Untertasse 5,75 DM kosten?

15. Auf dem Schulfest bessert Tinys Klasse ihre Kasse auf. Die Schüler verkaufen selbst gebackene Berliner. Für ungefüllte nehmen sie 0,55 DM, für gefüllte 0,75 DM. Sie backen je 200 gefüllte und ungefüllte, futtern allerdings 28 gefüllte selbst. Die Zutaten haben 96,30 DM gekostet.
   a) Die restlichen Berliner wurden verkauft. Wie viel waren es?
   b) Wie viel Geld hat die Klasse eingenommen?
   c) Wie hoch ist ihr „Futterschaden"?
   d) Wie viel Geld klimpert in der Kasse, wenn vor dem Schulfest 68,40 DM drin waren?

16. Die Weihnachtszeit hat bei Tiny Spuren hinterlassen. Die Plätzchen waren eine halbe Minute im Mund und sind nun ein halbes Jahr auf den Hüften. Um die Pfunde wieder los zu werden, will sie sich sportlich betätigen und läuft am ersten Abend 2 km.
   a) Wie viel km läuft sie am 10. Tag, wenn sie jeden Abend die Strecke um 0,5 km verlängert?
   b) Wie viel km ist sie insgesamt an den 10 Tagen gelaufen?
   c) Tiny braucht durchschnittlich 7,5 Minuten für 1 km. Wie lange braucht sie für ihre Strecke am 10. Tag?

17. Der schüchterne Heinrich aus dem Haus gegenüber hat sich in Tiny verknallt. Um möglichst lange in Gegenwart seiner Flamme zu sein, schleicht er Tiny viermal in der Woche auf ihrem Weg zum Betrieb nach und heftet sich auch abends nach Geschäftsschluss wieder an ihre Fersen. Besonders genießt er die 8 gemeinsamen Minuten in der Straßenbahn. Tiny geht 4 Minuten von der Wohnung bis zur Straßenbahnhaltestelle und muss nach der Fahrt noch 11 Minuten bis zum Salon laufen. Nach 3 Wochen spricht Heinrich Tiny endlich an, erhält aber eine Abfuhr. Wie viel Stunden und Minuten hat der arme Heinrich vergeudet?

18. Bobtailbaby Joschi frisst im Monat einen Sack Trockenfutter (82,– DM), jeden Tag 1 Dose Fleisch (2,48 DM). Wie hoch sind die Futterkosten im ersten Jahr?

19. Da die Chefin im Urlaub ist, muss eine der Friseurinnen die Tageseinnahmen abrechnen:

6 Dauerwellen	zu	78,90 DM
9 Haarschnitte	zu	45,80 DM
2 × Ponyschneiden	zu	5,50 DM
3 Tönungen	zu	25,50 DM
5 Färbungen	zu	38,60 DM

   a) Wie hoch waren die Tageseinnahmen?
   b) Wie viel Geld muss in der Kasse sein, wenn vorher 125,– DM Wechselgeld drin waren?

20. Im neuen Einkaufszentrum wird ein 89,5 m^2 großer Salon angeboten. Die Grundmiete beträgt 2362,80 DM. Mit welchem Quadratmeterpreis wurde gerechnet?

21. Für eine Färbung werden durchschnittlich 60 ml H_2O_2 gebraucht. Für wie viel Färbungen reichen 1000 ml, wenn insgesamt 30 ml beim Abmessen verloren gehen?

2 Bruchrechnen

2.1 Arten und Umwandeln von Brüchen

Am Samstag hat Tinys Vater eine Erdbeertorte gebacken. Weil das Mittagessen reichlich ausgefallen ist, schneidet er die Torte in der Mitte durch und hebt das eine Stück für Sonntag im Kühlschrank auf. Dann nimmt er die Familie auf den Arm und fordert „als Ernährer" die Hälfte der halben Torte für sich – also ein Viertel des herrlich duftenden Kuchens. Die Mutter hält das zwar angesichts des väterlichen Bäuchleins für bedenklich, meint dann aber, dass sie vom Rest die Hälfte haben müsse, und nimmt sich ein achtel Torte. Ein sechzehntel wird für Tante Berta aufgehoben. Der Vater scherzt: Dann gibt es für Tiny und Tommy die größten Stücke, nämlich je ein zweiunddreißigstel (**2.1**)!

Obwohl die größte Zahl das kleinste Stück Torte ist, protestieren die beiden nicht, denn sie haben beim Abräumen in der Küche längst einen guten Teil der weggestellten Hälfte niedergemacht.

Bruchrechnen ist kein Beinbruch, sondern nichts anderes als Teilen!

2.1 Tortenteilen

$\frac{1}{2}$ $\frac{1}{4}$ $\frac{1}{8}$ $\frac{1}{16}$ $\frac{2}{32}$ sind Brüche. Der Bruchstrich bedeutet g e t e i l t d u r c h.
Die Zahl auf dem Bruchstrich ist der Z ä h l e r; er zählt die Anzahl der Bruchteile. Die Zahl unter dem Bruchstrich heißt N e n n e r; er gibt die Größe des Bruchteils an (z. B. Halbe, Viertel, Drittel).

Beispiel $\frac{3}{4}$ bedeutet, dass ein Ganzes in 4 Teile zerlegt wurde und 3 dieser Teilstücke vorhanden sind.

$\frac{1}{4}$	$\frac{1}{4}$
$\frac{1}{4}$	$\frac{1}{4}$

$= 1 = \frac{4}{4}$

$\frac{3}{4}$ = 3 Teilstücke

Brucharten

Wir unterscheiden:
– **echte Brüche**: der Zähler ist k l e i n e r als der Nenner, ihr Wert ist also kleiner als 1.

z. B. $\frac{3}{5}$ $\frac{5}{6}$ $\frac{7}{8}$ $\frac{3}{4}$ $\frac{16}{29}$ $\frac{264}{389}$

- **unechte Brüche:** der Zähler ist g r ö ß e r als der Nenner, ihr Wert ist mehr als 1.

  z.B. $\frac{5}{3}$ $\frac{4}{2}$ $\frac{7}{6}$ $\frac{9}{5}$ $\frac{17}{8}$ $\frac{300}{157}$
- **gleichnamige Brüche:** haben die g l e i c h e n Nenner

  z.B $\frac{1}{6}$ $\frac{5}{6}$ $\frac{3}{6}$ $\frac{2}{6}$ $\frac{17}{6}$ $\frac{129}{6}$
- **ungleichnamige Brüche:** haben v e r s c h i e d e n e Nenner.

  z.B. $\frac{3}{4}$ $\frac{5}{8}$ $\frac{7}{9}$ $\frac{3}{5}$ $\frac{10}{13}$ $\frac{124}{347}$
- **Scheinbrüche:** der Zähler ist ein V i e l f a c h e s des Nenners.

  z.B. $\frac{4}{4}=1$ $\frac{6}{2}=3$ $\frac{7}{1}=7$ $\frac{9}{3}=3$
- **gemischte Zahlen:** eine ganze Zahl steht zusammen mit einer Bruchzahl.

  z.B. $2\frac{1}{2}$ $3\frac{5}{6}$ $30\frac{12}{13}$ $24\frac{9}{11}$

Übungsaufgaben

1. Welche der folgenden Brüche sind a) echte Brüche, b) unechte Brüche, c) Scheinbrüche, d) gemischte Zahlen?

   $\frac{1}{2}$ $\frac{5}{3}$ $3\frac{4}{5}$ $\frac{2}{2}$ $\frac{7}{8}$ $\frac{7}{7}$ $12\frac{3}{5}$ $\frac{1}{3}$ $\frac{20}{7}$ $\frac{8}{4}$ $\frac{112}{27}$ $\frac{3}{4}$ $\frac{9}{5}$ $1\frac{1}{3}$ $\frac{15}{3}$ $\frac{4}{9}$ $\frac{18}{4}$ $\frac{20}{5}$ $6\frac{2}{3}$ $\frac{3}{14}$ $\frac{60}{6}$

2. Bilden Sie je sechs gleichnamige Brüche zu a) $\frac{1}{8}$, b) $\frac{1}{5}$ und c) $\frac{3}{4}$.

2.1.1 Umwandeln von Brüchen und gemischten Zahlen in Dezimalzahlen

Ein Bruch wird in eine Dezimalzahl verwandelt, indem man den Z ä h l e r d u r c h den N e n n e r teilt.

Beispiele a) $\frac{1}{2} = 1 : 2 = \mathbf{0{,}5}$

$$\begin{array}{l} 10 \\ \underline{10} \\ 0 \end{array}$$

b) $\frac{30}{8} = 30 : 8 = \mathbf{3{,}75}$

$$\begin{array}{r} \underline{24} \\ 60 \\ \underline{56} \\ 40 \\ \underline{40} \\ 0 \end{array}$$

Gemischte Zahlen verwandeln wir in Dezimalzahlen, indem wir die ganze Zahl vor das Komma schreiben und bei der Bruchzahl den Zähler durch den Nenner teilen.

Beispiele a) $3\frac{2}{5} = 3, \ldots$

$$\begin{array}{l} 2:5 = 0{,}4 \\ 20 \\ \underline{20} \\ \ \ 0 \end{array}$$

$3\frac{2}{5} = \mathbf{3{,}4}$

b) $14\frac{1}{25} = 14, \ldots$

$$\begin{array}{l} 1\ :25 = \mathbf{0{,}04} \\ 10 \\ 100 \\ \underline{100} \\ \ \ \ 0 \end{array}$$

$14\frac{1}{25} = \mathbf{14{,}04}$

Übungsaufgaben

3. Verwandeln Sie in Dezimalzahlen.

a) $\frac{3}{4}$ e) $\frac{1}{50}$ i) $\frac{1}{20}$

b) $\frac{7}{10}$ f) $\frac{3}{5}$ j) $\frac{9}{6}$

c) $\frac{5}{8}$ g) $\frac{1}{25}$ k) $\frac{1}{100}$

d) $\frac{1}{5}$ h) $\frac{3}{25}$ l) $\frac{3}{20}$

4. Verwandeln Sie in Dezimalzahlen.

a) $1\frac{1}{2}$ e) $120\frac{3}{10}$

b) $2\frac{3}{4}$ f) $1480\frac{124}{1000}$

c) $14\frac{7}{8}$ g) $2\frac{3}{6}$

d) $6\frac{3}{25}$ h) $16\frac{1}{200}$

2.1.2 Umwandeln von Dezimalzahlen in Brüche

Jede Dezimalzahl lässt sich als Bruch schreiben. Das Verwandeln ist einfach, wenn Sie an die Bedeutung der Stellen hinter dem Komma denken. Z. B. bedeutet die erste Stelle Zehntel, die zweite Hundertstel, die dritte Tausendstel usw.

Zehntausender	Tausender	Hunderter	Zehner	Einer	Zehntel	Hundertstel	Tausendstel	Zehntausendstel
ZT	T	H	Z	E	z	h	t	zt
10000	1000	100	10	1 **Komma**	$\frac{1}{10}$	$\frac{1}{100}$	$\frac{1}{1000}$	$\frac{1}{10000}$

Links vom Komma stehen also die Ganzen, rechts die Bruchteile (z, h, t, zt . . .).

> Eine Dezimalzahl wird als Bruch geschrieben, indem die Zahl hinter dem Komma zum Zähler wird und der Stellenwert der letzten Ziffer zum Nenner. Der Nenner erhält also hinter der 1 so viel Nullen wie Stellen;
> z. B. 1 Stelle = 10, 2 Stellen = 100.
> Sind Einer, Zehner, Hunderter usw. vorhanden, entstehen gemischte Zahlen.

Beispiele

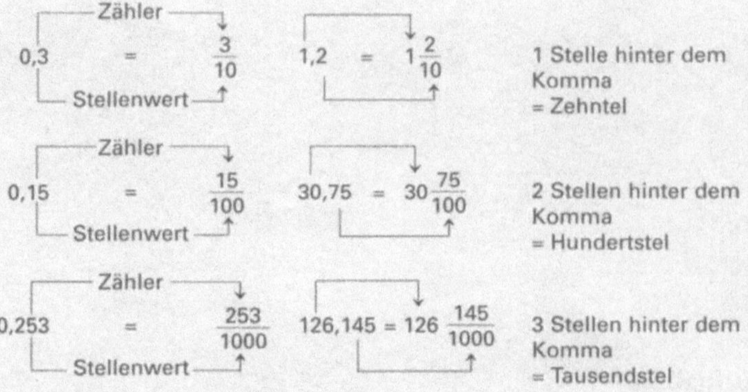

Übungsaufgaben

5. Verwandeln Sie in Brüche.
   a) 0,1
   b) 0,5
   c) 0,25
   d) 0,375
   e) 0,1433
   f) 0,03
   g) 0,48293
   h) 0,005

6. Schreiben Sie als gemischte Zahl.
   a) 1,5
   b) 3,29
   c) 20,341
   d) 112,07
   e) 1445,0203
   f) 16,1004
   g) 2,10002
   h) 120,008

2.1.3 Umwandeln ganzer und gemischter Zahlen in unechte Brüche

> Eine ganze Zahl lässt sich als Bruch mit jedem beliebigen Nenner schreiben. Dazu multiplizieren wir den gewünschten Nenner mit der ganzen Zahl und schreiben das Produkt als Zähler.

Beispiele

Zahl · Nenner

1 Ganzes in Drittel $1 \cdot 3 = 3$ $1 = \frac{3}{3}$ (Produkt)

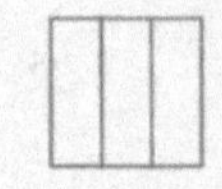

2 Ganze in Viertel $2 \cdot 4 = 8$ $2 = \frac{8}{4}$

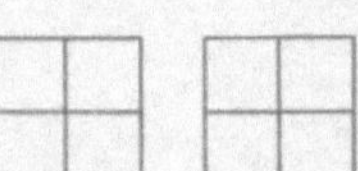

5 Ganze in Sechstel $5 \cdot 6 = 30$ $5 = \frac{30}{6}$

12 Ganze in Achtel $12 \cdot 8 = 96$ $12 = \frac{96}{8}$

Gemischte Zahlen werden in unechte Brüche verwandelt, indem die ganze Zahl mit dem Nenner multipliziert wird. Der Zähler wird addiert, der Nenner beibehalten.

Beispiele Ganze Zahl · Nenner + Zähler — Produkt + Zähler

$$6\frac{1}{4} = \frac{6 \cdot 4}{4} + \frac{1}{4} = \frac{24}{4} + \frac{1}{4} = \mathbf{\frac{25}{4}}$$

Nenner Nenner Nenner

$$16\frac{2}{3} = \frac{16 \cdot 3}{3} + \frac{2}{3} = \frac{48}{3} + \frac{2}{3} = \mathbf{\frac{50}{3}}$$

Übungsaufgaben

7. Verwandeln Sie
   a) 6 in Achtel
   b) 7 in Sechzehntel
   c) 3 in Zwanzigstel
   d) 16 in Halbe
   e) 24 in Neuntel
   f) 8 in Vierzigstel
   g) 138 in Viertel

8. Schreiben Sie als unechte Brüche.
   a) $1\frac{1}{2}$ d) $20\frac{3}{4}$ g) $156\frac{7}{8}$
   b) $2\frac{5}{6}$ e) $4\frac{2}{3}$ h) $64\frac{13}{14}$
   c) $5\frac{3}{7}$ f) $36\frac{6}{15}$ i) $16\frac{3}{10}$

2.1.4 Umwandeln unechter Brüche in gemischte Zahlen

Unechte Brüche werden in gemischte Zahlen verwandelt, indem der Zähler durch den Nenner dividiert wird. Der Quotient wird zur ganzen Zahl, der Rest bleibt als Bruch stehen.

Beispiele Zähler : Nenner

a) $\frac{25}{4} = 25 : 4 = \mathbf{6\frac{1}{4}}$
$\underline{24}$
1 → Rest als Bruch

b) $\frac{146}{15} = 146 : 15 = \mathbf{9\frac{11}{15}}$
$\underline{135}$
11 →

Übungsaufgaben

9. Verwandeln Sie in eine gemischte Zahl.
   a) $\frac{9}{2}$ b) $\frac{19}{4}$ c) $\frac{25}{6}$ d) $\frac{19}{3}$ e) $\frac{248}{25}$ f) $\frac{589}{48}$ g) $\frac{277}{50}$

2.1.5 Erweitern und Kürzen von Brüchen

Brüche werden erweitert, indem Zähler **u n d** Nenner mit der **g l e i c h e n Z a h l m u l t i p l i z i e r t** werden. Der Wert des Bruches verändert sich dabei nicht.

Beispiel a) $\frac{1}{2}$ erweitert mit 2 $= \frac{1 \cdot 2}{2 \cdot 2} = \mathbf{\frac{2}{4}}$

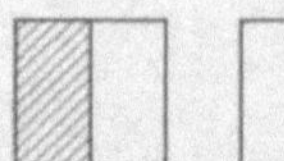

b) $\frac{3}{4}$ erweitert mit 5 $= \frac{3 \cdot 5}{4 \cdot 5} = \mathbf{\frac{15}{20}}$

c) $\frac{9}{20}$ erweitert mit 10 $= \frac{9 \cdot 10}{20 \cdot 10} = \mathbf{\frac{90}{200}}$

Kürzen ist das Gegenteil vom Erweitern. Brüche werden gekürzt, indem Zähler **u n d** Nenner **d u r c h** die **g l e i c h e Z a h l** dividiert werden. Auch hierbei bleibt der Wert des Bruches unverändert.

Beispiele a) $\frac{2}{4}$ gekürzt durch 2 $= \frac{2:2}{4:4} = \mathbf{\frac{1}{2}}$ b) $\frac{18}{30}$ gekürzt durch 6 $= \frac{18:6}{30:6} = \mathbf{\frac{3}{5}}$

Beim Erweitern hatte Tiny überhaupt keine Schwierigkeiten. Beim Kürzen wusste sie allerdings nie, durch welche Zahl Zähler und Nenner geteilt werden können. Deshalb hier ein paar Hilfen!

Teilbarkeitsregeln. Ein Bruch lässt sich

- **durch 2** kürzen, wenn Zähler und Nenner mit einer **g e r a d e n Z a h l** oder einer **N u l l** enden (0, 2, 4, 6, 8).
  z. B. $\frac{12}{34}$ $\frac{18}{60}$ $\frac{14}{86}$ $\frac{1396}{1472}$
- **durch 3** kürzen, wenn die **Q u e r s u m m e** (= Summe der Ziffern) von Zähler und Nenner durch 3 teilbar sind.
  z. B. 124 Quersumme $1 + 2 + 4 = 7 \rightarrow$ nicht durch 3 teilbar
  1902 Quersumme $1 + 9 + 0 + 2 = 12 \rightarrow$ durch 3 teilbar
  $\frac{69}{192}$ Quersumme $6 + 9 = 15$ / Quersumme $1 + 9 + 2 = 12$ $\quad \frac{69:3}{192:3} = \mathbf{\frac{23}{64}}$
- **durch 4** kürzen, wenn die **l e t z t e n b e i d e n Z i f f e r n** von Zähler und Nenner durch 4 teilbar sind.
  z. B. $\frac{616}{1788} \rightarrow$ 16 : 4 ohne Rest / 88 : 4 teilbar, also $\frac{616:4}{1788:4} = \mathbf{\frac{154}{447}}$
- **durch 5** kürzen, wenn Zähler und Nenner mit **5** oder **0** enden.
  z. B. a) $\frac{25}{50} = \frac{5}{10} = \frac{1}{2}$ b) $\frac{1005}{20} = \frac{201}{4}$

- **durch 6** kürzen, wenn Zähler und Nenner mit einer geraden Zahl (0, 2, 4, 6, 8) enden und die Quersumme durch 3 teilbar ist.

  z.B. $\frac{756}{3678}$

a) Zähler und Nenner enden mit einer geraden Zahl
b) Quersumme Zähler 7 + 5 + 6 = 18 durch 3
   Quersumme Nenner 3 + 6 + 7 + 8 = 24 teilbar,

also $\frac{756:6}{3678:6} = \mathbf{\frac{126}{613}}$

Um Fehler zu vermeiden, sollten Sie sich stufenweises Kürzen angewöhnen. Besonders einfach wird es, wenn Sie sich auf 2, 3, 5 und 10 beschränken.

Beispiele

a) $\frac{60}{150}$ gekürzt durch 10 = $\frac{6}{15}$ gekürzt durch 3 = $\mathbf{\frac{2}{5}}$

b) $\frac{4572}{5400}$ gekürzt durch 2 = $\frac{2286}{2700}$ gekürzt durch 3 = $\frac{762}{900}$

gekürzt durch 3 = $\frac{254}{300}$ gekürzt durch 2 = $\mathbf{\frac{127}{150}}$

Übungsaufgaben

10. Erweitern sie mit 3.

a) $\frac{1}{2}$ e) $\frac{14}{23}$
b) $\frac{3}{4}$ f) $\frac{12}{19}$
c) $\frac{5}{3}$ g) $\frac{26}{25}$
d) $\frac{4}{5}$ h) $\frac{184}{300}$

11. Erweitern Sie mit 5.

a) $\frac{2}{3}$ e) $\frac{7}{8}$
b) $\frac{9}{80}$ f) $\frac{3}{500}$
c) $\frac{7}{15}$ g) $\frac{11}{10}$
d) $\frac{4}{6}$ h) $\frac{22}{125}$

12. Erweitern Sie

a) $\frac{3}{5}$ mit 9 b) $\frac{4}{7}$ mit 8
c) $\frac{14}{19}$ mit 2 f) $\frac{7}{10}$ mit 12
d) $\frac{9}{13}$ mit 6 g) $\frac{5}{12}$ mit 7
e) $\frac{6}{91}$ mit 4 h) $\frac{16}{124}$ mit 9

13. Mit welcher Zahl wurden die Brüche erweitert?

a) $\frac{1}{2} = \frac{3}{6}$ e) $\frac{2}{3} = \frac{16}{24}$
b) $\frac{7}{8} = \frac{42}{48}$ f) $\frac{7}{8} = \frac{210}{240}$
c) $\frac{13}{15} = \frac{52}{60}$ g) $\frac{3}{80} = \frac{15}{400}$
d) $\frac{5}{6} = \frac{25}{30}$ h) $\frac{5}{9} = \frac{60}{108}$

14. Bringen Sie die Brüche durch Erweitern auf die angegebenen Nenner.

a) $\frac{1}{2} = \frac{?}{8}$ b) $\frac{5}{12} = \frac{?}{120}$

c) $\frac{6}{7} = \frac{?}{490}$ f) $\frac{14}{6} = \frac{?}{96}$

d) $\frac{14}{13} = \frac{?}{78}$ g) $\frac{3}{4} = \frac{?}{160}$

e) $\frac{3}{6} = \frac{?}{120}$ h) $\frac{13}{80} = \frac{?}{1200}$

15. Erweitern Sie die Brüche auf Achtundvierzigstel.

a) $\frac{1}{2}$ d) $\frac{5}{6}$

b) $\frac{2}{3}$ e) $\frac{11}{12}$

c) $\frac{3}{4}$ f) $\frac{3}{8}$

16. Erweitern Sie 1/4 so, dass Sie folgende Nenner erhalten:

a) $\frac{?}{8}$ e) $\frac{?}{24}$

b) $\frac{?}{12}$ f) $\frac{?}{32}$

c) $\frac{?}{72}$ g) $\frac{?}{760}$

d) $\frac{?}{600}$ h) $\frac{?}{444}$

17. Erweitern Sie 5/9 so, dass Sie folgende Nenner erhalten:

a) $\frac{?}{90}$ e) $\frac{?}{36}$

b) $\frac{?}{18}$ f) $\frac{?}{54}$

c) $\frac{?}{45}$ g) $\frac{?}{135}$

d) $\frac{?}{270}$ h) $\frac{?}{225}$

18. Kürzen Sie

a) $\frac{10}{15}$ c) $\frac{18}{300}$

b) $\frac{12}{20}$ d) $\frac{36}{54}$

e) $\frac{48}{60}$ k) $\frac{12}{480}$

f) $\frac{44}{132}$ l) $\frac{15}{90}$

g) $\frac{16}{200}$ m) $\frac{80}{320}$

h) $\frac{15}{60}$ n) $\frac{25}{125}$

i) $\frac{3}{150}$ o) $\frac{27}{900}$

j) $\frac{5}{60}$ p) $\frac{532}{640}$

19. Kürzen Sie stufenweise.

a) $\frac{900}{1200}$ e) $\frac{2700}{3240}$

b) $\frac{7560}{26460}$ f) $\frac{972}{1377}$

c) $\frac{936}{1080}$ g) $\frac{192}{1024}$

d) $\frac{3240}{15120}$ h) $\frac{3300}{5445}$

20. Ergänzen Sie die fehlende Zahl.

a) $\frac{120}{160} = \frac{?}{4}$ e) $\frac{72}{342} = \frac{?}{19}$

b) $\frac{60}{150} = \frac{2}{?}$ f) $\frac{80}{115} = \frac{?}{23}$

c) $\frac{66}{42} = \frac{11}{?}$ g) $\frac{732}{4148} = \frac{3}{?}$

d) $\frac{195}{1200} = \frac{13}{?}$ h) $\frac{675}{21000} = \frac{9}{?}$

21. Bringen Sie durch Erweitern oder Kürzen alle Brüche auf den Nenner 24.

a) $\frac{1}{2}$ e) $\frac{1}{4}$

b) $\frac{60}{480}$ f) $\frac{150}{600}$

c) $\frac{2}{3}$ g) $\frac{53}{12}$

d) $\frac{3015}{360}$ h) $\frac{286}{528}$

2.1.6 Vermischte Aufgaben zum Umwandeln von Brüchen

22. Kürzen Sie diese Produkte:

a) $\frac{2 \cdot 10}{5 \cdot 40}$ c) $\frac{900 \cdot 36}{45 \cdot 10 \cdot 2}$

b) $\frac{15 \cdot 9}{6 \cdot 45}$ d) $\frac{42 \cdot 25 \cdot 88}{55 \cdot 30 \cdot 14}$

23. Verwandeln Sie in Dezimalzahlen.

a) $\frac{1}{4}$ e) $128\frac{7}{10}$

b) $3\frac{2}{5}$ f) $\frac{50}{8}$

c) $12\frac{3}{100}$ g) $16\frac{3}{2}$

d) $6\frac{3}{4}$ h) $4\frac{7}{4}$

24. Kürzen Sie und geben Sie das Ergebnis als Dezimalzahl an.

a) $\frac{12}{15}$ e) $9\frac{50}{400}$

b) $\frac{42}{48}$ f) $224\frac{150}{60}$

c) $3\frac{8}{32}$ g) $6\frac{8}{24}$

d) $4\frac{14}{20}$ h) $7\frac{15}{90}$

25. Verwandeln Sie in gemischte Zahlen (Kürzen nicht vergessen!).

a) $\frac{10}{8}$ e) $\frac{18}{12}$

b) $\frac{44}{16}$ f) $\frac{72}{60}$

c) $\frac{15}{10}$ g) $\frac{132}{48}$

d) $\frac{45}{27}$ h) $\frac{9120}{390}$

26. Verwandeln Sie in unechte Brüche mit den angegebenen Nennern.

a) $3 = \frac{?}{4}$ e) $6{,}125 = 6\frac{?}{16}$

b) $4{,}5 = \frac{?}{2}$ f) $8 = \frac{?}{7}$

c) $16\frac{10}{6} = \frac{?}{3}$ g) $2\frac{1}{5} = \frac{?}{25}$

d) $4\frac{18}{5} = \frac{?}{10}$ h) $17\frac{2}{9} = \frac{?}{27}$

27. Bestimmen Sie die fehlende Zahl.

a) $2 = \frac{?}{4}$ e) $? = \frac{27}{9}$

b) $7 = \frac{?}{3}$ f) $6 = \frac{36}{?}$

c) $15 = \frac{75}{?}$ g) $3 = \frac{?}{8}$

d) $? = \frac{8}{8}$ h) $19 = \frac{456}{?}$

28. Welche dieser Brüche lassen sich durch 3 kürzen?

a) $\frac{12}{18}$ d) $\frac{1607931}{312640}$

b) $\frac{1323}{2612}$ e) $\frac{18005}{18006}$

c) $\frac{834}{64203}$ f) $\frac{141933}{629145}$

29. Welche dieser Brüche lassen sich durch 6 kürzen?

a) $\frac{360}{1800}$ d) $\frac{2020}{3007}$

b) $\frac{7560}{36780}$ e) $\frac{1110}{12510}$

c) $\frac{7623}{9001}$ f) $\frac{600}{1081}$

30. Kürzen Sie und verwandeln Sie die Ergebnisse in gemischte Zahlen.

a) $\frac{126}{40}$ e) $\frac{19740}{2520}$

b) $\frac{1449}{33}$ f) $\frac{4936}{288}$

c) $\frac{91644}{3640}$ g) $\frac{17800}{13000}$

d) $\frac{2340}{315}$ h) $\frac{5600}{240}$

31. Erweitern Sie folgende Brüche so, dass sie gleiche Nenner haben.

a) $\frac{1}{2} + \frac{3}{4}$ e) $\frac{1}{2} + \frac{1}{3} + \frac{1}{6}$

b) $\frac{3}{7} + \frac{4}{21}$ f) $\frac{4}{5} + \frac{3}{10} + \frac{1}{2}$

c) $\frac{5}{8} + \frac{3}{2}$ g) $\frac{1}{16} + \frac{7}{8} + \frac{3}{4}$

d) $\frac{11}{40} + \frac{9}{10}$ h) $\frac{4}{9} + \frac{2}{3} + \frac{5}{18}$

2.2 Grundrechnungsarten mit Brüchen

Beim Zusammenstellen der Umwandlungsaufgaben haben uns vor lauter Schülerprotesten die Ohren geklungen. Wir finden diese Übungen auch nicht gerade aufregend. Sie müssen jedoch sein, denn wir brauchen sie für die Grundrechenarten mit Brüchen. Und die bilden wiederum die Grundlage des Mischungs-, Zins-, Dreisatz- und Prozentrechnens. So kommt ein „Rechensteinchen" zum anderen, und am Ende stellen sich die Prüfungsaufgaben für Sie als Kinderspiel heraus. Also: auch wenn's nicht immer Spaß macht – packen Sie's an!

2.2.1 Addition von Brüchen

Gleichnamige Brüche werden addiert, indem die Zähler zusammengezählt werden und der Nenner beibehalten wird.

Beispiele a) $\frac{1}{4} + \frac{3}{4} = \frac{1+3}{4} = \frac{4}{4} = \mathbf{1}$

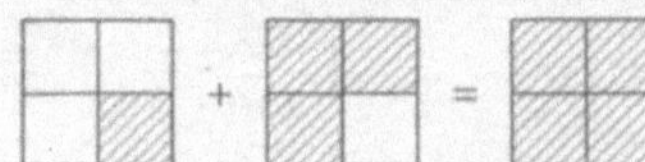

b) $\frac{1}{5} + \frac{3}{5} + \frac{4}{5} = \frac{1+3+4}{5} = \frac{8}{5} = \mathbf{1\frac{3}{5}}$

Ungleichnamige Brüche müssen wir vor der Addition zu gleichnamigen erweitern. Dazu suchen wir das kleinste gemeinsame Vielfache (= Hauptnenner). Der H a u p t n e n n e r muss durch alle Nenner teilbar sein! Nach dem Erweitern erhalten wir gleichnamige Brüche, deren Zähler wir addieren. Als Nenner wird der Hauptnenner beibehalten.

Beispiele a) $\frac{1}{2} + \frac{2}{3} = ?$

1. **Hauptnenner suchen** $2 \cdot 3 = 6$
   Der Hauptnenner ergibt sich aus der Multiplikation der Nenner, da keine gemeinsamen Teiler zwischen 2 und 3 vorhanden sind.
2. **Brüche erweitern** $\frac{1}{2} = \frac{3}{6}, \frac{2}{3} = \frac{4}{6}$
3. **Addition** $\frac{3}{4} + \frac{4}{6} = \frac{3+4}{6} = \frac{7}{6} = \mathbf{1\frac{1}{6}}$

b) $\frac{1}{2} + \frac{3}{4} + \frac{2}{3} = ?$

1. **Hauptnenner suchen** $4 \cdot 3 = 12$
   Der Hauptnenner ergibt sich aus der Multiplikation der Nenner 3 und 4, da die 2 in der 4 enthalten ist.
2. **Brüche erweitern** $\frac{1}{2} = \frac{6}{12}, \frac{3}{4} = \frac{9}{12}, \frac{2}{3} = \frac{8}{12}$
3. **Addition** $\frac{6}{12} + \frac{9}{12} + \frac{8}{12} = \frac{6+9+8}{12} = \frac{23}{12} = \mathbf{1\frac{11}{12}}$

Beispiele, Fortsetzung

c) $\frac{3}{8} + \frac{5}{6} + \frac{1}{2} + \frac{2}{3} = ?$

1. **Hauptnenner suchen.** Ist der Hauptnenner nicht sofort erkennbar, gehen Sie vom größten Nenner aus (hier 8) und verdoppeln, verdreifachen, vervierfachen usw. ihn, bis Sie den Nenner gefunden haben, in dem alle anderen (hier 6, 2 und 3) enthalten sind.

   $1 \cdot 8 = 8$, $2 \cdot 8 = 16$ } 6 und 3 nicht enthalten

   $3 \cdot 8 = 24$ 2, 6 und 3 enthalten

2. **Brüche erweitern** $\frac{3}{8} = \frac{9}{24}, \frac{5}{6} = \frac{20}{24}, \frac{1}{2} = \frac{12}{24}, \frac{2}{3} = \frac{16}{24}$

3. **Addition** $\frac{9}{24} + \frac{20}{24} + \frac{12}{24} + \frac{16}{24} = \frac{9 + 20 + 12 + 16}{24} = \frac{57}{24} = 2\frac{9}{24} = 2\frac{3}{8}$

> Bei der Addition **gemischter** Zahlen werden zuerst die ganzen Zahlen zusammengezählt und dann die Brüche addiert.

Beispiele

a) $2\frac{5}{8} + 3\frac{1}{8} = 5\frac{6}{8} = 5\frac{3}{4}$

b) $3\frac{5}{8} + 1\frac{1}{2} = 4\frac{5 + 4}{8} = 4\frac{9}{8} = 5\frac{1}{8}$

Wenn Sie mit der Hauptnennersuche gar nicht zurechtkommen, multiplizieren Sie einfach **sämtliche Nenner**. Sie erhalten dann zwar in der Regel nicht den eigentlichen Hauptnenner, jedoch immer ein gemeinsames Vielfaches und können so weiter rechnen.

Übungsaufgaben

1. Addieren Sie

   a) $\frac{2}{3} + \frac{1}{3}$

   b) $\frac{1}{4} + \frac{3}{4} + \frac{7}{4}$

   c) $\frac{3}{6} + \frac{7}{6} + \frac{16}{6}$

   d) $\frac{1}{9} + \frac{4}{9} + \frac{5}{9} + \frac{7}{9}$

   e) $\frac{11}{25} + \frac{4}{25} + \frac{19}{25} + \frac{2}{25}$

   f) $\frac{3}{4} + \frac{5}{4} + \frac{1}{4} + \frac{2}{4}$

   g) $\frac{1}{8} + \frac{4}{8} + \frac{16}{8} + \frac{7}{8}$

   h) $\frac{3}{5} + \frac{2}{5} + \frac{40}{5} + \frac{6}{5}$

2. Addieren Sie zuerst die ganzen Zahlen, dann die Brüche.

   a) $3\frac{1}{2} + 5\frac{1}{2}$

   b) $4\frac{1}{6} + 2\frac{5}{6} + 9\frac{3}{6}$

   c) $3\frac{2}{25} + 9\frac{14}{25} + 6\frac{12}{25}$

   d) $2\frac{5}{8} + 4\frac{1}{8} + 5\frac{3}{8}$

   e) $3\frac{2}{7} + 9\frac{3}{7} + 14\frac{8}{7}$

   f) $4\frac{1}{2} + 3\frac{1}{2} + \frac{8}{2}$

   g) $6\frac{3}{4} + 5\frac{2}{4} + 4\frac{1}{4}$

   h) $\frac{1}{12} + 3\frac{4}{12} + 5\frac{11}{12}$

3. Wandeln Sie die ungleichnamigen Brüche in gleichnamige um und addieren Sie.

a) $\frac{1}{2} + \frac{1}{3}$

b) $\frac{4}{5} + \frac{2}{3}$

c) $\frac{1}{6} + \frac{4}{5} + \frac{2}{3}$

d) $\frac{3}{4} + \frac{2}{7} + \frac{1}{2}$

e) $\frac{1}{3} + \frac{1}{4} + \frac{8}{5}$

f) $\frac{3}{10} + \frac{1}{2} + \frac{4}{5}$

g) $\frac{4}{9} + \frac{2}{3} + \frac{5}{10}$

h) $\frac{3}{8} + \frac{3}{4} + \frac{3}{12}$

4. Hier sind alle „Schwierigkeiten" kombiniert.

a) $2\frac{1}{16} + 3\frac{5}{8}$

b) $6\frac{4}{5} + 1\frac{3}{10} + 4\frac{2}{3}$

c) $3\frac{2}{5} + 4\frac{7}{8} + 1\frac{5}{6}$

d) $16\frac{1}{2} + 4\frac{2}{3} + 3\frac{4}{5}$

e) $1\frac{2}{5} + 0{,}5 + 1\frac{4}{9}$

f) $3{,}2 + \frac{2}{3} + 1\frac{2}{5}$

g) $14\frac{1}{8} + 16\frac{3}{5} + 4\frac{1}{2}$

h) $0{,}45 + \frac{3}{100} + 5\frac{4}{5}$

2.2.2 Subtraktion von Brüchen

Gleichnamige Brüche werden subtrahiert, indem man die Zähler subtrahiert und den Nenner beibehält.

Beispiele

a) $\frac{4}{5} - \frac{1}{5} = \frac{4-1}{5} = \mathbf{\frac{3}{5}}$

b) $\frac{8}{9} - \frac{2}{9} - \frac{4}{9} = \frac{8-2-4}{9} = \mathbf{\frac{2}{9}}$

Ungleichnamige Brüche werden wie bei der Addition auf den Hauptnenner gebracht und dann subtrahiert.

Beispiele

a) $\frac{4}{5} - \frac{1}{2} = \frac{8}{10} - \frac{5}{10} = \frac{8-5}{10} = \mathbf{\frac{3}{10}}$

b) $\frac{20}{4} - \frac{3}{5} - \frac{1}{2} = \frac{100}{20} - \frac{12}{20} - \frac{10}{20} = \frac{100-12-10}{20} = \frac{78}{20} = \frac{39}{10} = \mathbf{3\frac{9}{10}}$

Bei der Subtraktion gemischter Zahlen werden zuerst die ganzen Zahlen subtrahiert, anschließend die Brüche.

Beispiele

a) $5\frac{2}{3} + 3\frac{1}{3} - 2\frac{1}{3}$

b) $4\frac{1}{2} - 2\frac{2}{5} = 2\frac{5-4}{10} = \mathbf{2\frac{1}{10}}$

Ist der Bruch-Subtrahend größer als der Bruch-Minuend, schreiben wir die gemischten Zahlen als unechte Brüche.

Beispiel $3\frac{1}{2} - 1\frac{2}{3} = \frac{7}{2} - \frac{5}{3} = \frac{21-10}{6} = \frac{11}{6} = \mathbf{1\frac{5}{6}}$

Übungsaufgaben

5. a) $\frac{2}{3} - \frac{1}{3}$
   b) $\frac{5}{6} - \frac{2}{6}$
   c) $\frac{15}{2} - \frac{3}{2} - \frac{5}{2} - \frac{1}{2}$
   d) $\frac{17}{3} - \frac{4}{3} - \frac{2}{3} - \frac{5}{3}$
   e) $4\frac{3}{4} - 1\frac{1}{4} - 2\frac{1}{4}$
   f) $3\frac{7}{8} - 2\frac{3}{8} - \frac{4}{8}$
   g) $7\frac{1}{6} - 4\frac{5}{6} - 2\frac{1}{6}$
   h) $18\frac{25}{26} - 7\frac{3}{26} - 5\frac{5}{26}$

6. Wandeln Sie in gleichnamige Brüche um und subtrahieren Sie.
   a) $\frac{16}{10} - \frac{2}{5}$
   b) $\frac{7}{12} - \frac{1}{3} - \frac{3}{15}$
   c) $4\frac{1}{2} - 1\frac{1}{5} - 2\frac{5}{6}$
   d) $8\frac{3}{4} - 1\frac{3}{16} - 2\frac{2}{3}$
   e) $3\frac{24}{25} - \frac{4}{15} - \frac{2}{4} - 1$
   f) $25\frac{1}{2} - 3\frac{3}{4} - 9\frac{7}{8}$
   g) $16\frac{3}{4} - 1\frac{1}{6} - 4\frac{2}{7}$
   h) $10{,}25 - 3\frac{1}{4} - 5\frac{3}{8}$

7. Falls jemand doch Spaß am Bruchrechnen gefunden hat, folgen hier Aufgaben für Könner!
   a) $8\frac{1}{2} - 2\frac{1}{4} + 13\frac{5}{7} - 4\frac{2}{3}$
   b) $13\frac{9}{10} - \left(1\frac{1}{5} + 6\frac{1}{20}\right) - 0{,}2$
   c) $12{,}5 - \frac{4}{5} - \left(\frac{3}{10} + \frac{2}{5}\right)$
   d) $30\frac{9}{10} - \frac{2}{15} - \frac{7}{30} + 4\frac{1}{2} - 2{,}5$

8. Tiny ist $18\frac{1}{2}$ Jahre alt, Tommy $20\frac{3}{4}$. Wie viel Jahre und Monate ist Tommy älter?

9. Addieren Sie zu $3\frac{3}{4}$ die Differenz von $\frac{4}{7}$ und $\frac{3}{16}$.

10. In der Woche vor Weihnachten hat Tiny Überstunden gemacht, die ihr Chef als Urlaubstage (8 Std.) anrechnet. Montags hat der Salon ausnahmsweise geöffnet, Tiny arbeitet $6\frac{1}{2}$ Std. Dienstag sind es $1\frac{1}{4}$ Stunden zuviel. Mittwoch eine $\frac{3}{4}$ Stunde, Donnerstag geht sie nach der Schule in den Betrieb und arbeitet $4\frac{1}{2}$ Stunden. Freitag und Samstag sind es je $1\frac{3}{4}$ Stunden. Wie viel länger kann sie Urlaub machen?

2.2.3 Multiplikation von Brüchen

> G l e i c h n a m i g e u n d u n g l e i c h n a m i g e B r ü c h e werden multipliziert, indem Zähler mit Zähler und Nenner mit Nenner malgenommen werden. Gemischte und ganze Zahlen verwandelt man in unechte Brüche.
> Vor dem Multiplizieren kürzen wir nach Möglichkeit, um kleine Zahlen zu erhalten. Jeder Zähler kann gegen jeden Nenner gekürzt werden.

Beispiele

a) ungleichnamige Brüche

$$\frac{1}{2} \cdot \frac{2}{3} = \frac{1 \cdot \overset{1}{\cancel{2}}}{\underset{1}{\cancel{2}} \cdot 3} = \mathbf{\frac{1}{3}}$$

b) gleichnamige Brüche

$$\frac{1}{4} \cdot \frac{3}{4} = \frac{1 \cdot 3}{4 \cdot 4} = \mathbf{\frac{3}{16}}$$

c) gemischte Zahl mal Bruch

$$3\frac{1}{5} \cdot \frac{3}{4} = \frac{16}{5} \cdot \frac{3}{4} = \frac{\overset{4}{\cancel{16}} \cdot 3}{5 \cdot \underset{1}{\cancel{4}}} = \frac{12}{5} = \mathbf{2\frac{2}{5}}$$

d) ganze Zahl mal Bruch

$$4 \cdot \frac{5}{8} = \frac{4}{1} \cdot \frac{5}{8} = \frac{\overset{1}{\cancel{4}} \cdot 5}{1 \cdot \underset{2}{\cancel{8}}} = \frac{5}{2} = \mathbf{2\frac{1}{2}}$$

Übungsaufgaben

11. Kürzen und multiplizieren Sie.

a) $\frac{1}{2} \cdot \frac{2}{4}$ e) $\frac{6}{9} \cdot \frac{4}{9}$

b) $\frac{4}{5} \cdot \frac{3}{8}$ f) $\frac{22}{9} \cdot \frac{18}{11}$

c) $\frac{9}{7} \cdot \frac{14}{27}$ g) $\frac{5}{8} \cdot \frac{4}{15}$

d) $\frac{16}{11} \cdot \frac{2}{3}$ h) $\frac{125}{21} \cdot \frac{42}{25}$

12. a) $3 \cdot \frac{1}{2}$ e) $12 \cdot \frac{16}{4}$

b) $5 \cdot \frac{7}{10}$ f) $4 \cdot \frac{5}{22}$

c) $6 \cdot \frac{7}{12}$ g) $9 \cdot \frac{8}{27}$

d) $15 \cdot \frac{2}{9}$ h) $2 \cdot \frac{21}{126}$

13. Verwandeln Sie die ganzen Zahlen in Brüche und multiplizieren Sie.

a) $6\frac{1}{2} \cdot \frac{3}{4}$ e) $3\frac{2}{5} \cdot 15$

b) $5\frac{1}{3} \cdot \frac{3}{10}$ f) $12 \cdot 8\frac{3}{4}$

c) $4 \cdot 2\frac{1}{2}$ g) $4\frac{1}{2} \cdot 2\frac{1}{4}$

d) $8 \cdot 3\frac{2}{5}$ h) $12\frac{2}{3} \cdot 3\frac{6}{7}$

14. Multiplizieren Sie $\frac{4}{5}$ mit 20 und addieren Sie das Produkt aus $\frac{1}{3}$ und $\frac{9}{16}$.

15. Multiplizieren Sie $\frac{9}{10}$ mit $\frac{15}{3}$ und subtrahieren Sie das Produkt aus $\frac{1}{30}$ und $\frac{10}{11}$.

16. Auf der Rückfahrt von einer Fachtagung hat Tinys Chefin eine Reifenpanne. Von den insgesamt 219 km ist sie bis zur Panne $\frac{1}{3}$ der Strecke gefah-

ren. Wie viel km gebraucht sie das Reserverad, wenn sie abends noch 3 km zur Werkstatt fährt?

17. Die dicke Tante Berta macht große Geheimnisse um ihr Körpergewicht. Sie sagt, sie sei nur $\frac{2}{15}$ schwerer als ihr Mann, der 75 kg wiegt. Wie schwer ist sie?

2.2.4 Division von Brüchen

> Ein Bruch wird durch eine ganze Zahl dividiert, indem man den Nenner mit der ganzen Zahl multipliziert. Gemischte Zahlen verwandeln wir in unechte Brüche.

Beispiele a) $\frac{1}{2} : 3 = \frac{1}{2 \cdot 3} = \frac{1}{6}$ b) $2\frac{3}{4} : 3 = \frac{11}{4} : 3 = \frac{11}{4 \cdot 3} = \frac{11}{12}$

: 3 =

> Ein Bruch wird durch einen Bruch dividiert, indem wir ihn mit dem Kehrwert multiplizieren. Ganze und gemischte Zahlen verwandeln wir in unechte Brüche.
>
> Beim Kehrwert werden Zähler und Nenner vertauscht, z. B.
>
> $\frac{3}{5}$ Kehrwert $\frac{5}{3}$ $3\frac{1}{2} = \frac{7}{2}$ Kehrwert $= \frac{2}{7}$

Beispiele a) $\frac{1}{2} : \frac{1}{4} = \frac{1}{\not{2}_1} \cdot \frac{\not{4}^2}{1} = \frac{2}{1} = 2$

: =

$\frac{1}{4}$ ist also 2mal in $\frac{1}{2}$ enthalten.

b) $2\frac{2}{5} : 3\frac{1}{6} = \frac{12}{5} : \frac{19}{6} = \frac{12}{5} \cdot \frac{6}{19} = \frac{72}{95}$

c) $3 : \frac{1}{3} = \frac{3}{1} : \frac{1}{3} = \frac{3}{1} \cdot \frac{3}{1} = 9$

d) $\frac{5}{6} : 1\frac{2}{3} = \frac{5}{6} : \frac{5}{3} = \frac{\not{5}^1}{\not{6}_2} \cdot \frac{\not{3}^1}{\not{5}_1} = \frac{1}{2}$

Übungsaufgaben

18. a) $\frac{1}{4} : 2$ e) $\frac{2}{9} : 4$
b) $\frac{2}{3} : 6$ f) $\frac{5}{6} : 2$
c) $\frac{7}{12} : 5$ g) $\frac{3}{5} : 6$
d) $\frac{4}{5} : 4$ h) $\frac{7}{9} : 14$

19. Dividieren Sie durch $\frac{2}{3}$.
a) $\frac{1}{2}$ d) $\frac{2}{5}$ g) $\frac{124}{18}$
b) $\frac{4}{5}$ e) $\frac{5}{6}$ h) $\frac{3}{4}$
c) $\frac{7}{8}$ f) $\frac{16}{21}$

20. a) $3\frac{1}{5} : \frac{1}{2}$
b) $4\frac{2}{7} : \frac{5}{4}$
c) $9\frac{3}{8} : \frac{2}{5}$
d) $5\frac{1}{9} : \frac{1}{6}$
e) $7\frac{4}{5} : \frac{13}{10}$
f) $15\frac{1}{3} : \frac{2}{5}$
g) $1\frac{1}{4} : \frac{3}{7}$
h) $6\frac{5}{12} : \frac{7}{8}$

21. a) $4 : \frac{1}{5}$
b) $3 : \frac{3}{7}$
c) $5 : \frac{7}{8}$
d) $6 : \frac{5}{9}$
e) $7 : \frac{7}{9}$
f) $9 : \frac{3}{5}$
g) $2 : \frac{3}{8}$
h) $14 : \frac{21}{22}$

22. Sieben Aufgaben für Profis!
a) $3{,}5 : \frac{3}{5} \cdot \frac{2}{5}$
b) $4 : \frac{13}{2} : \frac{4}{5} \cdot \frac{1}{6}$
c) $3\frac{1}{8} \cdot 0{,}02 + \frac{1}{6} : \frac{15}{6}$
d) $10\frac{4}{5} : 0{,}05 - 1\frac{2}{3} : \frac{2}{15}$
e) $\left(\frac{3}{4} + \frac{1}{5}\right) : \left(1\frac{7}{8} - \frac{1}{6}\right)$
f) $4{,}5 \cdot 3\frac{1}{4} : 0{,}2$
g) $\left(6\frac{1}{4} - \frac{1}{2} + \frac{3}{8}\right) : 2{,}4$

23. Das Vierfache einer gemischten Zahl ist $4\frac{2}{5}$. Wie heißt die Zahl?

2.2.5 Vermischte Textaufgaben

23. a) Was ist die Hälfte einer Hälfte?
b) Was ist ein Viertel vom Viertel?
c) Was ist ein Fünftel vom Fünftel?

25. Die letzte Aufgabe bei einer Autorallye besteht darin, die gefahrenen 132 km als Bruchteil des Erdumfangs (Erdumfang 42000 km) anzugeben.

26. Onkel Heinrich ist zerknirscht. Ein Fuchs hat zwar nicht die Gans gestohlen, dafür aber bei seinen Hühnern zugeschlagen. Von 48 Hühnern holt Meister Reineke am ersten Abend 1/24. Am zweiten Abend wird er noch mutiger und stibitzt 1/12 des alten Bestands. Am folgenden Tag bringt er einen Freund mit. Zusammen holen sie noch einmal 1/6 verschreckte Hühner. Was ergibt die „Volkszählung" am Morgen nach dem letzten Unglück?

27. Am Dienstag nach Ostern ist im Salon nicht viel los. Tiny steht 2/3 ihrer achtstündigen Arbeitszeit untätig herum. Wie viel Minuten hätte sie am Übungskopf arbeiten können?

28. Die erste Friseurin hat sich mit dem Chef gestritten und wechselt den Salon. In den folgenden Wochen bemerkt der Chef einen Umsatzrückgang von einem Drittel. Der bisherige Monatsumsatz im Damensalon betrug 27211,80 DM. Wie viel bleiben ihm jetzt noch?

29. Tommys kleiner Bruder hat von seinen 15,– DM Taschengeld bis zum 15. schon 3/4 ausgegeben. Wie viel bleiben ihm bis zum nächsten Ersten?

30. Gerti hat die Fahrprüfung bestanden! Die Kosten von 2249,– DM haben zu einem Viertel die Eltern übernommen, ein Drittel hat die Oma bezahlt. Wie viel DM muss Gerti selbst beisteuern?

31. Tinys Freundin lässt ihr Auto TÜV-fertig machen. Der Monteur gibt ihr einen Kostenvoranschlag von 340,– DM. Bei genauerer Überprüfung entdeckt er eine kaputte Rückleuchte. Dadurch wird die Rechnung um $^1/_4$ teurer. Was muss Tinys Freundin bezahlen?

3 Rechnen mit Maßeinheiten

3.1 Längen

Tante Berta und Onkel Heinrich streiten sich, wie groß ihr Garten ist. Sie wollen es genau wissen, marschieren vom Tor aus in getrennten Richtungen los und zählen die Schritte, bis sie wieder am Tor zusammen treffen (3.1). Heinrich verkündet stolz: 1325 Schritte! Berta triumphiert mit 1673 Schritten. Welches Ergebnis ist nun richtig?

3.1 Onkel Heinrich und Tante Berta

Sie kommen schnell dahinter: Ihre Schritte sind ungleich. Es fehlte ein Längenmaß, denn eine Länge messen bedeutet, sie mit einer anderen, bekannten Länge vergleichen.

Wir benutzen zur Angabe von Längen (z. B. Entfernungen, Weiten, Höhen) Maßeinheiten. Jede Länge wird durch eine Maßzahl und eine Maßeinheit angegeben.

Beispiel	Maßzahl	Maßeinheit
	25	km

Grundeinheit (Basiseinheit) unserer Längenmessung ist das Meter (m). Es wurde 1872 in Deutschland eingeführt.

Vorher verwendete man zur Längenmessung Körperteile, z. B. die Elle, den Fuß, die Spanne (3.2). Diese Längenmaße waren natürlich ungenau, da die Menschen unterschiedlich groß sind. Man suchte deshalb nach einer gemeinsamen Längeneinheit für alle Länder und legte sich schließlich auf die Länge Meter fest. Sie ergab sich aus der Überlegung, dass

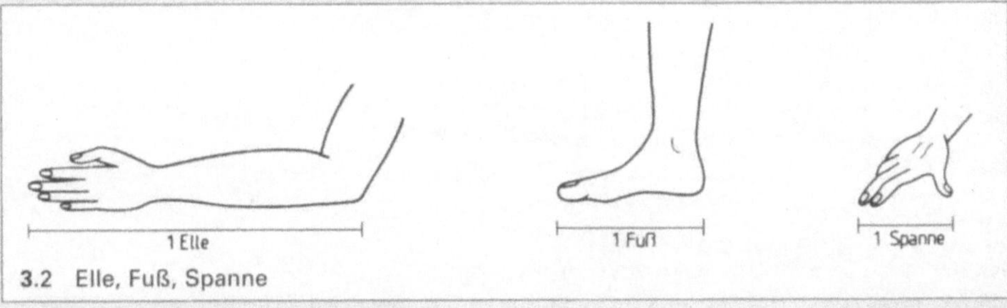

3.2 Elle, Fuß, Spanne

10000000 Meter möglichst genau den Abstand zwischen Äquator und einem Pol der Erde darstellen sollten (3.3). Dazu wurde 1799 in Frankreich das Urmeter hergestellt, ein aus besonders beständigem Metall gegossener x-förmiger Stab. An seinem Anfang und Ende wurden im Abstand von 1 m Striche eingekerbt. Jedes größere Land besitzt eine Nachbildung dieses Urmeterstabs, nach der die Maße geeicht werden.

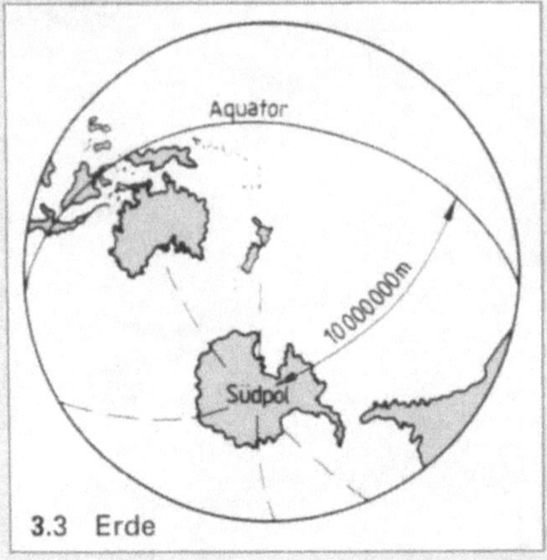

3.3 Erde

Wir benutzen heute folgende Längenmaße:

Längenmaß	Abk.	Vorsilben
Kilometer	km	Kilo = Tausend → 1000 · 1 m = 1 km
Meter	m	
Dezimeter	dm	Dezi = Zehntel → 1/10 m = 1 dm
Zentimeter	cm	Zenti = Hundertstel → 1/100 m = 1 cm
Millimeter	mm	Milli = Tausendstel → 1/1000 m = 1 mm

Umrechnen der Längenmaße

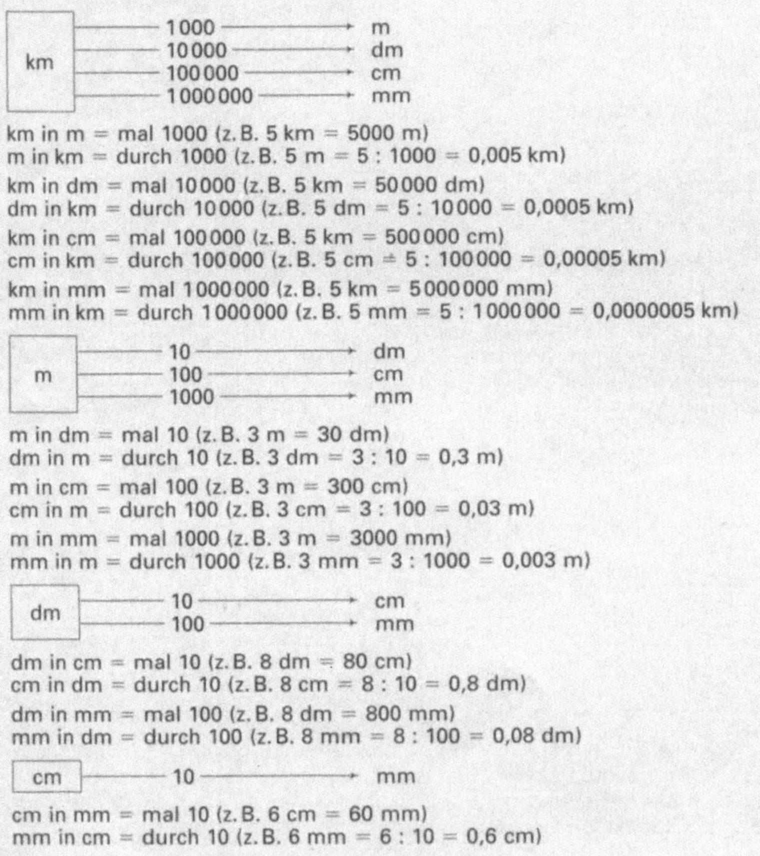

km — 1000 → m
km — 10000 → dm
km — 100000 → cm
km — 1000000 → mm

km in m = mal 1000 (z. B. 5 km = 5000 m)
m in km = durch 1000 (z. B. 5 m = 5 : 1000 = 0,005 km)

km in dm = mal 10000 (z. B. 5 km = 50000 dm)
dm in km = durch 10000 (z. B. 5 dm = 5 : 10000 = 0,0005 km)

km in cm = mal 100000 (z. B. 5 km = 500000 cm)
cm in km = durch 100000 (z. B. 5 cm ≙ 5 : 100000 = 0,00005 km)

km in mm = mal 1000000 (z. B. 5 km = 5000000 mm)
mm in km = durch 1000000 (z. B. 5 mm = 5 : 1000000 = 0,0000005 km)

m — 10 → dm
m — 100 → cm
m — 1000 → mm

m in dm = mal 10 (z. B. 3 m = 30 dm)
dm in m = durch 10 (z. B. 3 dm = 3 : 10 = 0,3 m)

m in cm = mal 100 (z. B. 3 m = 300 cm)
cm in m = durch 100 (z. B. 3 cm = 3 : 100 = 0,03 m)

m in mm = mal 1000 (z. B. 3 m = 3000 mm)
mm in m = durch 1000 (z. B. 3 mm = 3 : 1000 = 0,003 m)

dm — 10 → cm
dm — 100 → mm

dm in cm = mal 10 (z. B. 8 dm = 80 cm)
cm in dm = durch 10 (z. B. 8 cm = 8 : 10 = 0,8 dm)

dm in mm = mal 100 (z. B. 8 dm = 800 mm)
mm in dm = durch 100 (z. B. 8 mm = 8 : 100 = 0,08 dm)

cm — 10 → mm

cm in mm = mal 10 (z. B. 6 cm = 60 mm)
mm in cm = durch 10 (z. B. 6 mm = 6 : 10 = 0,6 cm)

> Bei unseren Längenmaßen ist jede nächstgrößere Einheit zehnmal größer, jede nächstkleinere zehnmal kleiner als die vorhergehende. (Ausnahme: km)

Die erste Stelle hinter dem Komma bezeichnet also die nächstkleinere Maßeinheit.

Beispiele 0,1 m = 0 m 1 dm
73,74 m = 73 m 7 dm 4 cm

Längenberechnung. Enthält eine Aufgabe verschiedene Maßeinheiten, müssen wir sie zunächst in eine gemeinsame Maßeinheit umwandeln – am zweckmäßigsten in die Basiseinheit m.

Beispiele

a) 3 km + 5 m + 18 cm = ? m

3 km =	3000	m
+	5	m
+	0,18	m
	3005,18	**m**

b) 23 m + 12 dm + 19 mm = ? m

	23	m
+ 12 dm =	1,2	m
+ 19 mm =	0,019	m
	24,219	**m**

Übungsaufgaben

Verwandeln Sie

1. in cm
   a) 11 m
   b) 572 m
   c) 67 km
   d) 8920 m
   e) 23 dm

2. in mm
   a) 12 cm
   b) 47 m
   c) 195 dm
   d) 3875 cm
   e) 455 m

3. in dm
   a) 7 km
   b) 33 m
   c) 284 km
   d) 999 m
   e) 3468 km

4. in m
   a) 2 cm
   b) 52 mm
   c) 13 dm
   d) 843 cm
   e) 1970 mm

5. in km
   a) 4 dm
   b) 13 cm
   c) 75 m
   d) 322 dm
   e) 7889 m

6. Schreiben Sie mit Komma in der in Klammern gegebenen Einheit.
   a) 12 cm 3 mm (cm)
   b) 3 m 2 dm (m)
   c) 53 dm 8 cm (dm)
   d) 73 m 1 dm (m)
   e) 740 km 12 cm (km)
   f) 75 cm 4 mm (dm)
   g) 62 dm 5 cm (m)
   h) 43 cm 1 mm (dm)
   i) 645 m 3 mm (m)
   j) 888 dm 233 cm (m)

7. Schreiben Sie in mehreren Einheiten (Beispiel: 16,34 m = 16 m 3 dm 4 cm).
   a) 10,12 dm
   b) 27,14 m
   c) 99,375 km
   d) 152,7 m
   e) 685,071 m

   Vorsicht, hier müssen Sie ein bisschen überlegen!

   f) 25 cm
   g) 475 cm
   h) 9845 m
   i) 1256 mm
   j) 85738 dm
   k) 234000 cm

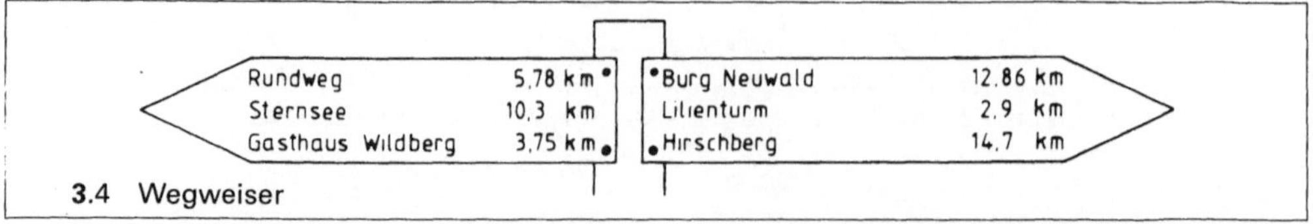

3.4 Wegweiser

8. Bei einem Spaziergang kommen Tiny und Tommy an einem Wegweiser vorbei (**3.4**). Die beiden versuchen die Wegelängen in m umzurechnen. Können Sie helfen?

9. Wandervogel Walter betrachtet stolz seinen Schrittzähler am Ende des Sonntagsausflugs. Der Zähler zeigt 25 200 Schritte. Seine durchschnittliche Schrittlänge beträgt 75 cm. Wie viel km hat Walter zurückgelegt?

10. Tommy möchte für seine Stereoanlage ein Regal kaufen. Er schaut in einem Katalog mit Systembauteilen nach. Die Stücke, die er braucht, haben folgende Höhen: 75 cm, 1,15 m, 6,5 dm. Passt das Regal in sein 2,50 m hohes Zimmer?

11. Tiny ist unter die Kleingärtner gegangen. Sie möchte im Garten ein 12 m langes Beet mit Blumen bepflanzen. Wie viel Pflanzen braucht sie, wenn sie die Blumen im Abstand von 25 cm setzt?

12. Nachdem Tiny das Waldlaufen aufgegeben hat, beschließt sie, es diesmal mit Schwimmen zu versuchen. Sie geht mit ihrer Freundin zum Training des Schwimmvereins und erhält gleich beim ersten Mal vom Trainer folgenden Plan: 3 x in der Woche: 10 Bahnen Kraul, 15 Bahnen Rückenschwimmen, 5 Bahnen Delfin, 1,5 km Brustschwimmen (Freistil). Jede Bahn ist 50 m lang. Zusätzlich samstags einen 7 km langen Waldlauf.
    a) Wie viel m schwimmt Tiny in einer Woche?
    b) Nach 6 Wochen wirft Tiny total entnervt das Handtuch, da ihr alles zu stressig erscheint. Wie viel km hat sie schwimmend und laufend in den 6 Wochen zurückgelegt?

13. Tiny und Tommy fahren mit dem Motorrad in Urlaub. Tiny schreibt bei jeder Rast den km-Stand auf:

Start:	39 578
Frankfurt	39 778
Stuttgart	39 995
München	40 215
Innsbruck	40 385
Bozen	40 615
Venedig	40 925

    a) Wie viel km haben sie hin und zurück gebraucht?
    b) Wie viel km haben sie durchschnittlich am Tag zurückgelegt, wenn sie 12 Tage unterwegs waren?

3.2 Flächen

3.2.1 Flächenmaße

Onkel Heinrich möchte seinen Garten vergrößern. Er schlägt deshalb dem Nachbarn und Skatbruder vor, das angrenzende Grundstück gegen ein anderes aus Onkel Heinrichs Besitz zu tauschen. Doch der Skatpartner misstraut Onkel Heinrich, der beteuert, die beiden Grundstücke hätten trotz unterschiedlicher Formen die gleiche Größe (**3.5**). Können Sie den beiden helfen?

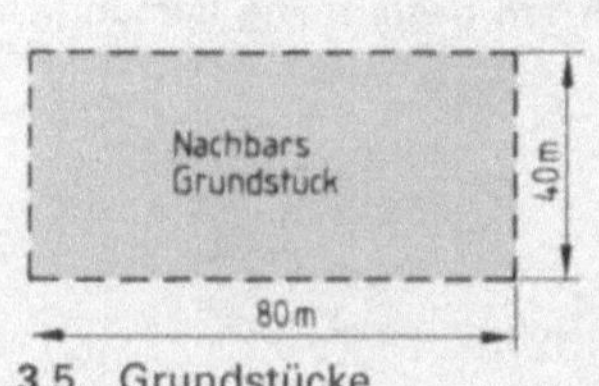

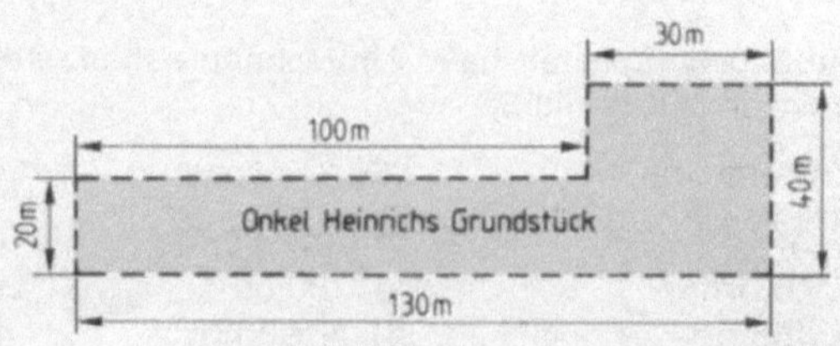

3.5 Grundstücke

Wären die beiden gute Rechner gewesen, hätten sie schnell herausbekommen, dass jedes Grundstück 3200 m^2 groß und der Tausch damit ein reelles Geschäft war.

Flächen berechnen wir aus Länge mal Breite. Dabei müssen wir die auszumessende Fläche mit einer bekannten Fläche, einer Flächeneinheit, vergleichen.

> Maßeinheit für Flächen ist der Quadratmeter = m^2 (**3**.6).
> Ein Quadrat mit der Seitenlänge 1 m hat den Flächeninhalt 1 m^2.

Wir verwenden folgende Flächenmaße:

Flächenmaß	Abkürzung
Quadratkilometer	km^2
Hektar	ha
Ar	a
Quadratmeter	m^2
Quadratdezimeter	dm^2
Quadratzentimeter	cm^2
Quadratmillimeter	mm^2

$1\ m^2 = 100\ dm^2 = 10000\ cm^2 = 1000000\ mm^2$
$1\ dm^2 = 100\ cm^2 = 10000\ mm^2$
$1\ cm^2 = 100\ mm^2$

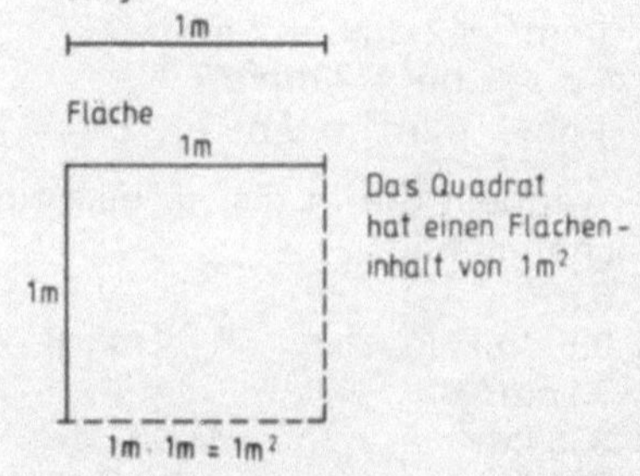

3.6 Quadratmeter

> Die Umwandlungszahl der Flächeneinheiten ist 100, denn in einem Quadrat von z. B. 1 dm Seitenlänge kann man genau 100 Quadrate von je 1 cm Seitenlänge unterbringen (**3**.7).

Die ersten zwei Stellen nach dem Komma bezeichnen also die nächstkleinere Maßeinheit für Flächen.

Beispiele
$0{,}1\ m^2 = 0\ m^2\ 10\ dm^2$
$0{,}15\ m^2 = 0\ m^2\ 15\ dm^2$
$25{,}57\ cm^2 = 25\ cm^2\ 57\ mm^2$
$73{,}758\ m^2 = 73\ m^2\ 75\ dm^2\ 80\ cm^2$

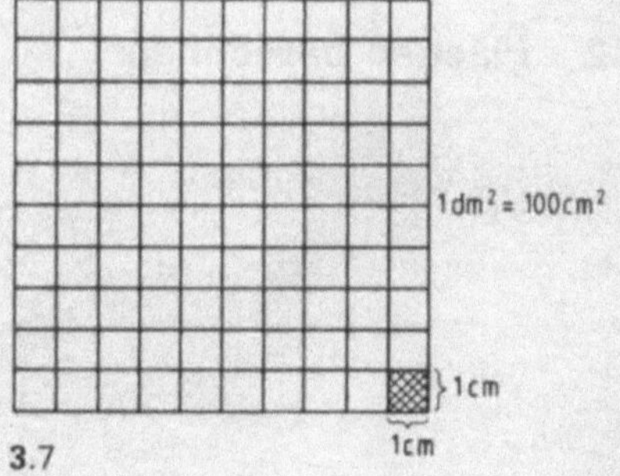

3.7

Übungsaufgaben

Falls Sie Schwierigkeiten beim Umrechnen haben, stellen Sie sich am besten eine ausführliche Tabelle wie im Abschnitt 3.1 auf.

Verwandeln Sie

1. in m^2
   a) 10 dm^2
   b) 455 dm^2
   c) 1387 cm^2
   d) 3 ha
   e) 287 a

2. in dm^2
   a) 100 cm^2
   b) 40000 m^2
   c) 329 m^2
   d) 0,0134 m^2
   e) 7,3 cm^2

3. in ha
   a) 300 km^2
   b) 250 m^2
   c) 13 dm^2
   d) 2,37 a
   e) 0,00339 km^2

4. a) 1 m^2 = ? dm^2 = ? mm^2
   b) 1 dm^2 = ? m^2 = ? cm^2?
   c) 1 cm^2 = ? dm^2 = ? mm^2
   d) 1 a = ? ha = ? dm^2?
   e) 1 ha = ? km^2 = ? m^2?

5. Verwandeln Sie in die nächstkleinere Flächeneinheit.
   a) 6 m^2
   b) 0,5 dm^2
   c) 73 cm^2
   d) 333 km^2
   e) 97 a
   f) 12 ha

6. Verwandeln Sie in die nächstgrößere Flächeneinheit.
   a) 2000 mm^2
   b) 273 cm^2
   c) 685 a
   d) 4798 ha
   e) 98773 m^2
   f) 85499 dm^2

7. Schreiben Sie als Dezimalzahl in der Einheit, die in Klammer steht.
   a) 13 m^2 95 dm^2 (m^2)
   b) 3700 m^2 (ha)
   c) 54 cm^2 9 mm^2 (cm^2)
   d) 279 m^2 (a)
   e) 6897000 m^2 (km^2)
   f) 3966 a (ha)

8. a) 17 m^2 + 9 dm^2 + 11 m^2 23 dm^2 (in dm^2)
   b) 60 ha 15 a + 13 m^2 + 73 a (in a)
   c) 9 ha − 34 a − 570 m^2 (in a)
   d) 4 m^2 − 28 dm^2 − 87 dm^2 15 cm^2 (in dm^2)
   e) 2 a 25 m^2 · 4 (in m^2)
   f) 27 dm^2 73 mm^2 · 2 (in dm^2)
   g) 2 km^2 : 40 (in ha)
   h) 5 m^2 60 dm^2 : 80 (in dm^2)

9. Tinys Eltern zahlen für ihre 136 m^2 große Wohnung 1659,20 DM Miete.
   a) Wie viel DM je Quadratmeter sind das?
   b) Im nächsten Monat will der Vermieter den Quadratmeterpreis auf 12,80 DM erhöhen. Um wie viel DM erhöht sich dann die monatliche Miete?

3.2.2 Flächen berechnen

Die Größe einer Fläche wird je nach ihrer Form unterschiedlich berechnet. Für jede Flächenart gibt es also eine spezielle Formel, in die wir die Zahlen einsetzen (3.8). Dabei verwenden wir folgende Abkürzungen:

A = Flächeninhalt in m^2
U = Umfang der Fläche in m
a = Seite, meist Grundlinie einer Fläche
b = Breite
h = Höhe, z. B. beim Dreieck
D = großer Durchmesser
d = kleiner Durchmesser, z. B. bei Ellipsen
r = Halbmesser (Radius) von Kreisflächen

Tabelle 3.8 **Flächen**

Flächen	Formeln	Beispiele
Quadrat 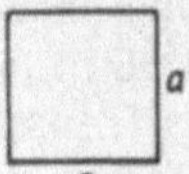	$U = a + a + a + a = 4a$ $A = a \cdot a = a^2$	$a = 3$ cm $U = 4 \cdot 3$ cm $= 12$ cm $A = 3$ cm $\cdot 3$ cm $= 9$ cm^2
Rechteck 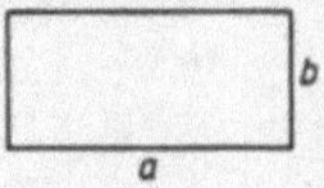	$U = a + b + a + b = 2a + 2b$ $A = a \cdot b$	$a = 4$ cm, $b = 3$ cm $U = 2 \cdot 4$ cm $+ 2 \cdot 3$ cm $= 14$ cm $A = 4$ cm $\cdot 3$ cm $= 12$ cm^2
Rhombus (Raute) 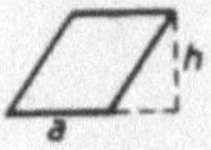	$U = a \cdot h$ $A = a \cdot 4$	$a = 4{,}2$ cm, $h = 3{,}8$ cm $A = 4{,}2$ cm $\cdot 3{,}8$ cm $= 15{,}96$ cm^2 $U = 4{,}2$ cm $\cdot 4 = 16{,}8$ cm
Parallelogramm 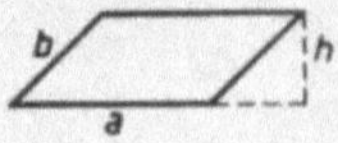	$U = (a + b) \cdot 2$ $A = a \cdot h$	$a = 3$ cm, $b = 2$ cm, $h = 2{,}5$ cm $A = 3$ cm $\cdot 2{,}5$ cm $= 7{,}5$ cm^2 $U = (3$ cm $+ 2$ cm$) \cdot 2 = 10$ cm
Dreieck 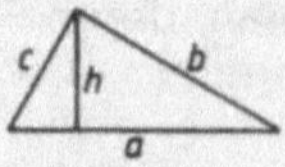	$U = a + b + c$ $A = \frac{a \cdot h}{2}$	$a = 2{,}5$ cm, $b = 2$ cm, $c = 1{,}3$ cm, $h = 1$ cm $U = 2{,}5$ cm $+ 2$ cm $+ 1{,}3$ cm $= 5{,}8$ cm $A = \frac{2{,}5 \text{ cm} \cdot 1 \text{ cm}}{2} = \frac{2{,}5 \cdot \text{cm}^2}{2}$ $= 1{,}25$ cm^2
Kreis 	$U = d \cdot \pi$ (3,14) $A = r^2 \cdot \pi$ (3,14)	$r = 3$ cm, $d = 6$ cm $U = 6$ cm $\cdot 3{,}14 = 18{,}84$ cm $A = 3$ cm $\cdot 3$ cm $\cdot 3{,}14 = 28{,}26$ cm^2
Ellipse 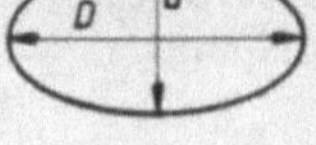	$U = \frac{(D + d)}{2} \cdot \pi$ $A = \frac{D}{2} \cdot \frac{d}{2} \cdot \pi$	$D = 6$ cm, $d = 3$ cm $U = \frac{(6 \text{ cm} + 3 \text{ cm})}{2} \cdot \pi$ $= \frac{9}{2}$ cm $\cdot \pi = 14{,}13$ cm $A = \frac{6}{2}$ cm $\cdot \frac{3}{2}$ cm $\cdot \pi$ $= 3$ cm $\cdot 1{,}5$ cm $\cdot \pi$ $= 4{,}5$ cm$^2 \cdot 3{,}14 = 14{,}13$ cm^2

Übungsaufgaben

10. Berechnen Sie Umfang und Inhalt folgender Flächen:
    a) Rechteck mit $a = 28{,}40$ m, $b = 13{,}60$ m
    b) Quadrat mit $a = 16{,}25$ cm
    c) Kreis mit $r = 10{,}2$ mm, $d = ?$
    d) Dreieck mit $a = 4{,}5$ cm, $b = 3$ cm, $c = 3{,}5$ cm, $h = 2{,}3$ cm
    e) Ellipse mit $d = 24{,}80$ m, $D = 32{,}40$ m
    f) Rhombus mit $a = 8{,}5$ cm, $h = 4{,}5$ cm

11. Berechnen Sie die fehlenden Größen folgender Rechtecke:

	a	b	U	A
a)	17 cm	12 cm	? cm	? cm^2
b)	? mm	25 mm	? mm	3000 mm^2
c)	29 km	? km	240 km	? km^2
d)	? m	? m	16 m	15 m^2
e)	? m	0,84 m	2,72 m	? m
f)	1,5 km	1,7 km	? km	? km^2
g)	0,8 km	500 m	? m	? km^2

12. Tiny hat eine Flasche Cola auf ihrem Teppichboden verschüttet. Da der Bodenbelag nicht mehr der schönste war, kauft sie einen neuen. Ihr Zimmer ist 4 m lang und 3,80 m breit.
    a) Wie viel m^2 braucht sie?
    b) Was muss sie bezahlen, wenn der m^2 21,60 DM kostet?

13. Wie viel m^2 passen in ein Quadrat mit der Seitenlänge von
    a) 200 cm d) 0,4 cm
    b) 10 cm e) 12,5 cm
    c) 3000 cm f) 150 cm?

14. Tante Berta bittet Tiny, für die runde Gartendecke eine Fransenborte zu kaufen. Die Decke hat einen Durchmesser von 1,20 m. Wie viel Borte muss Tiny kaufen?

15. Jeden Abend muss Tiny die 12 ellipsenförmigen Spiegel im Damensalon (d = 60 cm, D = 90 cm) und die 2 kreisrunden Spiegel im Herrensalon (d = 56,5 cm) putzen. Wienert sie mehr oder weniger als 6 m^2?

16. Tiny hilft ihrem Bruder beim Drachenbasteln. Damit sie keine Fehler machen, haben die beiden eine Modellzeichnung angefertigt (**3**.9). Für das Holzkreuz kauft Tiny einen 1,65 m langen Stab. Bei der Menge des Transparentpapiers wird sie allerdings unsicher. Wie viel m^2 Papier brauchen die Geschwister für ihr windschnittiges Modell?

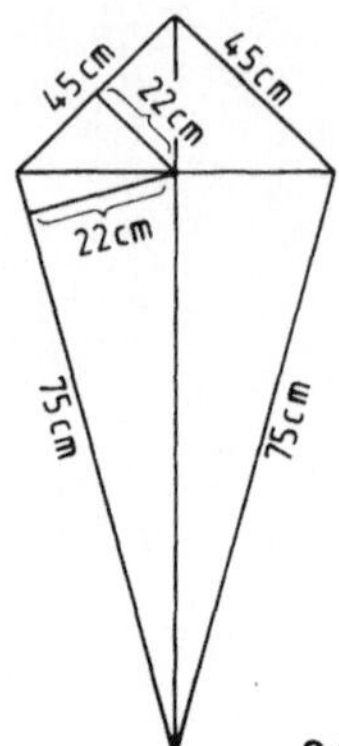

3.9 Drachen

17. Geben Sie die Seitenlängen von 6 verschiedenen Rechtecken an, deren Flächeninhalt 30 cm^2 beträgt.

18. Berechnen Sie Umfang und Flächeninhalt eines Quadrats mit der Seitenlänge
    a) $\frac{17}{20}$ m c) $\frac{29}{50}$ m
    b) $\frac{7}{25}$ m d) $\frac{5}{8}$ dm

19. Berechnen Sie anhand der Grundrisse, ob die Flächen **3**.10, **3**.11 und **3**.12 jeweils gleich groß sind.

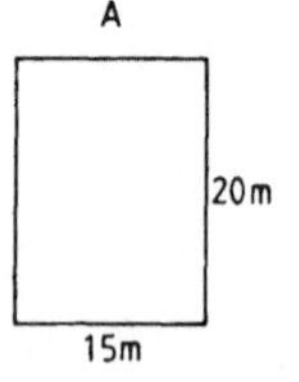

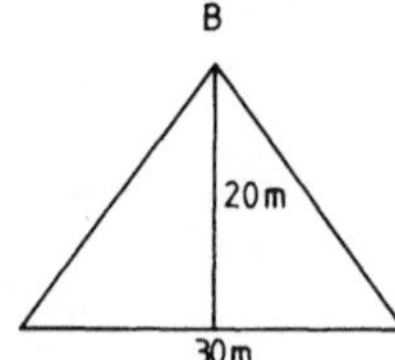

3.10 Grundrisse

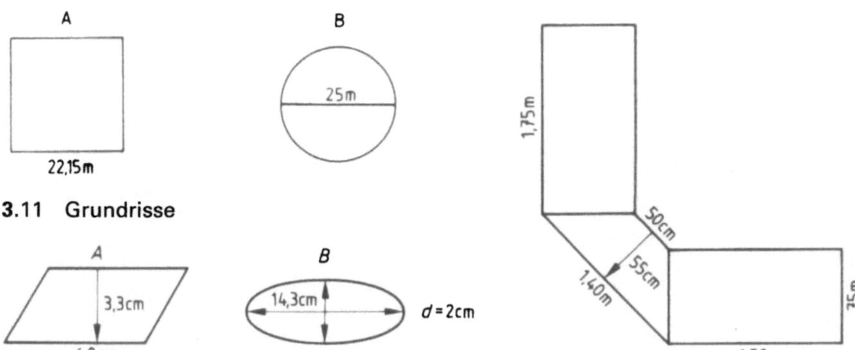

3.11 Grundrisse

3.12 Grundrisse

3.13 Glasregale

20. Im Verkaufsraum sollen zusätzlich Glasregale in die Schrankwand eingebaut werden. Wie viel m² Glas braucht der Glaser, wenn für jeden Schrank zwei Regalböden bestellt werden (**3**.13)?

21. Ein Grundstück von 26 m Breite und 32 m Länge kostet im Neubaugebiet 149760,– DM. Das Nachbargrundstück ist nur 22 m breit, aber ebenfalls 32 m lang. Wie viel muss der Käufer dafür bezahlen?

3.3 Körper (Volumen)

3.3.1 Körper- und Hohlmaße

Nachdem Sie in der Berechnung von Längen und Flächen fit sind, wollen wir uns an Körper wagen. Dabei ist natürlich nicht der menschliche Körper gemeint, sondern Würfel, Quader, Kugeln usw.

Maßeinheit für die Berechnung von Körpern (Rauminhalt) ist der Kubikmeter (m³). Ein Würfel mit der Seitenlänge 1 m hat die Grundfläche von 1 m² und den Rauminhalt von 1 m³ (**3**.14).

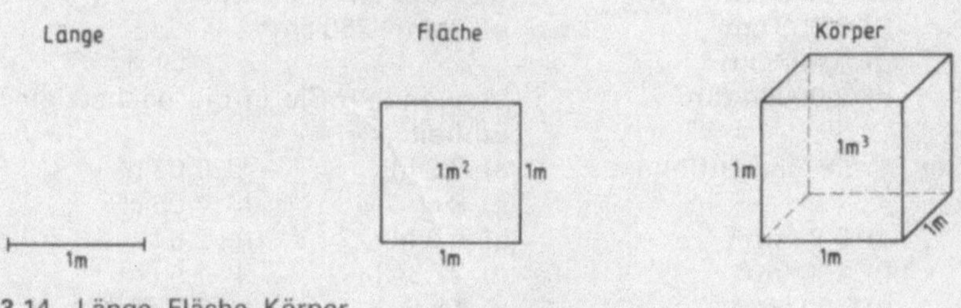

3.14 Länge, Fläche, Körper

Umrechnen der Raum- und Volumenmaße

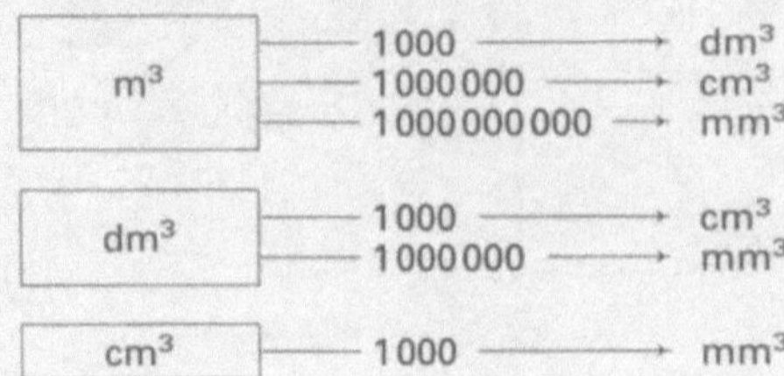

Die Verwandlungszahl der Einheiten ist 1000 (Ausnahmen hl und cl).

Bei den Raummaßen bezeichnen die ersten d r e i S t e l l e n hinter dem Komma die nächstkleinere Maßeinheit.

Beispiele $0{,}1\ m^3 = 0\ m^3\ 100\ dm^3$ $\quad 25{,}574\ cm^3 = 25\ cm^3\ 574\ mm^3$
$0{,}15\ m^3 = 0\ m^3\ 150\ dm^3$ $\quad 4{,}032\ l = 4l\ 032\ cl$

Übungsaufgaben

1. Geben Sie diese Größen in der eingeklammerten Einheit an.
   a) $3\ dm^3$ (cm^3)
   b) $115\ cm^3$ (mm^3)
   c) $5\ m^3$ (dm^3)
   d) $3275\ cm^3$ (mm^3)
   e) $2\ m^3$ (cm^3)
   f) $12\ dm^3$ (mm^3)
   g) $270\ m^3$ (mm^3)
   h) $3900\ m^3$ (dm^3)

2. Tiny hasst Kommata. Geben Sie daher diese Größen in kleineren Einheiten ohne Komma an.
   a) $1{,}9\ m^3$ e) $428{,}8\ cm^3$
   b) $0{,}04\ m^3$ f) $6{,}003\ cm^3$
   c) $7{,}32\ dm^3$ g) $0{,}007\ dm^3$
   d) $64{,}03\ dm^3$ h) $2{,}00064\ dm^3$

3. Verwandeln Sie in die nächsthöhere Einheit.
   a) $6000\ mm^3$ e) $0{,}2\ mm^3$
   b) $4175\ dm^3$ f) $1{,}7\ dm^3$
   c) $14900\ cm^3$ g) $700\ cm^3$
   d) $3578700\ mm^3$ h) $0{,}03\ mm^3$

4. Verwandeln Sie in die in Klammern angegebene Einheit.
   a) $0{,}33\ m^3$ (dm^3)
   b) $78\ mm^3$ (cm^3)
   c) $16{,}7\ dm^3$ (m^3)
   d) $126{,}004\ dm^3$ (cm^3)
   e) $58100\ cm^3$ (dm^3)
   f) $0{,}06\ mm^3$ (cm^3)
   g) $2\ m^3\ 7\ dm^3$ (dm^3)
   h) $36\ dm^3\ 60\ cm^3$ (cm^3)

5. a) $500\ dm^3 + 0{,}3\ m^3$
   b) $3{,}232\ cm^3 + 3{,}6\ dm^3$
   c) $10\ m^3 - 5200\ cm^3$
   d) $2{,}877\ cm^3 - 5\ mm^3$
   e) $3\ dm^3\ 250\ cm^3 \cdot 4$

6. Verwandeln Sie in die nächstkleinere Einheit.
   a) 7,8 hl g) 0,03 hl
   b) 8 cl h) 7,06 cl
   c) 0,3 hl i) 2,5 l
   d) 27,34 hl j) $1{,}5\ cm^3$
   e) 16 cl k) $0{,}3\ dm^3$
   f) 24,704 cl l) $4{,}03\ m^3$

7. Verwandeln Sie in die nächstgrößere Einheit.

a) 300 l	e) 47 000 ml
b) 18,40 l	f) 86,07 ml
c) 2 cl	g) 127,004 cl
d) 0,04 cl	h) 16 ml

8. Verwandeln Sie die Größen in die eingeklammerten Einheiten.

a) 8 l (ml)	e) 14,28 l (ml)
b) 16,75 hl (l)	f) 7,04 ml (l)
c) 1,9 hl (cl)	g) 1280 ml (hl)
d) 0,3 l (hl)	h) 63,72 cl (l)

9. Verwandeln Sie in die angegebenen Einheiten.

a) 67 l (dm^3)	e) 0,03 m^3 (ml)
b) 24,3 l (cm^3)	f) 126,4 cl (dm^3)
c) 0,8 ml (dm^3)	g) 16,45 dm^3 (l)
d) 93,75 m^3 (l)	h) 400 000 mm^3 (hl)

10. Verwandeln Sie (wenn nötig) in gleiche Einheiten und rechnen Sie.

a) 3,7 hl + 4 l	e) 126 hl · 3
b) 0,8 l + 216 ml	f) 16,4 l · 24
c) 1240 ml − 0,2 l	g) 16,04 l : 40
d) 24,9 cl − 14 ml	h) 0,9 hl : 30

3.3.2 Körper berechnen

Der Rauminhalt wird bei einfachen Körpern (Würfel, Quader, Kreissäule bzw. Zylinder) berechnet, indem wir die Grundfläche mit der Höhe multiplizieren. Vor der Rechnung müssen wir ggf. die Maße in gleiche Einheiten umwandeln.

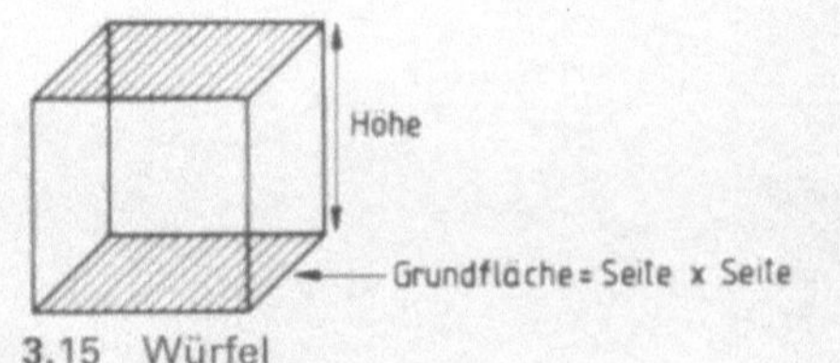

3.15 Würfel

Beispiel Würfel = Grundfläche in cm^2 · Höhe in cm = Rauminhalt in cm^3 (**3.15**)

Bei der Oberflächenberechnung addieren wir alle Flächen des Körpers.

Beispiel Der Würfel besteht aus 6 gleich großen Flächen. Also ist seine Oberfläche = 6 · Grundfläche in cm^2.

Die Berechnung von Rauminhalt und Oberfläche eines Körpers ist einfach, wenn wir dazu Formeln benutzen (**3.16**). Zu den uns schon bekannten Abkürzungen kommen zwei hinzu:

O = Oberfläche des Körpers V = Rauminhalt (Volumen)

Tabelle **3.16 Körper**

Körper	Formeln	Beispiele
Würfel	$O = a^2 + a^2 + a^2 + a^2 + a^2 + a^2$ $= 6\,a^2$ $V = a \cdot a \cdot a = a^3$	a = 3 cm O = 6 · (3 cm · 3 cm) = 6 · 9 cm^2 = 54 cm^2 V = 3 cm · 3 cm · 3 cm = 27 cm^3

Fortsetzung s. nächste Seite

Tabelle **3**.16, Fortsetzung

Körper	Formeln	Beispiele
Quader	$O = 2\,(a \cdot b) + 2\,(a \cdot h)$ $+ 2\,(b \cdot h)$ $V = a \cdot b \cdot h = A \cdot h$	$a = 2$ cm, $b = 5$ cm, $h = 8$ cm $O = 2\,(2\text{ cm} \cdot 5\text{ cm}) + 2\,(2\text{ cm} \cdot 8\text{ cm})$ $+ 2\,(5\text{ cm} \cdot 8\text{ cm}) = 2 \cdot 10\text{ cm}^2$ $+ 2 \cdot 16\text{ cm}^2 + 2 \cdot 40\text{ cm}^2$ $= 20\text{ cm}^2 + 32\text{ cm}^2 + 80\text{ cm}^2$ $= 132\text{ cm}^2$ $V = 2\text{ cm} \cdot 5\text{ cm} \cdot 8\text{ cm} = 80\text{ cm}^3$
Kreissäule (Zylinder)	$O = \frac{3{,}14 \cdot d\,(2\,h + d)}{2}$ $V = \frac{3{,}14 \cdot d^2 \cdot h}{4}$	$d = 4$ cm, $h = 10$ cm $O = \frac{3{,}14 \cdot 4\text{ cm}\,(2 \cdot 10\text{ cm} + 4\text{ cm})}{2}$ $= \frac{12{,}56\text{ cm} \cdot 24\text{ cm}}{2} = \frac{301{,}44\text{ cm}^2}{2}$ $= 150{,}72\text{ cm}^2$ $V = \frac{3{,}14 \cdot 16\text{ cm}^2 \cdot 10\text{ cm}}{4}$ $= \frac{502{,}4\text{ cm}^3}{4} = 125{,}6\text{ cm}^3$
Kugel	$O = 3{,}14 \cdot d^2$ $V = \frac{3{,}14 \cdot d^3}{6}$	$d = 5$ cm $O = 3{,}14\,(5\text{ cm} \cdot 5\text{ cm})$ $= 3{,}14 \cdot 25\text{ cm}^2 = 78{,}5\text{ cm}^2$ $V = \frac{3{,}14 \cdot (5\text{ cm} \cdot 5\text{ cm} \cdot 5\text{ cm})}{6}$ $= \frac{3{,}14 \cdot 125\text{ cm}^3}{6} = 65{,}42\text{ cm}^3$
Pyramide	$V = \frac{a \cdot b \cdot h}{3}$	$a = 3$ cm, $b = 5$ cm, $h = 8$ cm $V = \frac{3\text{ cm} \cdot 5\text{ cm} \cdot 8\text{ cm}}{3} = 40\text{ cm}^3$
Prisma	$V = A \cdot h$ A = Grundfläche	$A = 6\text{ cm}^2$, $h = 9$ cm $V = 6\text{ cm}^2 \cdot 9\text{ cm} = 54\text{ cm}^3$
Kegel	$V = \frac{\pi \cdot r^2 \cdot h}{3}$	$r = 3$ cm, $h = 7$ cm $V = \frac{3{,}14\text{ cm} \cdot 9\text{ cm} \cdot 7\text{ cm}}{3} = 65{,}94\text{ cm}^3$

Übungsaufgaben

11. Berechnen Sie die fehlenden Größen der Quader

	a)	b)	c)	d)	e)	f)	g)	h)
a	4 m	12 cm	3 cm	16 cm	$^1/_2$ m	4 m	? cm	? m
b	2 m	8 cm	0,25 m	2,5 m	$^1/_5$ m	10 m	6 cm	2 m
h	3 m	14 cm	12 cm	1 dm	10 cm	? m	7 cm	30 dm
O	? m²	? cm²	? cm²	? cm²	? cm²	? m²	? m²	? cm²
V	? m³	? cm³	? cm³	? cm³	? cm³	120 m³	420 cm³	12 m³

12. Berechnen Sie Oberfläche und Volumen eines Würfels mit der Seitenlänge *a*
a) 4,5 cm
b) 13 cm
c) 9,3 m
d) 15,2 mm
e) 9,9 cm

13. Ein Glaszylinder hat eine Höhe von 19 cm und einen Durchmesser von 30 mm. Er kann wegen der Tülle nur bis zur Höhe von 18 cm gefüllt werden.
a) Wie viel cm³ fasst das Gefäß?
b) Berechnen Sie den Inhalt in Litern.

14. Berechnen Sie die Rauminhalte der folgenden Körper. Welcher Körper hat den größten Rauminhalt, welcher den kleinsten?

Würfel	$a = 2$ cm
Quader	$a = 1{,}8$ cm; $b = 1{,}4$ cm; $h = 2{,}5$ cm
Zylinder	$d = 2{,}2$ cm; $h = 2{,}8$ cm
Kugel	$d = 2$ cm

15. Wie groß werden Rauminhalt und Oberfläche eines Würfels, wenn man seine Kantenlänge $a = 2{,}8$ cm
a) verdoppelt, b) verdreifacht und
c) halbiert?

16. Tinys Oma bekommt von ihren Enkeln ein selbst gebasteltes Mobile. Es besteht aus:
2 Würfeln mit der Kantenlänge = 4 cm
2 Kugeln mit dem Durchmesser = 3 cm
1 Quader mit den Seitenlängen = 3 cm, 4 cm und der Höhe 5 cm
2 Zylindern mit dem Durchmesser = 3,5 cm und der Höhe 6 cm
Sie wollen die Körper mit Bildern und Trockenblumen bekleben. Wie viel cm² Oberfläche stehen ihnen zur Verfügung?

17. Nach einem Besuch in Onkel Heinrichs Obstgarten brodeln 8 l Kirschmarmelade auf dem Herd. Wie viel volle Marmeladengläser mit einem Durchmesser $d = 6$ cm und einer Einfüllhöhe $h = 9$ cm kann Tiny in den Vorratskeller bringen?

18. Beim Fußballtest im Wohnzimmer traf Tommys kleiner Bruder das Aquarium (Länge = 68 cm, Breite = 35 cm, Höhe = 45 cm, Wasserstand = 38 cm). Nach Rettung der Fische und Beseitigung der Scherben betrachtet er schuldbewusst den Wasserschaden. Wie viel l überschwemmen die gute Stube?

19. Der Maulwurf Grabowski gräbt einen zylinderförmigen Gang von 128 m Länge und 6 cm Durchmesser unter dem Sportplatz. Wie viel dm³ Erde bewegt er dabei?

20. Tinys Chefin will den Dachboden ihres Hauses ausbauen (**3**.17).
a) Wie viel umbauter Raum (Volumen) steht zur Verfügung?
b) Wie viel Dämmaterial braucht sie für die Dachfläche und die Giebel, wenn 3 m² Fensterflächen wegfallen?

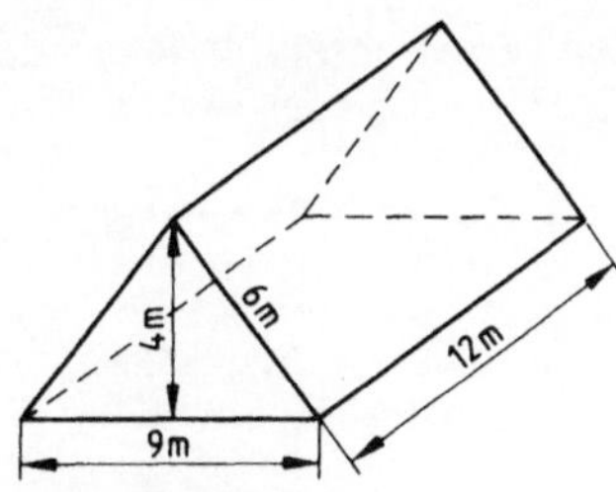

3.17 Dachboden

21. Ein halbkugelförmiger Parfümzerstäuber ist 4 cm hoch. Wie viel ml Parfüm passen hinein, wenn der Flakon bis zum Rand gefüllt ist?

22. Der ägyptische Fremdenverkehrsverband möchte seinen Stand auf der nächsten Touristikmesse mit einer 1,5 m hohen Styroporpyramide dekorieren. Die Grundfläche der an der Decke befestigten Pyramide beträgt 0,9 m². 1 cm³ Styropor wiegt 0,023 g. Wie viel kg muss das Zugband tragen?

23. Ein Großbehälter Festiger mit 295 l soll in Portionsfläschchen wie in Bild 3.18 abgefüllt werden. Wie viele Flaschen sind bereitzuhalten?

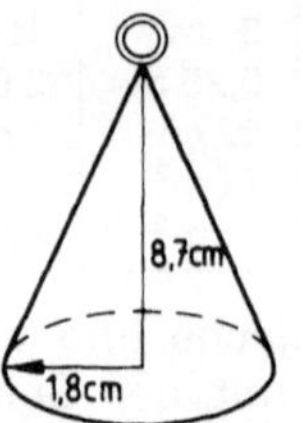

3.18 Portionsflasche

3.4 Gewichte

3.4.1 Gewichtsmaße

Maßeinheit für die Berechnung von Gewichten (Massen) ist das Kilogramm (kg).

Diese Maßeinheit wurde festgelegt, weil 1 Liter Wasser bei einer Temperatur von 4 °C genau 1 Kilogramm wiegt. Außerdem rechnen wir Gewichte in Tonnen, Gramm und Milligramm.

Gewicht	Abkürzung
Tonne	t
Kilogramm	kg
(Pfund)	(Pfd.) = 500 g
Gramm	g
Milligramm	mg

1 kg = 1000 g = 1000000 mg   1 t = 1000 kg
1 g = 1000 mg

Die Umwandlungszahl für t, kg, g und mg ist 1000.

Bei den Gewichtseinheiten (t, kg, g, und mg) bezeichnen die ersten **drei Stellen** hinter dem Komma die nächstkleinere Maßeinheit.

Beispiele
0,1 kg = 0 kg 100 g
0,01 kg = 0 kg 10 g
0,0015 kg = 0 kg 1 g 500 mg
25,5 g = 25 g 500 mg
25,0574 t = 25 t 57 kg 400 g

Übungsaufgaben

Verwandeln Sie

1. in g
   a) 8 kg d) 0,5 kg
   b) 3 t e) 1000 g
   c) 6 kg 300 g f) 2 mg

2. in kg
   a) 400 t d) 250 g
   b) 18 t 600 kg e) 7890 mg
   c) 1 t 500 g f) 12 mg

3. in mg
   a) 5 Pfd. d) 588 g 5 mg
   b) 398 g e) 0,4 g
   c) 95,37 g f) 12 g 666 mg

4. Verwandeln Sie in die in Klammern angegebenen Einheiten.
   a) 53,72 kg (g) e) 3 mg (kg)
   b) 0,035 t (g) f) 27 t (kg)
   c) 987 g (mg) g) 0,000 357 t (g)
   d) 0,21 mg (g) h) 82,66 g (mg)

5. Schreiben Sie als Dezimalzahl in der nächstgrößeren Einheit.
   a) 24 330 mg e) 43 572 mg
   b) 155 g f) 85 kg
   c) 98 954 kg g) 3 895 800 g
   d) 22 mg h) 3334 mg

6. Ergänzen Sie die fehlenden Gewichtseinheiten, so dass die Gleichheitszeichen stimmen.
   a) 680 000 mg = 0,68 ? = 680 ?
   b) 5 t = 5 000 000 000 ? = 5 000 ?
   c) 0,093 ? = 93 kg = 93 000 ?
   d) 244 ? = 0,000 244 ? = 244 000 mg

7. Schreiben Sie in mehreren Einheiten (z. B. 23,795 kg = 23 kg 795 g)
   a) 95,722 g
   b) 73,003 t
   c) 1,999 kg
   d) 28,0002 kg
   e) 83 566 g
   f) 637,1 kg
   g) 92,000 035 kg
   h) 2461 mg

8. a) 2500 kg + 450 kg
      300 g + 370,3 kg
   b) 12 t 780 kg + 95,075 t + 1232 kg
   c) 587 kg − 500 g − 0,298 kg
   d) 788 g − 23 mg − 0,002 kg
   e) 807 mg · 95
   f) 3 · 0,05 kg
   g) 44,1 t : 14,7
   h) 37 560 mg : 6,260

9. Ergänzen Sie
   a) ? · 4 t 500 kg = 13,5 t
   b) ? · 3 = 9 g 27 mg
   c) ? : 6 = 24 t 400 kg
   d) 134,1 t : ? = 44 t 700 kg

10. Tommy steht in einem Kaufhaus im Fahrstuhl und liest folgendes Schild:

1200 kg Traglast oder 15 Personen

    a) Welches Gewicht nimmt man für eine Person an?
    b) Im zweiten Stockwerk steigen 6 Erwachsene und 3 Kinder zu, im dritten Stockwerk wollen 4 Erwachsene und 5 Kinder mitfahren. Dürfen alle Personen in den Aufzug, wenn für ein Kind nur die Hälfte des Personengewichts berechnet wird?

11. Wie viel wiegen a) $^1/_2$ l, b) $^3/_4$ l, c) $^5/_8$ l Wasser bei 4 °C?

12. Tiny kontrolliert auf der Küchenwaage, ob sie Tante Bertas Geburtstagsgeschenke als Päckchen (bis zu 2 kg) aufgeben kann.
    Das Päckchen enthält:
    1 Buch 305 g
    1 Packung Kekse 250 g
    1 selbst gestrickte Jacke 628 g
    1 Fotoalbum 820 g
    Verpackungsmaterial 235 g
    a) Was zeigt die Waage an?
    b) Welches Geschenk muss Tiny herausnehmen, um die Geburtstagsüberraschung als Päckchen verschicken zu können?

3.4.2 Brutto, Tara, Netto

Der schöne Sommer brachte eine Apfelschwemme in Onkel Heinrichs Obstgarten. Nachdem Tante Berta durch die Apfelkur zu statt abgenommen hat, beschließen sie den Verkauf auf dem Wochenmarkt. Onkel Heinrich füllt eine Steige nach der anderen, bis die Waage jeweils genau 10 Kilo zeigt.

Der Verkauf funktioniert prima, bis ein Kunde wutschnaubend die Kiste zurückbringt, weil er sich übers Ohr gehauen fühlt. Die Marktfrau von nebenan erklärt dem „Neuling" seinen Fehler: Äpfel und Kiste sind zusammen das Bruttogewicht. Die Kiste ist Tara, und die Äpfel sind das Nettogewicht (3.19). Nachdem Onkel Heinrich begriffen hat, dass dem Kunden 10 kg Äpfel netto zustehen, legt er die fehlenden Äpfel zu und gibt einen besonders schönen obendrein.

3.19 Onkel Heinrich mit Apfelkisten

Brutto = Gesamtgewicht → Inhalt plus Verpackung
Tara = Gewicht der Verpackung (des Gefäßes)
Netto = Gewicht des Inhalts ohne Verpackung
Brutto − Tara = Netto

Übungsaufgaben

13. Geben Sie die fehlenden Größen an.

	Brutto	Tara	Netto
Paket A	6580 g	? g	6256 g
Paket B	9485 g	540 g	? g
Paket C	34 kg	? g	33,131 kg
Paket D	? g	745 g	6595 g
Paket E	5875 g	628 g	? g
Paket F	12,355 kg	? g	10,896 kg
Paket G	? g	0,986 kg	2,525 kg
Paket H	6,037 kg	540 g	? g

14. Onkel Heinrich stellt seinen Obstgarten zum Selbstpflücken von Kirschen zur Verfügung. Er rüstet die Kunden mit 214 g schweren Spankörben aus. Abends wiegt er die Körbe und kassiert je kg 3,98 DM.

Kunde	Gewicht der gepflückten Kirschen mit Korb
A	6,8 kg
B	4,575 kg
C	5,64 kg
D	2 kg
E	1,2 kg
F	3,8 kg
G	1,58 kg

a) Lösen Sie die Aufgabe nach folgendem Schema in Tabellenform:

Kunde	Brutto	Tara	Netto	Preis
A B C D E F G	g	g	g	DM

b) Wie viel DM klimpern abends in Onkel Heinrichs Kasse, wenn er schon 16,34 DM Wechselgeld darin hatte?

15. Eine Warensendung Festiger wiegt versandfertig verpackt 3 kg 200 g. Um Porto zu sparen, ändert die Firma das Verpackungsmaterial (bisher 690 g). Die neue Verpackung wiegt nur noch $^1/_3$. Wie schwer ist das Paket jetzt?

16. Das Bruttogewicht der Ente Wastl beträgt 2,25 kg. Seine „Verpackungs"-Federn wiegen 96,5 g. Wie viel g bringt der arme Wastl vor dem Braten ohne Federn auf die Waage?

Weitere Aufgaben finden Sie im Abschnitt 5 (Prozentrechnen).

3.4.3 Dichte

Die Dichte ϱ (griechisch: rho) eines Stoffes (Massendichte) ist der Quotient aus Masse m (Gewicht) und Volumen V.

$$\varrho = \frac{m}{V} \quad \text{z.B. in } \frac{\text{kg}}{\text{dm}^3}$$

Stellen Sie sich vor, Ihnen fällt 1 kg Blei auf den linken Fuß und 1 kg Federn auf den rechten. Dann wird Ihnen deutlich, dass der Unterschied nicht nur im Volumen beider Stoffe liegt, sondern auch entscheidend in ihrem spezifischen Gewicht, ihrer Dichte. Als Vergleichswert dient das Gewicht des Wassers: 1 dm³ Wasser wiegt bei 4 °C genau 1 kg und hat die Dichte 1.

Stoffe, deren Dichte größer als 1 ist, gehen in Wasser unter.
Stoffe, deren Dichte kleiner als 1 ist, schwimmen auf dem Wasser.

Übungsaufgaben

17. Wie viel Gramm wiegt jeweils 1 Liter
   a) Aceton, $\varrho = 0{,}792$,
   b) Paraffinöl, $\varrho = 0{,}89$,
   c) Quecksilber, $\varrho = 13{,}55$,
   d) Milch, $\varrho = 1{,}031$?

18. Ein Gefäß hat ein Volumen von 250 cm³ und ein Eigengewicht von 100 g. Berechnen Sie das Bruttogewicht, wenn es
   a) mit Öl ($\varrho = 0{,}9$),
   b) mit Wasser ($\varrho = 1$),
   c) mit Ethylalkohol ($\varrho = 0{,}79$) gefüllt ist.

19. Wie viel kg wiegen
   a) 375 cm³ Aceton, $\varrho = 0{,}792$,
   b) 450 cm³ Chloroform, $\varrho = 1{,}49$,
   c) 630 cm³ Paraffin, $\varrho = 0{,}89$?

20. Berechnen Sie die fehlenden Werte.

	Masse	Dichte	Volumen
a)	148,5 g	5,5	?
b)	?	0,8	350 cm³
c)	850 kg	?	425 dm³
d)	2,5 kg	19,3	?
e)	45 g	0,5	?
f)	27 kg	?	10 dm³

3.5 Zeiteinheiten

Vorsicht – Zeiteinheiten sind kein dezimales System!

1 Jahr = 12 Monate = 52 Wochen
1 Monat = 30 Tage
1 Tag = 24 Stunden
1 Stunde (h oder Std.) = 60 Minuten (min) = 3600 Sekunden (sec)
1 Minute = 60 Sekunden

Wir unterscheiden Zeitpunkte (Daten, Uhrzeiten) von Zeitspannen (Zeitdauer).

Wenn sich z. B. Tante Berta mit ihrer Freundin zum Kaffeeklatsch treffen wollen, verabreden sie einen Zeitpunkt. Die Dauer des Kränzchens ist eine Zeitspanne – meist eine lange.

Beispiele Zeitpunkte: 9^{30} Uhr oder 9.30 Uhr
12^{20} Uhr oder 12.20 Uhr
6.4.84 19^{00} Uhr

Zeitspannen: 3 Stunden 30 Minuten oder 3.30 Stunden = $3\frac{1}{2}$ Std.

Beim Umwandeln von 3.30 Stunden müssen Sie beachten, dass die zwei Stellen hinter dem Punkt (kein Komma!) keine Hundertstel, sondern Sechzigstel sind, denn eine Stunde hat 60 Minuten.

Beispiele 5.30 Stunden = $5\frac{30}{60}$ Stunden = $5\frac{1}{2}$ Std.

8.15 Stunden = $8\frac{15}{60}$ Stunden = $8\frac{1}{4}$ Std.

Übungsaufgaben

1. Verwandeln Sie in Minuten.
   a) 2 Std. d) 3.15 Std.
   b) 1 Std. 16 min e) 4.30 Std.
   c) $^1/_4$ Std. f) 0,0012 Std.

2. Schreiben Sie als Bruch (kürzen nicht vergessen!).
   a) 3 h 20 min d) 2 h 40 min
   b) 6 h 15 min e) 24 h 45 min
   c) 4 h 9 min f) 1 h 10 min

3. Schreiben Sie eine Zeitangabe in der kleinsten vorkommenden Einheit.
   a) 6 min 20 sec
   b) 1 Std. 8 min
   c) 8 Tage 6 Std.
   d) 2 Jahre 4 Monate
   e) 3 Jahre 3 Wochen
   f) 14 Tage 8 Std. 24 Minuten

4. Tommy hat am 25.7. Geburtstag. Die Clique feiert am Abend des 24. in den Geburtstag hinein. Da Tommy entsetzlich neugierig auf seine Geschenke ist, schaut er ständig auf seine Digitaluhr. Wie viel Stunden und Minuten sind es jeweils noch bis Mitternacht?
   a) 18.15 Uhr d) 22.24 Uhr
   b) 19.30 Uhr e) 23.27 Uhr
   c) 20.18 Uhr f) 23.35 Uhr

5. In einem Hochhaus ist um 15^{36} Uhr der Fahrstuhl stecken geblieben. Die Monteure werden nach 15 min angerufen, brauchen 28 min für die Fahrt und 34 min für die Reparatur.
   a) Wie lange steckten die Insassen zwischen zwei Stockwerken fest?

b) Wie spät war es, als sich die Tür endlich öffnete?

6. Nach einem Krach im Betrieb schickt Tiny nachts im Traum ihren Chef mit einer Rakete ins Weltall. Wie oft saust der arme Mann in Tinys Vorstellung an einem Tag um die Erde, wenn die Rakete $1^1/_2$ Std. für einen Erdumlauf braucht?

7. Gerti wickelt eine Dauerwelle bei halblangem Haar in 24 Minuten. Dunja braucht $^1/_8$ weniger Zeit. Wie lange wickelt sie?

8. Eine Kundin erscheint um 16.40 Uhr im Salon. Kann sie noch angenommen werden, wenn sie spätestens um 17.52 Uhr an der 3 Minuten entfernten Bushaltestelle sein muss und folgende Arbeiten ausgeführt werden sollen?

Vorbereiten/Waschen	10 min
Haarkur	15 min
Schneiden	23 min
Föhnen	18 min

9. Wegen der drohenden Zwischenprüfung übt Simone an 3 Tagen wöchentlich 25 Minuten Papillotieren am Übungskopf. Wie viel Stunden und Minuten hat sie in den 6 Wochen vor der Prüfung geübt?

10. Bei einer Umfrage an der Berufsschule stellte sich heraus, dass die Azubis im 1. Jahr $^1/_3$ ihrer achtstündigen Arbeitszeit mit Putzen verbringen, im 2. Jahr $^1/_4$ und im 3. Jahr nur noch $^1/_{12}$. Wie viel Minuten sind das täglich?

11. Ein Haarschnitt dauert in der Regel 25 Minuten. Wie viel Stunden und Minuten muss man für acht Haarschnitte rechnen?

12. Eine Aushilfe arbeitet am Dienstag von 14.00 bis 18.00 Uhr, am Mittwoch von 14.00 bis 18.15 Uhr, am Donnerstag von 14.00 bis 18.25 Uhr, am Freitag von 14.00 bis 18.45 Uhr und am Samstag von 8.00 bis 13.10 Uhr.
    a) Berechnen Sie die Arbeitszeit der Aushilfe.
    b) Für die Stunde erhält sie 14,– DM. Wie viel Geld hat sie am Ende der Woche verdient?

4 Dreisatz (Schlussrechnen)

4.1 Verhältnisgleichung

$$4 : 2 = 8 : 4$$

Wir sagen: 4 verhält sich zu 2 wie 8 zu 4. 4 ist also doppelt so groß wie 2, 8 doppelt so groß wie 4. Es handelt sich um zwei gleiche Zahlenverhältnisse.

Außenglieder

$$4 : 2 = 8 : 4$$

Innenglieder

> Bei gleichen Zahlenverhältnissen ist das Produkt der **Innenglieder gleich** dem Produkt der **Außenglieder**.

Probe Innenglieder: $2 \cdot 8 = 16$
Außenglieder: $4 \cdot 4 = 16$

Ist ein Glied der Gleichung unbekannt, können wir es ermitteln, wenn wir das Gesetz über die Innen- und Außenglieder anwenden. Die unbekannte Größe in einer Gleichung wird mit *x* bezeichnet.

Beispiel $20 : x = 10 : 5$

$x \cdot 10 = 20 \cdot 5$

Produkt der Innenglieder — Produkt der Außenglieder

Um die Zahl *x* zu isolieren, müssen wir beide Seiten der Gleichung durch 10 teilen. Dazu schreiben wir rechts neben die Gleichung einen senkrechten Strich und dahinter den ausführenden Rechenschritt.

$x \cdot 10 = 20 \cdot 5 \quad |: 10$

$$\frac{x \cdot \overset{1}{\cancel{10}}}{\underset{1}{\cancel{10}}} = \frac{\overset{2}{\cancel{20}} \cdot 5}{\underset{1}{\cancel{10}}}$$

$x = 2 \cdot 5$

$x = 10$

Probe Eingesetzt in die Verhältnisgleichung

$20 : 10 = 10 : 5$

$$\frac{\overset{2}{\cancel{20}}}{\underset{1}{\cancel{10}}} = \frac{\overset{2}{\cancel{10}}}{\underset{1}{\cancel{5}}}$$

$2 = 2$

Gleichungen lassen sich mit einer Balkenwaage vergleichen, denn eine Waage ist im Gleichgewicht, wenn sich auf beiden Schalen gleiche Gewichte befinden. Sie bleibt im Gleichgewicht, wenn auf jeder Seite die gleiche Menge weggenommen oder hinzugefügt wird (**4**.1).

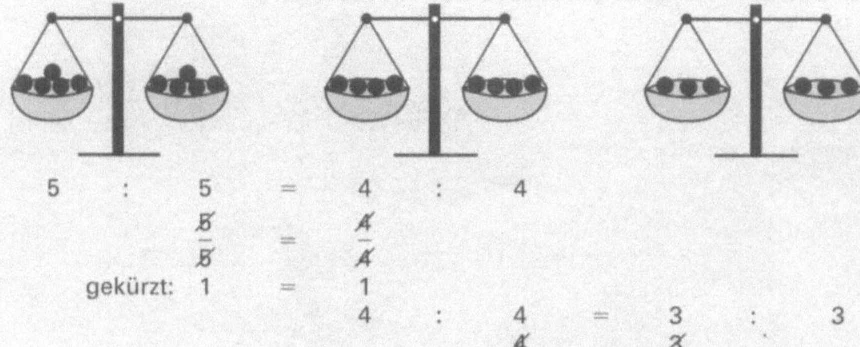

$5 : 5 = 4 : 4$

$\frac{\cancel{5}}{\cancel{5}} = \frac{\cancel{4}}{\cancel{4}}$

gekürzt: $1 = 1$

$4 : 4 = 3 : 3$

$\frac{\cancel{4}}{\cancel{4}} = \frac{\cancel{3}}{\cancel{3}}$

gekürzt: $1 = 1$

4.1 Waage

> Für die Berechnung von Gleichungen gilt: Das Verhältnis bleibt gleich, wenn wir auf beiden Seiten den gleichen Rechenschritt durchführen.

Beispiele

a) $16 : x = 8 : 12$

$x \cdot 8 = 16 \cdot 12 \,|: 8$

$\frac{x \cdot \overset{1}{\cancel{8}}}{\underset{1}{\cancel{8}}} = \frac{\overset{2}{\cancel{16}} \cdot 12}{\underset{1}{\cancel{8}}}$

$x = 2 \cdot 12$

$x = \mathbf{24}$

Probe $16 : 24 = 8 : 12$

$\frac{\overset{2}{\cancel{16}}}{\underset{3}{\cancel{24}}} = \frac{\overset{2}{\cancel{8}}}{\underset{3}{\cancel{12}}}$

$\frac{2}{3} = \frac{2}{3}$

b) $3 : 4 = x : 12$

$4 \cdot x = 3 \cdot 12 \,|: 4$

$\frac{\overset{1}{\cancel{4}} \cdot x}{\underset{1}{\cancel{4}}} = \frac{3 \cdot \overset{3}{\cancel{12}}}{\underset{1}{\cancel{4}}}$

$x = 3 \cdot 3$

$x = \mathbf{9}$

Probe $3 : 4 = 9 : 12$

$\frac{3}{4} = \frac{\overset{3}{\cancel{9}}}{\underset{4}{\cancel{12}}}$

$\frac{3}{4} = \frac{3}{4}$

Übungsaufgaben

1. Welche Zahlenverhältnisse stimmen nicht?
   a) $16 : 18 = 32 : 36$
   b) $5 : 3 = 30 : 18$
   c) $25 : 15 = 75 : 25$
   d) $\frac{6}{7} : 1 = 6 : 7$
   e) $3 : 8 = 15 : 120$
   f) $6 : 4 = 3\frac{1}{2} : 2\frac{1}{2}$

2. Bestimmen Sie die Unbekannte x und prüfen Sie das Ergebnis durch Einsetzen in die Gleichung.
   a) $x : 12 = 3 : 8$
   b) $7 : 14 = x : 21$
   c) $\frac{4}{5} : 168 = 1 : x$
   d) $24 : 28 = x : 70$
   e) $x : 6 = 81 : 27$
   f) $200 : 4 = 800 : x$

4.2 Einfacher Dreisatz mit geradem Verhältnis

Ein Friseurmeister kauft für das 25jährige Firmenjubiläum Sekt im 6er Karton für 38,40 DM. Er rechnet mit 120 Flaschen, um einen Monat lang jeder Kundin ein Gläschen anbieten zu können. Was kostet ihn diese Aktion?

Solche und ähnliche Probleme lösen wir mit dem Dreisatz.

Dreisatzaufgaben enthalten mindestens drei Angaben, aus denen sich der vierte (der gesuchte Wert) berechnen lässt. Die Größen bilden entweder ein gerades oder ein ungerades Verhältnis.

- Im geraden Verhältnis sind die Größenverhältnisse gleich: Je größer/kleiner die eine, desto größer/kleiner auch die anderen.
- Im ungeraden Verhältnis ist das Verhältnis umgekehrt: Je größer/kleiner die eine, desto kleiner/größer die anderen:

Das Lösungsschema ist für beide gleich:

> Im 1. Satz stehen die bekannten Angaben (Aussage oder Behauptungssatz), im 2. Satz wird auf die Einheit geschlossen (Folgesatz), im 3. Satz wird nach der gesuchten Größe gefragt (Frage- oder Schlusssatz).
> Die gesuchte Größe steht also immer am Schluss.

Beispiel 1

Aussagesatz 6 Flaschen kosten $= 38{,}40$ DM

Folgesatz 1 Flasche kostet den 6. Teil $= \frac{38{,}40}{6}$ DM

Schlusssatz 120 Flaschen kosten 120 mal so viel $= \frac{38{,}40 \cdot \overset{20}{\cancel{120}}}{\underset{1}{\cancel{6}}}$ DM $=$ **768,– DM**

Beispiel 2 1 l Wasserstoffperoxid kostet 12,– DM. Wie viel kosten 60 ml?

Aussagesatz 1000 ml H_2O_2 kosten 12,– DM

Folgesatz 1 ml H_2O_2 kostet $\frac{12,–}{1000}$ DM

Schlusssatz 60 ml H_2O_2 kosten $\frac{\overset{3}{\cancel{12}},– \cdot \cancel{60}}{\underset{25}{\cancel{1000}}}$ DM $=$ **0,72 DM**

Kontrollüberlegung: 60 ml H_2O_2 kosten weniger als 1 l.

> Beim geraden Verhältnis schließen wir durch Dividieren auf die Einheit und multiplizieren dann mit dem Vielfachen.
> Wichtig ist, dass wir nur gleiche Einheiten verwenden. (Daher haben wir im Beispiel 2 den einen l in 1000 ml verwandelt.)
> Eine Kontrollüberlegung am Schluss bewahrt uns vor großen Fehlern.

Gerade Verhältnisse bestehen nicht nur zwischen Menge und Preis einer Ware, sondern kommen auch sonst häufig vor, z. B.

- zwischen Lohn und Arbeitszeit bei festem Stundenlohn,
- zwischen Fahrweg und Zeit bei gleich bleibender Geschwindigkeit,
- zwischen Fahrweg und Preis bei Eisenbahn- oder Taxifahrten,
- zwischen Miete und Flächeninhalt einer Wohnung bei festem m^2-Preis

Lösung mit Hilfe der Verhältnisgleichung. Dreisatzaufgaben mit geradem Verhältnis lassen sich schneller mit einer Verhältnisgleichung lösen, weil sich ihre Größen im gleichen Verhältnis ändern.

Beispiel Die kleine Anzahl der Flaschen verhält sich zur großen Anzahl wie der gegebene Preis zum gesuchten Preis x. Also

Aussagesatz 6 Flaschen kosten 38,40 DM.

Folgesatz 120 Flaschen kosten x DM.

Verhältnisgleichung (ergibt sich aus den beiden untereinander stehenden Größen):

$$6 : 120 = 38{,}40 : x$$

Multiplikation der Innenglieder = Multiplikation der Außenglieder

$$120 \cdot 38{,}40 = 6 \cdot x$$

$$\frac{120 \cdot 38{,}40}{6} = \frac{\overset{1}{\cancel{6}} \cdot x}{\underset{1}{\cancel{6}}}$$

$$x = \frac{\overset{20}{\cancel{120}} \cdot 38{,}40}{\underset{1}{\cancel{6}}} = \mathbf{768,\!- \ DM}$$

Antwort 120 Flaschen kosten 768,– DM.

Probe $6 : 120 = 38{,}40 : 768$

$$\frac{6}{120} = \frac{38{,}40}{768} \Rightarrow \frac{6}{120} = \frac{\overset{6}{\cancel{3840}}}{\underset{120}{\cancel{7680}}} \Rightarrow \frac{6}{120} = \frac{6}{120}$$

> Auch beim Lösen von Dreisatzaufgaben mit Verhältnisgleichung müssen im Ansatz g l e i c h e E i n h e i t e n und die gesuchte Größe x am Ende des zweiten Satzes stehen.

Prüfen Sie, ob sich die Größen parallel entwickeln:

- linke Seite wird mehr ⇒ rechte Seite wird mehr,
- linke Seite wird weniger ⇒ rechte Seite wird weniger.

Die Überlegung wird erleichtert, wenn man sich links und rechts Pfeile malt, die immer von der kleineren zur größeren Zahl zeigen. Bei geraden Verhältnissen zeigen die Pfeilspitzen immer in dieselbe Richtung.

Beispiel 1 500 ml einer Handcreme kosten 9,80 DM. Was kosten 10 ml?

Aussage ↑ 500 ml kosten 9,80 DM. ↑
Frage | 10 ml kosten x DM. |

Verhältnisgleichung

$$500 : 10 = 9{,}80 : x$$

$$10 \cdot 9{,}80 = 500 \cdot x$$

$$\frac{10 \cdot 9{,}80}{500} = \frac{\cancel{500} \cdot x}{\cancel{500}}$$

$$x = \frac{1\cancel{0} \cdot 9{,}80}{50\cancel{0}} = 0{,}196 \approx \mathbf{0{,}20\ DM}$$

Antwort 10 ml kosten rund 20 Pfennig.

Beispiel 2 Herr Plattfuß hat sich ein Fahrrad gekauft und strampelt mit einer Durchschnittsgeschwindigkeit von 12 km/h. Wie lange braucht er für die 28 km lange Sonntagstour?

Aussage | 12 km ≙ 60 Minuten |
Frage ↓ 28 km ≙ x Minuten ↓

Verhältnisgleichung

$$12 : 28 = 60 : x$$

$$28 \cdot 60 = 12 \cdot x$$

$$\frac{28 \cdot 60}{12} = \frac{12 \cdot x}{12}$$

$$x = \frac{28 \cdot \overset{5}{\cancel{60}}}{\underset{1}{\cancel{12}}} = \mathbf{140\ Minuten}$$

Antwort Er braucht 140 Minuten bzw. 2 Stunden und 20 Minuten.

Rechenvorteil. Wir können den Rechenweg noch weiter abkürzen, indem wir die Produkte der Innen- und Außenglieder über Kreuz aus den Angaben der Aufgabe und der Frage multiplizieren.

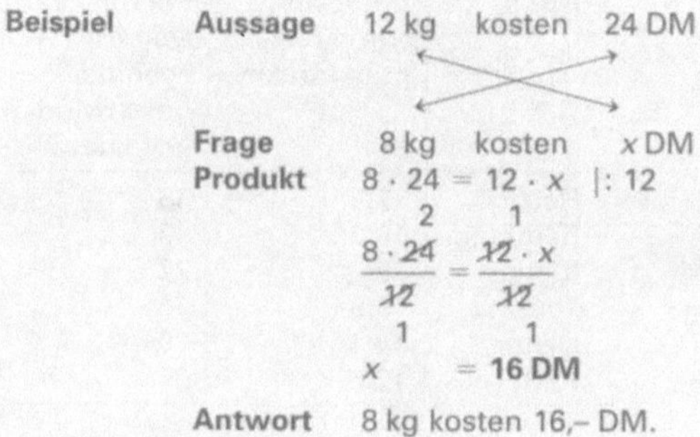

Übungsaufgaben

1. Ein Liter Rosmarinbadeöl kostet 28,60 DM. Für ein Bad braucht man 20 ml. Berechnen Sie den Preis für ein Badevergnügen.
2. Die Giraffe Peggy hat Halsschmerzen und braucht einen 6,60 m langen Schal. Die fleißigen Mäuse wollen ihn stricken. Sie schaffen 30 cm in 4 Tagen. Wann ist der Schal fertig?
3. 150 ml eines Hände-Desinfektionsmittels kosten 6,60 DM. Was kostet eine Anwendung mit 5 ml des Mittels?
4. Für 1 Liter Shampoo muss man 14,80 DM bezahlen. Wie viel DM berechnen Sie einer Kundin für 20 ml?
5. Tiny telefoniert mit ihrer Freundin 25 Minuten lang. 90 Sekunden kosten 0,12 DM. Wie teuer wird das Schwätzchen?
6. Tiny und Tommy wollen in eine neue Wohnung ziehen. Sie vergleichen folgende Angebote:
   Wohnung A = 56 m², Grundmiete 448,– DM
   Wohnung B = 62 m², Grundmiete 508,40 DM
   Welche Wohnung ist preiswerter?
7. Herr Schleicher benutzt gern das Fahrrad. Seine Durchschnittsgeschwindigkeit beträgt 12 km/h. Wie lange braucht er für 18 km?
8. Ein Mittelklassewagen braucht für 100 km 9,6 l Benzin. Wie viel l braucht man voraussichtlich für eine Strecke von 456 km?
9. Ein Kleinwagen verbraucht auf 100 km durchschnittlich 5,5 l bleifreies Benzin. Wie viel DM müssen an Benzingeld gerechnet werden, wenn 460 km zu fahren sind und der Liter 1,56 DM kostet?
10. Tiny steht fassungslos in der Waschmittelabteilung eines Supermarkts. Sie will das preisgünstigste Waschpulver kaufen und sieht folgende Angebote:

Name	Menge	Preis
Weißes Monster	4,5 kg	16,80 DM
Grüner Blitz	10 kg	22,98 DM
Superschrubbi	3 kg	14,20 DM
Blauer Hengst	5 kg	17,99 DM

Berechnen Sie die jeweiligen Kilopreise, damit Sie das günstigste Angebot herausfinden.

11. Eine Kundin mit 12 cm langen Haaren wünscht sich 24 cm Länge. Leider wachsen ihre Haare nur 0,8 cm im Monat. Nach wie viel Monaten hat sie die ersehnte Haarlänge, wenn die Haare zwischendurch nicht geschnitten werden?
12. Tiny erledigt in ihrer Mittagspause schnell einige Einkäufe für die Mutter. Auf dem Zettel stehen:
    250 g Tilsiter (13,60 DM je kg)
    300 g Edamer (15,20 DM je kg)
    125 g Schinken (32,80 DM je kg)
    200 g Leberwurst (25,60 DM je kg)
    Tiny hat in der Eile nur 10,– DM eingesteckt. Reicht das Geld?

13. Tiny und Tommy haben für den kommenden Samstag Freunde eingeladen. Tiny möchte Gulaschsuppe kochen und schaut im Rezept nach:

Gulaschsuppe für 4 Personen

400 g Gulasch
260 g Speck
250 g Zwiebeln
200 g grüne Paprikaschoten
225 g Tomaten
300 g Kartoffeln
Gewürze

Berechnen Sie das Rezept für 7 Personen.

14. Im Rahmen einer Projektarbeit hat eine Klasse eine Handcreme selbst hergestellt und den Verkaufspreis kalkuliert. Der reine Herstellungspreis für 750 ml beträgt 3,78 DM. Um den Verkaufspreis (Herstellungspreis + Gewinnspanne) festzulegen, vergleichen die Schüler Produkte verschiedener Firmen.
Ergänzen Sie die Tabelle.

Produkt	ml	Preis in DM	Preis für 100 ml
A	750	3,78	? DM
B	150	1,99	? DM
C	250	4,60	? DM
D	200	6,20	? DM
E	125	2,32	? DM
F	150	3,48	? DM

a) Wie hoch ist der Durchschnittspreis der fertigen Produkte je 100 ml?
b) Wie viel verdienen die Schüler an ihrer Creme (750 ml), wenn sie sie für den Durchschnittspreis verkaufen?

15. Am Vatertag wollen sich Tommy und seine Freunde zu einer Radtour pünktlich um 10 Uhr an der Waldgaststätte „Zum röhrenden Hirsch" treffen. Da jeder unterschiedlich weit weg wohnt und verschieden schnell fährt, müssen sie ihre Abfahrtszeiten berechnen, denn wer zu spät kommt, muss eine Runde ausgeben! Berechnen Sie die Abfahrtszeiten.

Name	Entfernung zum Treffpunkt in km	Persönliche Durchschnittsgeschwindigkeit km/h
Harry	7,5	18
Reinhold	16,2	19
Klaus	28	22
Tommy	9,8	16
Dieter	14,4	20
Karli	12,6	21

16. Nach einem Begrüßungsschluck schwingen sie sich um 10.20 Uhr in die Sättel und brechen zu einem 22 km langen Rundweg auf. Wegen zahlreicher Wadenkrämpfe vermindert sich ihre Durchschnittsgeschwindigkeit auf 15 km/h. Sind sie rechtzeitig zurück, um die für 12 Uhr bestellten Schnitzel niederzumachen?

17. Tiny und Tommy planen mit einem Freundespaar ihren Sommerurlaub in Südfrankreich. Die Miete für eine Ferienwohnung (4 Personen) kostet für 2 Wochen 1416,80 DM.

a) Was muss jeder der Vier täglich bezahlen?

b) Was kostet die Ferienwohnung für 20 Tage insgesamt?

18. Nach längerer Diskussion stellt sich heraus, dass dies den Vieren zu teuer ist. Sie wälzen Prospekte und entscheiden sich schließlich für Spanien, da dort preiswertere Ferienbungalows angeboten werden. Aus den Katalogen stellen sie sich folgende Tabelle zusammen:

je Woche

Wohnung	Miete	Nebenkosten	Reinigung
1	265,–	20,–	65,–
2	314,–	18,50	30,–
3	198,–	12,–	50,–
4	248,–	15,–	selbst durchführen
5	298,–	12,50	45,–

a) Welche Wohnung ist am preiswertesten?
b) Welche Kosten entstehen je Person und Tag in den einzelnen Ferienbungalows?
c) Was kostet die Vier der Urlaub insgesamt, wenn sie für Verpflegung, Benzin und sonstige Ausgaben 20,– DM pro Nase und Tag rechnen, den preiswertesten Bungalow mieten und 20 Tage am Ferienort sind?

19. Tiny will sich mit einem Schaumbad verwöhnen. Sie vergleicht vor dem Kauf die 100-ml-Flasche zu 4,80 DM mit der 600-ml-Vorratsflasche zu 19,80 DM. Wie viel kostet der Badezusatz je Bad (15 ml) aus der Vorratsflasche und aus der Normalflasche?

20. Eine Aushilfe im Salon bekommt netto 12,– DM je Stunde. Sie arbeitet 8 Stunden und 30 Minuten. Wie viel DM hat sie an diesem Tag verdient?

21. Als Stundenlohn berechnet der Installateur 52,80 DM. Eine Reparatur im Salon dauert 40 Minuten. Wie hoch ist die Rechnung, wenn für die An- und Abreise jeweils eine halbe Stunde zusätzlich berechnet wird?

4.3 Einfacher Dreisatz mit umgekehrtem Verhältnis

Onkel Heinrich ist verzweifelt. Mitten im Winter ist sein Vorrat an Hühnerfutter zu Ende. Im letzten Jahr hatte die gleiche Menge Körner genau 5 Monate gereicht und diesmal war das Futter schon nach $2^1/_2$ Monaten aufgebraucht. Tante Berta hat das Rätsel rasch gelöst: Das Hühnerfutter reichte im letzten Jahr für 30 Hühner 5 Monate. In diesem Jahr aber war die Hühnerschar auf 60 Stück angewachsen. Das Futter reichte also für die doppelte Anzahl Federvieh nur noch die Hälfte der Zeit – genau $2^1/_2$ Monate!

Hier verhalten sich die Größen im umgekehrten Verhältnis zueinander: Je zahlreicher die Hühnerschar, desto schneller ist das Futter verbraucht (**4.2**). Rechnen wir nach!

4.2 Onkel Heinrich mit Hühnern

Beispiel 1 Der Futtervorrat reicht für 30 Hühner 5 Monate. Wie lange reicht er für 60 Hühner?

Aussagesatz Für 30 Hühner reicht das Futter 5 Monate
Folgesatz Für 1 Huhn reicht es 30mal so lange = 5 · 30 Monate
Schlusssatz Für 60 Hühner reicht es 60mal weniger als für 1 Huhn

$$= \frac{5 \cdot \overset{1}{\cancel{30}}}{\underset{2}{\cancel{60}}} = \mathbf{2{,}5\ Monate}$$

Kontrollüberlegung: Bei 60 Hühnern reicht das Futter weniger lange.

Beispiel 2 Für eine Modenschau bedienen 6 Friseure die Modelle in 2 Stunden. Wie lange dauert die Bedienung, wenn 2 Friseure zusätzlich bestellt werden?

Aussagesatz 6 Friseure brauchen 2 Stunden

Folgesatz 1 Friseur braucht 2 · 6 Stunden

Schlusssatz 8 Friseure brauchen $\frac{2 \cdot \overset{3}{\cancel{6}}}{\underset{4}{\cancel{8}}} = \frac{\overset{1}{\cancel{2}} \cdot 3}{\underset{2}{\cancel{4}}} = 1^1/_2$ **Stunden**

Kontrollüberlegung: 8 Friseure brauchen weniger Zeit als 6.

> Beim umgekehrten Verhältnis schließen wir durch Multiplizieren auf die Einheit und dividieren durch das gesuchte Vielfache. Auch hier können wir nur gleiche Einheiten einsetzen und schließen die Rechnung mit einer Kontrollüberlegung ab.

Umgekehrte Verhältnisse finden wir häufig, z. B.

- zwischen der Geschwindigkeit eines Fahrzeugs und der für eine bestimmte Strecke aufgewendeten Zeit,
- zwischen der Anzahl von Personen und der Zeit, für die ein bestimmter Vorrat reicht,
- zwischen der Anzahl von Arbeitern und der für eine bestimmte Arbeit erforderlichen Arbeitszeit.

Prüfen Sie vor dem Aufstellen des Dreisatzes, ob es sich um ein gerades oder umgekehrtes Verhältnis handelt.

gerade	**umgekehrt**
mehr (Ware) → mehr (Geld)	mehr (Arbeitskräfte) → weniger (Zeit)
weniger (Ware) → weniger (Geld)	weniger (Arbeitskräfte) → mehr (Zeit)
Im Folgesatz dividieren	Im Folgesatz multiplizieren
Im Schlusssatz multiplizieren	Im Schlusssatz dividieren

„Mal so viel“ steht auf, „Teil“ steht unter dem Bruchstrich.

Lösung mit Hilfe der Verhältnisgleichung. Auch umgekehrte Verhältnisse können wir so lösen, müssen dabei aber die Produkte der Verhältnisgleichung austauschen und Außenglied · Innenglied = Innenglied · Außenglied rechnen. Die Pfeile, die mit der Spitze zur größeren Zahl zeigen, laufen beim umgekehrten Verhältnis in die umgekehrte Richtung!

Beispiel 1 Onkel Heinrichs Futtervorrat reicht für 30 Hühner 5 Monate. Wie lange reicht er für 60 Hühner?

Für 30 Hühner 5 Monate
für 60 Hühner x Monate

$$30 : 60 = 5 : x$$

$$30 \cdot 5 = 60 \cdot x \mid : 60$$

$$x = \frac{30 \cdot \overset{1}{\cancel{5}}}{\underset{12}{\cancel{60}}}$$

$x =$ **2,5 Monate**

Beispiel 2 6 Friseure bedienen die Modelle in 2 Stunden. Wie lange brauchen 8 Friseure?

6 Friseure brauchen 1 Stunde
8 Friseure brauchen x Stunden

$$6 : 8 = 2 : x$$

$$6 \cdot 2 = 8 \cdot x \mid : 8$$

$$x = \frac{\overset{3}{\cancel{6}} \cdot \overset{1}{\cancel{2}}}{\underset{\underset{2}{\cancel{4}}}{\cancel{8}}} = 1\tfrac{1}{2} \text{ Stunden}$$

Übungsaufgaben

Zur Übung sollten Sie diese Aufgaben als Dreisatz und als Verhältnisgleichung lösen.

1. Der Salon wird für eine Woche geschlossen. Acht Maler sollen in fünf Arbeitstagen Decken und Wände tapezieren. Drei von ihnen müssen einen anderen Auftrag erledigen. Wie lange dauern die Renovierungsarbeiten nun?
2. Der ICE fährt mit einer Durchschnittsgeschwindigkeit von 180 km/h in 3 Stunden 40 Minuten von Frankfurt nach Hamburg. Wegen zahlreicher Staus erreicht man mit dem PKW eine Durchschnittsgeschwindigkeit von nur 110 km/h. Wie viel länger dauert die Fahrt mit dem Auto?
3. Tinys Auto verbraucht 7,8 l Benzin auf 100 km. Deshalb muss sie alle 12 Tage tanken. In welchen Zeitabständen würde sie ihr freundlicher Tankwart nur noch sehen, wenn sie ein Sparmobil mit einem Verbrauch von 3,6 l Benzin auf 100 km hätte?
4. Zum Bespannen der Schaufensterrückwand soll Stoff gekauft werden. Bei einer Stoffbreite von 1,40 m braucht man dafür 2,70 m. Leider liegt der Stoff nur 90 cm breit. Wie viel m braucht man?
5. Tiny und Tommy haben für den Urlaub gespart. Die Ersparnisse (29,50 DM für jeden Tag) würden für 14 Tage reichen. Doch Tiny bekommt nur 10 Tage frei. Wie viel können sie jetzt am Tag ausgeben?
6. Am Sonntag besuchen Tante Berta und ihr Mann Tinys Eltern. Bei einer Durchschnittsgeschwindigkeit von 120 km/h braucht Tante Berta für die Hinfahrt 1 Stunde 4 Minuten. Wegen einiger Bierchen übernimmt auf dem Rückweg ihr Mann das Steuer und

fährt 96 Minuten. Wie hoch ist seine Durchschnittsgeschwindigkeit?

7. Ein Rechteck von 4 m Länge hat eine Breite von 5 m. Wie lang ist ein flächengleiches Rechteck mit 2 m Breite?

8. Beim letzten Sommerfest des Sportvereins haben 150 Personen in 2 Stunden die eingekauften Getränke verbraucht. Da der Vorstand in diesem Jahr mit weniger Besuchern rechnet, wird die gleiche Menge an Getränken eingekauft. Wider Erwarten tauchen 200 Personen auf dem Festplatz auf. Nach wie viel Minuten bleibt der Durst ungelöscht?

9. Das eingespielte achtköpfige Team eines Friseursalons erledigt den Wochengroßputz in einer $^3/_4$ Stunde. Wie viel Minuten braucht das Team, wenn 2 Personen wegen Krankheit ausfallen?

10. Für ein dreiwöchiges Zeltlager mit 27 Jungen haben die Veranstalter Lebensmittel eingekauft. Nach wie viel Tagen muss Nachschub besorgt werden, wenn die Gruppe $^1/_3$ mehr futtert als erwartet?

11. Vor einem Fototermin sollen 8 Friseurinnen 24 Modelle vorbereiten. Sie haben dazu 3 Stunden Zeit. Wie lange braucht das Team, wenn 2 Friseurinnen ausfallen?

12. Ein Shampoovorrat reicht bei 210 Kundinnen 75 Tage. Wie viel Monate reicht die gleiche Menge, wenn nur 175 Kundinnen bedient werden?

13. Ein D-Zug hat eine Durchschnittsgeschwindigkeit von 120 km/h und braucht für die Strecke Hannover–Frankfurt 4 Stunden. Der IC fährt durchschnittlich mit 180 km/h. Wie lange braucht er?

14. Gerti wollte ihr Prüfungshaarteil bei einer täglichen Knüpfzeit von 6 Stunden in 14 Tagen fertig haben. Wegen des anhaltend schönen Wetters arbeitet sie nur 4 Stunden täglich. Nach wie viel Tagen ist das Haarteil fertig?

15. Für durchschnittlich 120 Kundinnen reicht der Shampoovorrat 60 Tage. Wie lange reicht er für 150 Kundinnen?

16. Beim vorschriftsmäßigen Verbrauch von 214 ml Haarkur je Anwendung reicht eine Spenderflasche etwa 18 Arbeitstage. In welcher Zeit ist die Flasche leer, wenn bei jeder Anwendung 3 ml zu viel entnommen werden?

17. Tinys Haarwaschmittel reicht normalerweise für 9 Wochen. Ihr kleiner Bruder benutzt es neuerdings mit, wäscht sich aber nur halb so oft die Haare wie Tiny. Nach wie viel Wochen muss Tiny eine neue Flasche kaufen?

18. Eine Kundin hat es sehr eilig. Normalerweise brauchen ihre Haare 58 Minuten Trockenzeit bei 38 °C. Auf wie viel Grad muss die Haube gestellt werden, wenn die Haare nach einer $^3/_4$ Stunde trocken sein sollen?

19. Alljährlich lädt Winzer Emil seine 28köpfige Verwandtschaft zur Weinlese ein. Tatsächlich erscheinen 26. Nach 21 anstrengenden Stunden ist die Arbeit geschafft, und der letzte Rebstock abgeerntet. Wie lange hätte die Ernte gedauert, wenn alle 28 Mitglieder der Sippe erschienen wären?

20. Auf einer 18-tägigen Kreuzfahrt mit 120 Personen tauchen nach 6 Tagen sage und schreibe 24 blinde Passagiere auf!
    a) Wie lange kann die Kreuzfahrt noch dauern, wenn keine neuen Vorräte zugeladen werden?
    b) Von den 144 Personen fallen 54 wegen andauernder Seekrankheit aus. Wie lange könnte die Seefahrt jetzt dauern?

4.4 Zusammengesetzter Dreisatz

Tinys Chefin hat Probleme. Sie hat einen zweiten Salon eröffnet und will dafür schon im Frühjahr das Heizöl bestellen. Im ersten Salon (40 m²) hat sie in 6 Monaten 1000 l Heizöl verbraucht. Der neue Salon ist nur 25 m² groß, doch will die Chefin vorsorglich für 8 Monate Öl einkaufen. Tiny findet die Rechenversuche im Papierkorb und muss grinsen, denn sie erinnert sich an die Tips, die sie für solche Tüftelaufgaben in der Schule bekommen hat. Hier sind sie:

1. Lesen Sie die Aufgabe lieber dreimal mehr als einmal zu wenig.
2. Schreiben Sie sich alle gegebenen Zahlenwerte mit Einheiten heraus.
3. Schreiben Sie im Aussagesatz die gesuchte Einheit ans Ende.
4. Schreiben Sie den Fragesatz so unter den Aussagesatz, dass gleiche Einheiten untereinander und die gesuchte Größe am Schluss stehen.
5. Zerlegen Sie den zusammengesetzten Dreisatz in zwei einzelne, indem Sie zuerst nur eine gesuchte Größe über die Einheit auf das gesuchte Vielfache berechnen.
6. Verändern Sie anschließend die zweite Größe über die Einheit zum gesuchten Vielfachen.

Fangen wir mit den „Versorgungsschwierigkeiten" von Tinys Chefin an!

Beispiel 1 Gegeben: 40 m² Salon, 6 Monate, 1000 l Heizöl — gesucht: 25 m² Salon, 8 Monate, ? l Heizöl

Aussagesatz	40 m² Salon in 6 Monaten	= 1000 l Heizöl
Folgesatz	1 m² Salon in 6 Monaten	$= \frac{1000}{40}$ l Heizöl
Schlusssatz	25 m² Salon in 6 Monaten	$= \frac{1000 \cdot 25}{40}$ l Heizöl
Folgesatz	25 m² Salon in 1 Monat	$= \frac{1000 \cdot 25}{40 \cdot 6}$ l Heizöl
Schlusssatz	25 m² Salon in 8 Monaten	$= \frac{\overset{25}{\cancel{1000}} \cdot 25 \cdot \overset{4}{\cancel{8}}}{\underset{1}{\cancel{40}} \cdot \underset{3}{\cancel{6}}} = \frac{2500}{3} =$ **833,33 l Heizöl**

Beispiel 2 Ein Kegelklub mit 12 Personen macht eine 8-tägige Frankreichfahrt und bezahlt dafür insgesamt 7200,– DM. Was kostet die Fahrt für 16 Personen bei 5 Tagen Reisedauer und gleichem Pauschalpreis?

gegeben: 12 Personen, 8 Tage, 7200 DM — gesucht: 16 Personen, 5 Tage, ? DM

Aussagesatz	12 Personen	verreisen	8 Tage für	7200 DM
Folgesatz	1 Person	verreist	8 Tage für	$\frac{7200}{12}$ DM
Schlusssatz	16 Personen	verreisen	8 Tage für	$\frac{7200 \cdot 16}{12}$ DM
Folgesatz	16 Personen	verreisen	1 Tag für	$\frac{7200 \cdot 16}{12 \cdot 8}$ DM
Schlusssatz	16 Personen = **6000,– DM**	verreisen	5 Tage für	$\frac{\overset{600}{\cancel{7200}} \cdot \overset{2}{\cancel{16}} \cdot 5}{\underset{1}{\cancel{12}} \cdot \underset{1}{\cancel{8}}}$ DM
Antwort	Für 16 Personen kostet die 5tägige Reise 6000,– DM.			

Lösung mit Hilfe der Verhältnisgleichung. Auch dies ist kein Problem, wenn Sie sich nicht von dem „Zahlenwirrwarr" abschrecken lassen. Wir rechnen mit 2 Verhältnisgleichungen.

Beispiel 1 Zurück zu Tinys Chefin und ihrer Frage, wie viel Heizöl sie beim neuen Salon für 8 Monate einkaufen soll. Erster Salon: 1000 l Heizöl, 6 Monate, 40 m².

1. Verhältnisgleichung

40 m² Salon (in 6 Monaten) 1000 l Heizöl
25 m² Salon (in 6 Monaten) x l Heizöl

$$40 \cdot x = 25 \cdot 1000 \quad |: 40$$

$$40 : 25 = 1000 : x$$

$$x = \frac{25 \cdot 1000}{40}$$

2. Verhältnisgleichung

(25 m² Salon) in 6 Monaten $\frac{25 \cdot 1000}{40}$ l Heizöl
(25 m² Salon) in 8 Monaten x l Heizöl

$$6 : 8 = \frac{25 \cdot 1000}{40} : x$$

$$6 \cdot x = \frac{8 \cdot 25 \cdot 1000}{40} \quad |: 6$$

$$x = \frac{\overset{4}{\cancel{8}} \cdot 25 \cdot \overset{25}{\cancel{1000}}}{\underset{1}{\cancel{40}} \cdot \underset{3}{\cancel{6}}} = \frac{2500}{3} = \textbf{833,33 l Heizöl}$$

Antwort 25 m² brauchen in 8 Monaten 833,33 l Heizöl.

Beispiel 2 Die Kegelfahrt

1. Verhältnisgleichung

12 Personen verreisen (8 Tage) für 7200 DM
16 Personen verreisen (8 Tage) für x DM

$$12 : 16 = 7200 : x$$

$$12 \cdot x = 16 \cdot 7200 \quad |: 12$$

$$x = \frac{16 \cdot 7200}{12}$$

2. Verhältnisgleichung

(16 Personen) verreisen 8 Tage für $\frac{16 \cdot 7200}{12}$ DM
(16 Personen) verreisen 5 Tage für x DM

$$8 : 5 = \frac{16 \cdot 7200}{12} : x$$

$$8 \cdot x = \frac{5 \cdot 16 \cdot 7200}{12} \quad |: 8$$

$$x = \frac{5 \cdot \overset{2}{\cancel{16}} \cdot \overset{600}{\cancel{7200}}}{\underset{1}{\cancel{12}} \cdot \underset{1}{\cancel{8}}} = \mathbf{6000,\!- \ DM}$$

Antwort 16 Personen bezahlen für die 5-Tage-Fahrt insgesamt 6000,– DM.

Übungsaufgaben

Tiny hält es für nützlich, diese Aufgaben als Dreisatz und als Verhältnisgleichung zu lösen.

1. In der Jugendherberge vertilgen 120 Kinder in 28 Tagen 450 kg Pommes frites. Anschließend erwartet der Herbergsvater 156 Kinder, die jedoch nur 3 Wochen bleiben. Mit welchem Pommes-frites-Verbrauch ist zu rechnen?
2. Die Klasse 9 c einer Gesamtschule macht mit 28 Schülern eine 2-wöchige Abschlussfahrt nach Berlin und zahlt einen Pauschalpreis von 2665,60 DM für Übernachtung und Frühstück. Die Parallelklasse mit 21 Schülern fährt für 10 Tage in die gleiche Unterkunft. Wie hoch sind ihre Kosten?
3. Drei Angestellte eines Friseursalons setzen in einem Monat mit 18 Arbeitstagen 4293,90 DM durch den Verkauf von Kosmetika um. Welcher Kosmetikumsatz ist in einem Monat mit 20 Arbeitstagen zu erwarten, wenn das Filialgeschäft mit ebenfalls drei Angestellten eingerechnet wird?
4. Eine Haarkosmetikfirma kann in 2 Stunden mit 3 Abfüllmaschinen 1500 Portionsflaschen Festiger herstellen. Für einen Sonderauftrag sollen 9000 Portionen ausgeliefert werden. Eine Maschine fällt wegen technischer Mängel aus. In welcher Zeit kann der Auftrag mit den anderen zwei Maschinen ausgeführt werden?

5. 12 Raumpflegerinnen, die in einer Schule arbeiten, schaffen 6000 m^2 in 3 Stunden. Wie viel Stunden und Minuten brauchen 8 Raumpflegerinnen bei gleichem Fleiß für 8800 m^2?

6. Eine Firma betreut in 252 Bezirken 48000 Friseurbetriebe mit 258 Außendienstmitarbeitern. Da in diesem Jahr die Zahl der Betriebe auf 44500 gesunken ist, mussten auch die Bezirke auf 220 reduziert werden. Wie viel Außendienstmitarbeitern droht die Entlassung?

7. Ein Hühnerfuttervertreter verspricht Onkel Heinrich eine Steigerung der Legeleistung. Er legt die Eierstatistik eines Betriebes vor, in dem 324 Hühner in 2 Jahren 216000 Eier gelegt haben. Welche Legeleistung seiner 135 Hühner kann Onkel Heinrich in 6 Monaten nach der Futterumstellung erwarten?

8. Im vergangenen Monat standen durch ein Unwetter im Dorf zahlreiche Keller unter Wasser. Die freiwillige Feuerwehr rückte mit 5 Löschzügen aus und pumpte in $10^1/_2$ Stunden 15 Keller leer. Bei einem neuen Tief wurden 24 Keller überschwemmt, die Feuerwehr hatte aber diesmal nur 3 Löschzüge zur Verfügung. Nach welcher Zeit war auch der letzte Keller leer gepumpt?

9. Gartenfreund Kurt Kümmelspalter kürzt das Gras in seinem Vorgarten mit der Nagelschere. Im Familiensamstagseinsatz (6 Stunden) schaffen sie mit 8 Personen 36951300 Grashalme. Nach einem Streik in der Familie bleibt ihm nur die treue Gattin als Hilfe. Um die Arbeit nicht ins Unermessliche wachsen zu lassen, verringert Kurt die Rasenfläche großzügig auf ein Drittel. Wie viel Stunden und Minuten brauchen die beiden?

10. Tinys Freundin ist sauer. Ihre Firma hat einen zusätzlichen Auftrag angenommen, der in 24 Tagen bei 8-stündiger Arbeitszeit von 6 Kollegen geschafft werden sollte. Nach 6 Tagen werden jedoch 2 Kollegen krank. Wie viel Überstunden müssen Tinys Freundin und ihre 3 Kolleginnen täglich machen, um die Arbeit rechtzeitig zu schaffen?

4.5 Vermischte Übungsaufgaben

1. In einem Monat mit 14 Arbeitstagen im Betrieb bekommt eine Auszubildende 154,– DM Trinkgeld. Wie viel DM kann sie erwarten, wenn in den Ferien die 6 Schultage zusätzlich im Betrieb gearbeitet wird?

2. Bei der Abschlussfete einer Schulklasse verbrauchten 24 Schüler in 4 Stunden für 180,– DM Getränke. Wie viel DM muss die Parallelklasse mit 20 Schülern einrechnen, wenn sie 6 Stunden feiern will?

3. Gerti benutzt das Fahrrad für die 3,6 km zum Betrieb. Sie erreicht eine Durchschnittsgeschwindigkeit von 12 km/h. Wie viel Zeit braucht sie für die tägliche Hin- und Rückfahrt?

4. Eine 300-ml-Flasche Kurmittel kostet 16,80 DM. Die Einzelportion enthält 25 ml und kostet 1,60 DM. Wie viel Pfennig ist die Anwendung aus der Vorratsflasche preiswerter?

5. 20 Flaschen Haarfestiger kosten 18,60 DM. Eine Kundin braucht im Monat $6^1/_2$ Flaschen. Was kostet der „Monatsverbrauch"?

6. In einer Abfüllanlage für Haarspray füllen 12 Maschinen 18000 Dosen in 8 Stunden. Wie viel Dosen schaffen 10 Maschinen in 12 Stunden?

7. Mops, der freche Dackel, klaut 375 g Wurst vom Teller. 100 g kosten 1,48 DM. Für wie viel DM hat er Wurst vernascht?

8. Welche Hautcreme ist die preiswerteste?
   a) 250 ml zu 3,98 DM
   b) 225 ml zu 3,48 DM
   c) 210 ml zu 3,12 DM
9. Ein Fußgänger braucht $1^1/_2$ Stunden für $4^1/_2$ km. Ein Radfahrer, der mit der $3^1/_2$ fachen Geschwindigkeit des Fußgängers fährt, legt eine 36,75 km lange Strecke zurück. In welcher Zeit schafft er das?
10. Wie viel km kann man mit einer Tankfüllung folgender Autos fahren?

	1	2	3	4	5
Tank	36 l	40 l	50 l	52 l	60 l
Verbrauch 100 km	9,5 l	7,8 l	11,2 l	10,6 l	14,5 l

11. Tinys Kollegin gerät vier Wochen vor der Prüfung in Panik. Sie will ihr tägliches Übungs- und Wiederholungspensum von 8 Aufgaben verdreifachen. Für die 8 Aufgaben hat sie durchschnittlich 15 min gebraucht. Wie viel Stunden muss sie nun „opfern"?
12. Auf einem Kinderfest schafft es eine Gruppe von 36 Kindern in 2 Stunden 350 Negerküsse aufzuessen. Eine zweite Schar mit 24 Kindern braucht für 280 Negerküsse nur 90 Minuten. Wie viel vertilgt jedes Kind der beiden Gruppen in der Stunde?
13. Auf der Linie 25 werden tagsüber 72 Busse im Abstand von 12 Minuten eingesetzt. Während eines Stadtfestes sollen die Busse alle 4 Minuten verkehren. Wie viel zusätzliche Busse müssen fahren?
14. Bei der vorjährigen Modeproklamation bereiteten 6 Friseurinnen 24 Modelle in 90 Minuten für den Steg vor. In diesem Jahr sind für 8 Friseurinnen 30 Modelle bestellt. Wie lange dauert die Vorbereitung bei gleicher Arbeitsgeschwindigkeit?
15. Tinys sorgfältig gezogene Hängepflanze ist in $^1/_4$ Jahr 18 cm gewachsen. Wie lang wird sie an Tinys Geburtstag in $6^1/_2$ Monaten sein?
16. Wegen der mörderischen Hitze beschließen Tommys kleiner Bruder und seine 3 Kumpanen, im Vorgarten einen Swimmingpool auszuheben. Nach dem Abtransport der störenden Pflanzen erreichen sie in 60 Minuten eine Tiefe von 30 cm. Bis zu welcher Tiefe ist das Becken ausgeschachtet, wenn der heimkommende Vater nach weiteren 4 Stunden 20 Minuten die Arbeit der Jungen unterbricht?
17. Die Freundschaft zwischen Bobtail Joschi und dem Berner Sennenhund Balou ist nicht ohne Folgen geblieben. Sechs Welpen tummeln sich lustig im Garten. Die Kinder würden am liebsten alle behalten, doch die Futterkosten bereiten ihnen Sorgen. Ein Hund in dieser Größenordnung verbraucht im Monat Trockenfutter für 62,– DM und 15 Dosen Fleisch zu je 2,48 DM. Wie viel Wochen können sie die Hunde behalten, bis ihre Ersparnisse von 1041,60 DM alle sind?
18. Während des Nachmittagstarifs kostet ein 90 Sekunden langes Gespräch 12 Pfennig. Wie viel DM kostet ein 9-minütiges Gespräch?
19. Tinys Chefin, umweltbewusst wie immer, rüstet den Salon auf Energiesparhandtücher um. Die alten Handtücher hatten eine Größe von 50 x 90 cm, die neuen sind nur 40 x 75 cm groß. Früher war die Waschmaschine mit 24 Handtüchern voll.
   a) Berechnen Sie die Größe beider Handtucharten.
   b) Wie viel Energiesparhandtücher können jetzt in einem Waschgang mehr gewaschen werden?
20. Witzbold Tommy behauptet: „Mich trifft die Benzinpreiserhöhung nicht. Ich tanke sowieso immer nur für 40,– DM." Bei einem Preis von 1,48 DM bekam er 27,027 l dafür. Wie viel l bekommt er weniger, wenn der Benzinpreis um 6 Pfennig pro l gestiegen ist?

5 Prozentrechnen

Alljährlich sammelt der Bürgermeister Spenden bei den Einwohnern des Dorfes, um die Preise für die Sommerfesttombola sicherzustellen. Schon ziemlich bepackt taucht er auch bei Leo Langohr auf. Der überlegt nicht lange und rückt 4 von seinen 80 Kaninchen heraus. Damit erscheint der Bürgermeister bei Onkel Heinrich. Der sucht ihm aus den 60 Legehennen 3 besonders schöne Exemplare heraus. Zufrieden zieht der Sammler davon, denkt aber im Stillen: Was doch dieser Heinrich für ein Geizkragen ist! Spendet nur drei Hühner. Leo Langohr dagegen, dieser großzügige Mensch, hat mir vier Kaninchen gegeben (**5.1**).

Welchen Fehler hat der Bürgermeister bei seinen Überlegungen gemacht?

5.1 Bürgermeister

Vergleichen wir die Spenden: 4 Kaninchen sind 1 Tier mehr als 3 Hühner oder 3 Hühner sind 1 Tier weniger als 4 Kaninchen. Leo Langohr hat also ein Tier mehr gespendet als sein Nachbar Heinrich. Dieser Vergleich heißt a b s o l u t e r V e r g l e i c h, weil der Unterschied (Differenz) zwischen den beiden Größen angegeben wird. Ist dieser Vergleich sinnvoll?

Sie merken selbst: Hühner und Kaninchen können wir nicht ohne weiteres vergleichen. Aber um die Großzügigkeit unserer beiden Freunde zu messen, können wir berechnen, welchem Anteil die jeweiligen Spender am Gesamtbesitz (= Gesamtzahl der Hühner bzw. Kaninchen) entsprechen.

Leo Langohr: 4 Kaninchen von 80 = $\frac{4}{80}$ des gesamten Kaninchenbestands

Onkel Heinrich: 3 Hühner von 60 = $\frac{3}{60}$ des gesamten Hühnerbestands

Wer war großzügiger? Um die Brüche vergleichen zu können, suchen wir einen gemeinsamen Nenner:

Leo Langohr: $\frac{4}{80} = \frac{12}{240}$ Onkel Heinrich: $\frac{3}{60} = \frac{12}{240}$

Bei diesem genaueren Vergleich zeigt sich, dass beide gleich großzügig oder knauserig waren, denn beide haben die gleichen Teile ihres Besitzes gespendet. Wir sprechen hier von einem r e l a t i v e n V e r g l e i c h. Er gibt den Anteil beider Größen an der jeweiligen Gesamtmenge wieder.

Da das Suchen eines gemeinsamen Nenners bei mehreren Brüchen sehr kompliziert sein kann, hat man sich darauf geeinigt, für Vergleichsbrüche den N e n n e r 1 0 0 zu wählen. Hundertstelbrüche erhalten wir durch Verwandeln in eine Dezimalzahl und anschließendes Zurückverwandeln in eine Bruchzahl.

$\frac{4}{80} = 4 : 80 = 0{,}05 = \frac{5}{100}$ $\frac{3}{60} = 3 : 60 = 0{,}05 = \frac{5}{100}$

Statt $\frac{5}{100}$ von 80 können wir auch 5% von 80 schreiben.

Prozent (%) heißt also nichts anderes als von Hundert und ist damit eine für alle Größen geeignete Vergleichszahl.

5%	von	80 g	=	4g
Prozentsatz		**Grundwert**		**Prozentwert**

Der Grundwert g (80) ist das Ganze. Er entspricht immer 100% und ist benannt (z. B. DM, cm, kg, l).

Der Prozentwert w ist Teil des Ganzen, also des Grundwerts. Er hat deshalb die gleiche Einheit wie der Grundwert.

Der Prozentsatz p gibt den Teil des Prozentwerts vom Grundwert an, ausgedrückt in %.

5.1 Berechnen des Prozentsatzes

Prozentrechenaufgaben lassen sich mit dem Dreisatz, als Verhältnisgleichung oder mit Formeln lösen.

Beispiel Bei einer Chemiearbeit fehlen 3 von 25 Schülern. Wie viel Prozent der Klasse schreiben die Arbeit nicht mit?
Grundwert = 25 Schüler, Prozentwert = 3 Schüler, Prozentsatz = ?

a) **Lösung mit Hilfe des Dreisatzes**

$$\begin{aligned} 25 \text{ Schüler} &= 100\% \\ 1 \text{ Schüler} &= \frac{100}{25}\% \\ 3 \text{ Schüler} &= \frac{100 \cdot 3}{25} = \mathbf{12\%} \end{aligned}$$

b) **Lösung mit Hilfe der Verhältnisgleichung**

$$\begin{aligned} 25 \text{ Schüler} &= 100\% \\ 3 \text{ Schüler} &= x\% \end{aligned}$$

$$25 : 3 = 100 : x$$

$$25 \cdot x = 3 \cdot 100 \quad |:25$$

$$x = \frac{3 \cdot 100}{25}$$

$$x = \mathbf{12\%}$$

c) **Lösung mit Hilfe der Formel**

Sie sehen, die Lösungen mit Dreisatz und Verhältnisgleichung führen zu folgenden Brüchen:

Dreisatz: $p = \frac{100 \cdot 3}{25}$ Verhältnisgleichung: $p = \frac{3 \cdot 100}{25}$

Daraus ergibt sich die Formel, in der 3 Schüler dem Prozentwert und 25 Schüler dem Grundwert entsprechen.

$$\text{Prozentwert} = \frac{\text{Prozentsatz} \cdot \text{Grundwert}}{100} \qquad w = \frac{p \cdot g}{100}$$

Übungsaufgaben

Lösen Sie diese Aufgaben jeweils in zwei Verfahren.

1. Von 28 Schülern haben in einer Klassenarbeit 7 die Mindestpunktzahl nicht erreicht. Wie viel Prozent der Klasse sind das?
2. Tiny muss Ware neu auszeichnen. Der alte Preis betrug 6,80 DM. Jetzt soll sie die Schilder entfernen und 7,14 DM draufkleben. Wie viel Prozent beträgt die Erhöhung?
3. 15 cm lange Haare werden auf 19,2 cm gedehnt. Wie viel Prozent beträgt die Dehnung?
4. Zwei Parallelklassen wählen zu Schuljahresbeginn ihre Klassensprecher. In der 2a sind 25 Schüler, in der 2b 24. In der 2a entfielen 20 Stimmen auf Silvia, in der 2b auf Birgit 16 Stimmen.
   a) Wie viel Prozent sind es jeweils?
   b) Mit wie viel Prozent wurde Silvia mehr gewählt als Birgit?
5. Nach dem Einbau neuer Fenster wird die Miete für eine 2-Zimmer-Wohnung von 485,– DM auf 520,– DM erhöht. Wie viel % macht die Erhöhung aus?
6. Tinys Freundin Carmen ärgert sich über eine Mieterhöhung ihrer Kleinwohnung. Bisher zahlte sie 280 DM, jetzt soll sie 316 DM zahlen. Um wie viel Prozent steigt die Miete?
7. In einem Sportartikelgeschäft wurden modische Jogging- und Trainingsanzüge herabgesetzt. Wie hoch ist der jeweilige Nachlass in Prozent?

	alter Preis	neuer Preis
a)	88,50 DM	60,– DM
b)	124,80 DM	80,– DM
c)	64,90 DM	50,– DM
d)	98,80 DM	60,– DM
e)	82,90 DM	50,– DM
f)	94,50 DM	70,– DM

8. Die Obst- und Gemüseabteilung eines Großmarkts erhält eine Lieferung Obst. Leider sind in jeder Kiste schon einige Früchte faul. Alle Kisten, die mehr als 6% verdorbene Waren enthalten, können zurückgegeben werden. Welche Kisten gehen zurück?

Obstsorte	Gesamtzahl der Früchte	Faule Früchte
Kiste Apfelsinen		
a)	60	2
b)	58	6
c)	62	5
d)	55	2
Äpfel		
e)	140	7
f)	120	6
g)	135	8
h)	144	9

9. Von den 24 Stunden eines Hundetags verbringt Bobtailhündin Yoschika 14 Stunden mit Schlafen, 2 Stunden mit Spazierengehen, $3^1/_2$ Stunden mit Gartenarbeit (Buddeln und Bellen), 15 Minuten mit Fressen, 2 Stunden mit dem Lieblingsknochen, $2^1/_4$ Stunden mit Unsinn (z. B. Schuhe anknabbern). Wie viel Prozent des Hundetags verbringt Yoschi mit den einzelnen Beschäftigungen?
10. Leopold Langsam, Prüfer beim TÜV, hat wieder voll zugeschlagen. Von den 36 Führerscheinbewerbern des letzten Monats haben nur 19 bestanden. Wie viel Prozent der Fahrschüler müssen die Prüfung wiederholen?
11. In der Klasse von Tommys Bruder ist die Video-Krankheit ausgebrochen. Von den 28 Schülern haben 25 zu Hause einen Videorecorder. Sie verbringen im Durchschnitt 210 Minuten von ihrer siebenstündigen Freizeit vor der Flimmerkiste.
    a) Wie viel Prozent der Schüler haben einen Videorecorder?
    b) Wie viel Prozent ihrer Freizeit sitzen sie vor dem Fernseher?
    c) Wie viel Prozent des Tages lassen sie sich berieseln?

12. Tommy ist überrascht. Seine letzte Lohnabrechnung zeigt statt der üblichen 1575,– DM erfreuliche 1653,75 DM.
    Wie viel Prozent beträgt die Lohnerhöhung?

13. Auf dem Etikett einer Flasche Mineralwasser ist der Mineralstoffgehalt in mg je kg angegeben.
    Rechnen Sie die angegebenen Werte in Prozent um.

	mg/kg
Magnesium	128,2
Natrium	82,3
Kalium	14,8
Calcium	373,3
Hydrogen-Carbonat	1519
Strontium	3,45
Hydrogenphosphat	0,18
Chlorid	95,3
Sulfat	271
Nitrat	0,66
Fluorid	0,16

5.2 Berechnen des Prozentwerts

Beispiel Tante Berta schimpft mit den Hühnern. Im letzten Monat musste sie von den 250 Eiern 8% als Knickeier verkaufen, weil die Hühner offensichtlich Fußball gespielt hatten. Wie viele Knickeier waren es?

Grundwert = 250 Eier, Prozentsatz = 8%, Prozentwert = ?

a) **Lösung mit Hilfe des Dreisatzes**

$100\% = 250 \text{ Eier}$

$1\% = \frac{250}{100} \text{ Eier}$

$8\% = \frac{250 \cdot 8}{100} = \mathbf{20 \text{ Eier}}$

b) **Lösung mit Hilfe der Verhältnisgleichung**

$100\% = 250 \text{ Eier}$

$8\% = x \text{ Eier}$

$100 : 8 = 250 : x$

$100 \cdot x = 250 \cdot 8 \quad | : 100$

$x = \frac{8 \cdot 250}{100}$

$x = \mathbf{20 \text{ Eier}}$

c) **Umstellen der Formel**

Damit Sie nicht so viele Formeln auswendig lernen müssen, lernen Sie nun Formeln umzustellen. Wir gehen dabei von unserer bekannten Formel

$p = \frac{w \cdot 100}{g}$ aus.

Die Formel wird wie eine Gleichung mit Zahlen behandelt. Zuerst wird der Bruch entfernt, indem beide Gleichungen mit dem Nenner multipliziert werden:

Beispiel, Fortsetzung

$$p = \frac{w \cdot 100}{g} \quad | \cdot g$$

$$p \cdot g = \frac{w \cdot 100 \cdot \cancel{g}}{\cancel{g}}$$

$$p \cdot g = w \cdot 100$$

Da der Prozentwert w gesucht wird, muss w allein auf einer Seite stehen. Dies erreichen wir mit einer Division beider Seiten durch 100:

$$p \cdot g = w \cdot 100 \quad |:100$$

$$\frac{p \cdot g}{100} = \frac{w \cdot \cancel{100}}{\cancel{100}}$$

$$w = \frac{p \cdot g}{100}$$

$\text{Prozentwert} = \dfrac{\text{Prozentsatz} \cdot \text{Grundwert}}{100}$	$w = \dfrac{p \cdot g}{100}$

Vergleichen wir die Formel durch Einsetzen der allgemeinen Bezeichnungen (p, w, g) in den beim Dreisatz entstandenen Lösungsbruch:

Dreisatz

$$w = \frac{250 \cdot 8}{100}$$

Verhältnisgleichung

$$w = \frac{8 \cdot 250}{100}$$

$$w = \frac{p \cdot g}{100}$$

Nutzen Sie Rechenvorteile!

$50\% = \frac{1}{2}$ = Grundwert geteilt durch 2

$25\% = \frac{1}{4}$ = Grundwert geteilt durch 4

$20\% = \frac{1}{5}$ = Grundwert geteilt durch 5

$5\% = \frac{1}{20}$ = Grundwert geteilt durch 20

$4\% = \frac{1}{25}$ = Grundwert geteilt durch 25

$2\% = \frac{1}{50}$ = Grundwert geteilt durch 50

$10\% = \frac{1}{10}$ = Grundwert geteilt durch 10

$1\% = \frac{1}{100}$ = Grundwert geteilt durch 100

Übungsaufgaben

1. Tiny will ihre Kasse aufbessern und besinnt sich auf die 5% Umsatzprovision für den Verkauf. In einer Woche setzt sie für insgesamt 818,60 DM Ware um. Wie viel DM bekommt sie ausgezahlt?
2. Die Stadt erhöht die Schwimmbadpreise um 12,5%. Bisher kostete die Eintrittskarte 4,40 DM. Berechnen Sie den neuen Preis.
3. In der Sonntagabendvorstellung des Capitolkinos sind von 180 Plätzen 75% besetzt. Wie viel Zuschauer waren da?
4. In der letzten Gesellenprüfung hatten von 375 Schülern 4% eine Eins oder Zwei im Rechnen. Wie viel Schüler konnten überdurchschnittliche Leistungen vorweisen?
5. Onkel Heinrichs Hühner produzieren im Monat durchschnittlich 240 Eier.

Seit der Einstellung eines Hahns zur Produktionssteigerung ist die Legeleistung um 15% gestiegen. Wie viel Eier hat Tante Berta am Ende des nächsten Monats gesammelt?

6. Tommys Freund ruft aufgeregt an und erzählt, er habe im Motorradshop die neue 500er Maschine für 7880,– DM plus Mehrwertsteuer (15%) gesehen. Tommy stutzt, denn noch heute morgen hat er die gleiche Maschine in einer Filiale für 9062,– DM gesehen. Welches Angebot ist günstiger?

Skonto ist ein Preisnachlass bei Barzahlung oder Zahlung innerhalb einer bestimmten Frist.

7. Tiny und Tommy wollen einen Fernseher kaufen. Ihre Wahl fällt auf einen Apparat, der im Kaufhaus 798,– DM kostet. Der Elektrofachmarkt bietet das gleiche Modell für 821,94 DM an, gewährt aber bei Barzahlung 3% Skonto. Wo sollen sie den Apparat kaufen? (Vergessen Sie bei größeren Anschaffungen nie, nach Skonto zu fragen!)

8. Ein Friseur lässt eine Rechnung über 1668,50 DM so lange liegen, dass er die 3% Skonto nicht mehr ausnutzen kann. Wie viel DM hat er verschenkt?

Rabatt ist ein Preisnachlass, der bestimmten Personengruppen (Personalrabatt) oder für bestimmte Warenmengen (Mengenrabatt) gewährt wird. Mengenrabatt kann als Preisnachlass oder auch als Naturalrabatt eingeräumt werden – d. h., zusätzliche Ware wird ohne Berechnung geliefert. Um den Kaufanreiz zu erhöhen, staffeln viele Firmen den Rabatt. Je größer die Bestellmenge, desto höher der Rabatt.

9. Nach dem Fortbildungsseminar einer Kosmetikfirma bekommen die Teilnehmer 15% Preisermäßigung auf alle dekorativen Produkte. Tiny deckt sich ein!

2 Lippenstifte je 9,80 DM
3 Puderrouge je 10,20 DM
2 Creme-Make-up je 18,90 DM
1 Highlighter je 12,60 DM
3 Nagellack je 8,40 DM

Wie viel muss Tiny bezahlen?

10. Der Inhaber eines Sportartikelgeschäfts gewährt den Mitgliedern des örtlichen Sportvereins 5% Rabatt. Was zahlt ein Mitglied für folgende Tennisausrüstung?

Schläger mit Bespannung 258,80 DM
Bälle 18,60 DM
Tenniskleid 74,20 DM
Rüschenhose 22,– DM
Söckchen 7,95 DM
Schuhe 95,45 DM

11. Die schlitzohrige Tiny sieht bei ihrer Tante eine wunderschöne Tischdecke, die 28,– DM gekostet hat. Tiny schlägt vor, ihr 25% Verwandschaftsrabatt zu gewähren, die Tante Berta nach der Berechnung des Prozentwerts sofort wieder auf den verminderten Preis aufschlagen kann. Ohne nachzudenken, stimmt Tante Berta zu. Was zahlt Tiny für das schöne Stück?

12. Tiny geht mit ihrer Mutter einkaufen, denn in ihrem Lieblingsladen ist Räumungsverkauf wegen Umbauarbeiten. Die beiden schlagen gründlich zu.

a) Berechnen Sie die neuen Preise.
b) Wie viel DM müssen sie bezahlen?
c) Wie viel DM sparen sie insgesamt?

	bisheriger Preis
1 Kleid 40% Rabatt	89,– DM
1 Rock 30% Rabatt	66,– DM
1 Bluse 60% Rabatt	38,50 DM
1 Pullover 25% Rabatt	46,80 DM

13. Kurt Kümmelspalter leidet unter Kreuzschmerzen und kann deshalb seinen Rasen nicht mehr mit der Nagelschere schneiden. Der Freundes-

kreis hat Mitleid, legt mit 8 Personen zusammen und kauft zum Geburtstag einen elektrischen Rasenmäher. Er kostet 498,– DM. Sie erhalten 20% Rabatt, müssen aber auf den neuen Endpreis 15% Mehrwertsteuer bezahlen.
a) Wie hoch ist der Endpreis?
b) Wie viel hat jeder zu zahlen?

14. Tinys Onkel Heinrich steht mit dem Dorfbäcker Emil Eierzopf in Preisverhandlung. Emil fordert 5% Rabatt bei 360 Eiern Wochenbedarf. Onkel Heinrich ist nur bereit, ihm 18 Eier in der Woche kostenlos dazu zu geben. Die beiden können sich nicht einigen. Wäre der Streit nötig gewesen?

15. In einem Kaufhaus erhalten die Angestellten 10% Personalrabatt, nach fünfjähriger Betriebszugehörigkeit 15% und nach 10 Jahren 20%. Die Angestellten erledigen in der Mittagspause ihre Einkäufe:

Frau Müller, 7 Jahre i. Betrieb	126,80 DM
Frau Holst, 11 Jahre i. Betrieb	39,15 DM
Herr Hesse, 2 Jahre i. Betrieb	853,20 DM

Geben Sie jeweils die Endbeträge an.

16. Tinys Chefin gewährt der Praktikantin 5% Rabatt für Haarpflegemittel, 8% für pflegende Kosmetika und 10% für dekorative Kosmetikartikel. Berechnen Sie den Endpreis für diesen Einkauf:
3 × Shampoo je 14,60 DM
2 × Schaumfestiger je 7,20 DM
1 Haarkur 4,80 DM
1 Lichtschutzcreme 18,40 DM
1 Tagescreme 12,90 DM
5 Lippenstifte je 6,20 DM
3 Lidschatten je 4,85 DM
1 Kajalstift 4,40 DM

17. Eine Firma gewährt bei steigender Abnahmemenge von Haarkurmitteln unterschiedliche Rabatte.

Abnahmemenge	Rabatt
10 Dutzend	2 %
50 Dutzend	2,5%
100 Dutzend	3,5%
500 Dutzend	6 %
1000 Dutzend	10 %

a) Welche Einkaufspreise ergeben sich bei einem Stückpreis von 3,60 DM?
b) Eine Friseurkette bestellt 5000 Dutzend Haarkuren und erhält darauf nochmals 5% Rabatt. Was kostet in diesem Fall das Mittel?

Weitere Aufgaben zur Rabatt- und Skontoberechnung unter Berücksichtigung der Mehrwertsteuer finden Sie im Abschnitt 10.2.1.

5.3 Berechnen des Grundwerts

Beispiel Stolz führt Tante Berta ihren neuen Wintermantel vor. Onkel Heinrich fragt vorsichtig nach dem Preis und erhält die schnippische Antwort: „Es war ein günstiger Kauf – ich habe den Mantel 90,– DM billiger bekommen; er war nämlich um 15% herabgesetzt." Fieberhaft überlegt Onkel Heinrich, was das gute Stück nun gekostet hat.

Prozentsatz = 15%, Prozentwert = 90,– DM, Grundwert = ?

a) **Lösung mit Hilfe des Dreisatzes**

$$15\% = 90{,}\text{– DM}$$

$$1\% = \frac{90}{15}\,\text{DM}$$

$$100\% = \frac{90 \cdot 100}{15} = \mathbf{600\ DM}$$

Beispiel, Fortsetzung

b) **Lösung mit Hilfe der Verhältnisgleichung**

$$15\% = 90,\text{– DM}$$
$$100\% = x\,\text{DM}$$
$$15 : 100 = 90 : x$$
$$15 \cdot x = 100 \cdot 90 \quad |:15$$
$$x = \frac{100 \cdot 90}{15}$$
$$x = \mathbf{600\ DM}$$

c) **Umstellen der Formel**

Ebenso wie beim Prozentwert lässt sich zur Berechnung des Grundwerts die Formel umstellen. Ausgangspunkt ist unsere bekannte Formel.

$$p = \frac{w \cdot 100}{g} \quad | \cdot g \qquad\qquad p \cdot g = \frac{w \cdot 100 \cdot \cancel{g}}{\cancel{g}} \quad |:p$$

$$\text{Grundwert} = \frac{\text{Prozentwert} \cdot 100}{\text{Prozentsatz}} \qquad\qquad g = \frac{w \cdot 100}{p}$$

Vergleich der Formel durch Einsetzen der allgemeinen Bezeichnungen (p, w, g) in den beim Dreisatz entstandenen Lösungsbruch:

Dreisatz	**Verhältnisgleichung**	
$g = \frac{9 \cdot 100}{15}$	$g = \frac{100 \cdot 9}{15}$	$g = \frac{w \cdot 100}{p}$

Viele Prozentaufgaben beziehen sich auf die Berechnung von Brutto-, Tara- und Nettogewichten sowie der Löhne und Gehälter.

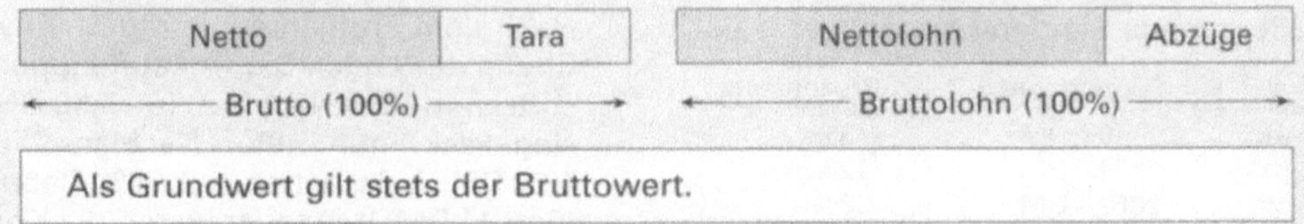

Als Grundwert gilt stets der Bruttowert.

Vermehrter Grundwert

Beispiel Eine Automobilfirma erhöht die Preise für das Topmodell um 4%. Es kostet jetzt 91 988,– DM. Wie hoch war der alte Preis?

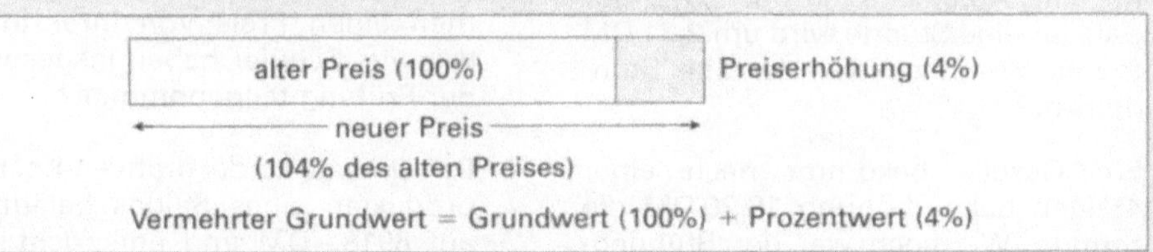

Vermehrter Grundwert = Grundwert (100%) + Prozentwert (4%)

Lösung

$$104\% = 91\,988 \text{ DM}$$

$$1\% = \frac{91\,988}{104} \text{ DM}$$

$$100\% = \frac{91\,988 \cdot 100}{104} \text{ DM} = \mathbf{88\,450,\!- \text{ DM}}$$

Antwort Das Topmodell kostete vorher 88450,– DM.

Verminderter Grundwert

Beispiel Da eines der Topmodelle als Vorführwagen gelaufen war, bietet der Händler es einem Kunden mit einem Preisrabatt von 20% an. Was muss der Kunde bezahlen?

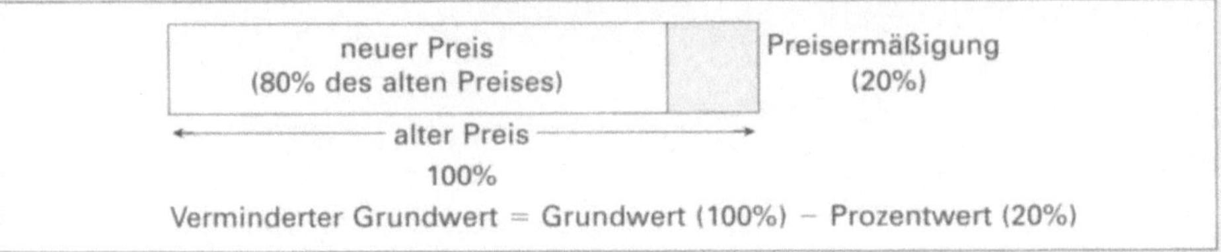

Lösung

$$100\% = 91\,988 \text{ DM}$$

$$1\% = \frac{91\,988}{100} \text{ DM}$$

$$80\% = \frac{91\,988 \cdot 80}{100} = \mathbf{73\,590,40 \text{ DM}}$$

Antwort Der Kunde muss nur noch 73590,40 DM bezahlen.

Übungsaufgaben

1. Berechnen Sie den Grundwert

	Prozentwert	Prozentsatz
a)	18,– DM	3%
b)	24,– DM	12%
c)	2067,– DM	30%
d)	358,40 DM	14%
e)	23,31 DM	7%
f)	565,65 DM	9%

2. Eine Kfz-Werkstatt erhöht den Preis für eine Arbeitsstunde um 5,5%. Der Satz für eine Stunde wird um 2,31 DM teurer. Wie hoch war der alte Stundensatz?

3. Ein Geselle bekommt nach einer 4%igen Lohnerhöhung 18,20 DM die Stunde. Wie hoch war der Stundenlohn vorher?

4. Nach dem Frühjahrsputz räumt Tinys Chefin das Lager. Sie verkauft Lippenstifte mit 30% Nachlass für 5,60 DM, Nagellack mit 40% Nachlass für 4,20 DM, Lidschatten mit 35% Rabatt für 6,11 DM. Wie teuer waren die Kosmetikartikel vorher?

5. Bei der letzten Gesellenprüfung haben nur 0,5% der Schüler mit „sehr gut" bestanden. Diese 4 Schüler bekamen einen Preis von ihrer Innung. Wie viel Schüler haben insgesamt an der Prüfung teilgenommen?

6. Der Umsatz an dekorativen Kosmetikprodukten eines Salons beläuft sich auf 6918,– DM und entspricht damit 12% des gesamten Jahresumsatzes

im Verkauf. Wie hoch ist der Gesamtumsatz an Verkaufswaren?

7. Tinys Freundin ist heiratswütig. Zusammen mit Tiny sucht sie ein Brautkleid aus und muss 30% anzahlen. Sie bezahlt an der Kasse 321,60 DM. Was kostet der Traum in weiß?
8. Bei einer Klassensprecherwahl entfielen 75% der Stimmen auf den „Spitzenkandidaten". 21 Schüler wählten ihn. Wie viel Schüler haben sich an der Wahl beteiligt?
9. Bei einem Volkslauf fallen 48 Teilnehmer auf einer schwierigen Steigungsstrecke aus. Da der Veranstalter die hohe Zahl der „Schlappis" verschweigen will, steht am nächsten Tag in der Zeitung: Nur 12% erreichten das Ziel nicht! Wie viel Läufer waren insgesamt beteiligt?
10. Tiny bestellt bei ihrer Chefin Haarpflegepräparate für die ganze Familie. Eigentlich müsste sie insgesamt 66,80 DM bezahlen, doch die Chefin bietet ihr die Präparate zu 30% Rabatt an. Was muss Tiny bezahlen?
11. Wie hoch ist der Bruttostundenlohn eines Arbeitnehmers, der 15,40 DM netto verdient und 30% Abzüge hat?
12. Ein Vertreter fährt mit einer Geschwindigkeit von 101,480 km/h in eine Radarfalle, nachdem er zuvor das Tempo um 18% erhöht hatte. Wie schnell fuhr er vorher?
13. Mit 15% Mehrwertsteuer muss Tinys Chefin an der Kasse des Friseurgroßhandels 972,90 DM hinblättern: Wie hoch war der Rechnungsbetrag netto?

5.4 Promillerechnung

5‰ (gelesen: 5 Promille) bedeutet $\frac{5}{1000}$.

Die Promillerechnung entspricht der Prozentrechnung. Allerdings ist die Bezugsgröße nicht wie bei der Prozentrechnung 100, sondern 1000 (mille).

Beispiel 5‰ von 50000 DM = ?

$$1000‰ = 50000 \text{ DM}$$

$$1‰ = \frac{50000}{1000} \text{ DM}$$

$$5‰ = \frac{50000 \cdot 5}{1000} = \mathbf{250 \text{ DM}}$$

5‰	von 50000 DM	=	250 DM
↓	↓		↓
Promillesatz	Grundwert		Promillewert

Die Bezugsgröße 1000 (Promille) kommt vor allem beim Berechnen von Versicherungsprämien und beim Feststellen des Blutalkoholgehaltes vor.

5.5 Vermischte Übungsaufgaben

1.

Ausbildungs-beihilfe in DM	monatlicher Sparbetrag in %	in DM	Kostgeld in %	in DM	Restbetrag in DM
A 450,– DM	20	?	25	?	?
B 375,– DM	30	?	40	?	?
C 620,– DM	?	60,–	15	?	?
D 510,– DM	?	185,–	?	100,–	?
E 475,– DM	15	?	?	75,–	?

Tiny unterhält sich mit ihren Freundinnen. Sie stellt fest, dass die meisten Mädchen von der Ausbildungsbeihilfe nicht nur sparen, sondern auch einen Teil zu Hause abgeben. Ergänzen Sie die Tabelle.

2. Die Tippgemeinschaft des Salons beteiligt sich mit unterschiedlichen Beiträgen an den monatlichen Kosten für die Lottoscheine. Die Chefin zahlt 25%, der Chef 20%, die drei Friseurinnen geben je 10% und die 5 Auszubildenden je 5%. Nach Abzug der Gebühren für den nächsten Monat enthielt die Kasse im Wonnemonat Mai 864,– DM Lottogewinn. Wie viel DM erhält jeder?

3. Das Sportcabrio von Tommys Freund erweist sich als Fehlinvestition, da der junge Mann trotz seiner zähen Natur ständig erkältet ist. Vor einem Jahr hat Tommys Freund 17400,– DM dafür bezahlt. In der Liste steht der Wagen mit 12800,– DM. Mit wie viel Prozent Verlust muss er rechnen?

4. Für die Bobtailhündin Yoschi wurde eine Haftpflichtversicherung mit einem Jahresbeitrag von 125,60 DM abgeschlossen. Dieser Entschluss erwies sich als ratsam, denn im ersten Jahr traten folgende Schäden auf:

   1 Herrenhose 148,60 DM
   3 × Reinigung fremder Mäntel je 19,20 DM
   Tante Bertas Lieblingskaffeekanne
   123,50 DM

   Um wie viel % übersteigt der Gesamtschaden die Versicherungssumme?

5. Nachdem Tinys Freundin geheiratet hat, schließt das frisch gebackene Ehepaar eine Hausratversicherung in Höhe von 60000,– DM ab. Die zu zahlende Jahresprämie beträgt 1,5‰ der Versicherungssumme. Was müssen die beiden monatlich bezahlen?

6. Eine Sendung Verkaufswaren wiegt 24 kg. Tiny ärgert sich über die riesige Verpackung und wiegt spaßeshalber den Papierkram. Die Waage zeigt 2,850 kg. Wie viel Prozent beträgt die Tara?

7. Die Haftpflichtversicherung gewährt bei 10-jährigem unfallfreien Fahren 60% Schadenfreiheitsrabatt. Herr Schleicher hat im letzten Jahr bei 50% Rabatt 420,– DM bezahlt. Wie hoch ist der diesjährige Versicherungsbetrag?

8. Wie hoch ist das Bruttogehalt folgender Arbeitnehmer?

	Nettogehalt	Abzüge
a)	1863,42 DM	22%
b)	1459,60 DM	18%
c)	2291,– DM	21%
d)	1260,36 DM	19%
e)	2445,– DM	25%

9. Tinys Chef hat vergessen, eine Rechnung über 1860,– DM zu bezahlen. Durch seine Schusseligkeit gehen ihm 3% Skonto verloren, außerdem muss er 2% Mahngebühren bezahlen.
   a) Wie viel hätte er bei sofortiger Zahlung gespart?
   b) Was muss er nun bezahlen?

10. Ergänzen Sie die folgende Tabelle:

	Brutto-gewicht in kg	Netto-gewicht in kg	Tara in %	Tara in kg
a)	400	330	?	70
b)	30	?	?	12
c)	45	?	11,1	5
d)	24	?	?	6
e)	16,8	?	2,4	?

11. In einem Salon mit 180 m² Gesamtfläche entfallen auf Verkaufs- und Warteraum 16%. Durch einen Wanddurchbruch soll die Verkaufsfläche um 10,08 m² vergrößert werden.
   a) Wie viel Quadratmeter entfielen vor der Vergrößerung auf Verkaufs- und Warteraum?
   b) Wie viel Prozent der neuen Gesamtfläche nehmen Verkaufs- und Warteecke nach dem Umbau ein?
12. Eine Auszubildende hat zwar die praktische Prüfung bestanden, ist aber in Theorie durchgefallen. Sie erhält 80% des Lohnes. Der Tariflohn beträgt 1350,– DM. Wie hoch ist ihr Bruttolohn?
13. Am ersten Tag ihrer 4-wöchigen Kur wird eine Gruppe von Kurgästen gewogen. Jeder Teilnehmer soll sein Idealgewicht berechnen und die Abweichung nach oben oder unten in Prozent angeben, da die übergewichtigen Teilnehmer auf Diät gesetzt werden müssen. Die Patienten erhalten dazu folgende Berechnungsformel:

   Männer → Größe − 100 − 10%
   = Idealgewicht
   Frauen → Größe − 100 − 15%
   = Idealgewicht

   a) Berechnen Sie die Idealgewichte und die jeweilige Abweichung in Prozent.
   b) Wie sieht's mit Ihrem Gewicht aus? Rechnen Sie in der gleichen Weise.

Geschlecht	Größe in m	Gewicht in kg
w	1,70	65
w	1,65	55,5
m	1,82	95
m	1,75	78
m	1,96	85
w	1,68	62
w	1,62	51
m	1,79	82
m	1,83	72
m	1,90	91
w	1,74	69
m	1,88	86

14. In Martinas Salon ist der Preis für einen Kurzhaarschnitt von 30,– DM auf 32,10 DM gestiegen. Wie viel Prozent beträgt die Steigerung?

15. Tommy ist mit dem Motorrad in eine Radarfalle geraten. Drei Wochen später erhält er den Bescheid, dass er die zulässige Geschwindigkeit von 50 km/h um 28% überschritten hat und eine saftige Geldbuße zahlen muss. Wie viel km/h ist Tommy zu schnell gefahren?

16. Der Preis für eine Hautcreme hat sich um 25% verringert und beträgt jetzt 21,75 DM. Wie hoch war er ursprünglich?

17. Zum Tag der offenen Tür im Kindergarten bietet der benachbarte Friseursalon Kinderhaarschnitte im Dutzend an. Das Dutzend soll 180,– DM kosten. Normalerweise kostet der Kinderhaarschnitt 18,– DM. Wie viel Prozent ist es „im Dutzend" billiger? (1 Dutzend = 12 Stück)

6 Zinsrechnen

Tiny geht das ewige Bitten um die Karre auf den Keks. Immer wenn sie fahren will, ist das Auto weg. Nun sieht sie ihre große Chance: Onkel Heinrichs frisch ausgezahlte Lebensversicherung! Sie rückt ihrem Lieblingsonkel auf den Pelz, aber der ist zäh. Er will ihr zwar das Geld leihen, verlangt aber glatt 5% Zinsen. Tante Berta ist verärgert über den knickerigen Heinrich und schlägt Tiny vor: „Ich leihe dir die 8000,– DM, und du gibst mir nach einem Jahr 8200,– DM wieder. Dafür musst du mich einmal im Monat vom Kaffeekränzchen abholen." Tiny überlegt – welches Angebot soll sie annehmen?

Zinsen *z* sind der Preis für Geld, das man leiht oder verleiht (Darlehen, Kredit). Das geliehene Geld nennt man Kapital *k*; der Prozentsatz, zu dem es ausgeliehen wird, ist der Zinssatz *p*.

Zinsrechnung ist nichts anderes als Prozentrechnung, bei der wir andere Ausdrücke verwenden. Hinzu kommt jedoch die Zeit *t*.

Prozentrechnung		**Zinsrechnung**	
Grundwert *g*	→	Kapital *k*	Einheit: DM
Prozentwert *w*	→	Zinsen *z*	Einheit: DM
Prozentsatz *p*	→	Zinssatz *p*	Einheit: %
		Zeit *t*	Einheit: Jahr

Beim Zinsrechnen sind immer drei Größen bekannt. Mit ihrer Hilfe lässt sich die fehlende Größe berechnen, und zwar mit Hilfe des Dreisatzes oder der Zinsformel.

6.1 Berechnen der Zinsen

Zinsen richten sich nach der Zeitdauer, für die das Kapital ausgeliehen wird.

6.1.1 Zinsberechnung für 1 Jahr

Beispiel Kehren wir zu Tiny zurück. Sie hat zwei Angebote:

- 8000,– DM zu 5% Zinsen von Onkel Heinrich; Rückzahlung ?
- 8000,– DM für 1 Jahr von Tante Berta; Rückzahlung 8200,– DM.

Um das günstigste Angebot zu finden, müssen wir die Zinsen ausrechnen, die Tiny nach einem Jahr an Onkel Heinrich zu zahlen hätte:

a) **Lösung mit Hilfe des Dreisatzes**

$$100\% \mathrel{\hat{=}} 8000,\text{– DM}$$

$$1\% \mathrel{\hat{=}} \frac{8000}{100}\text{ DM}$$

$$5\% \mathrel{\hat{=}} \frac{8000 \cdot 5}{100} = \mathbf{400\ DM}$$

Beispiel, Fortsetzung

b) **Lösung mit Hilfe der Zinsformel**

Ersetzen wir die Zahlen des oben aufgestellten Dreisatzes durch Größen, erhalten wir die Zinsformel

$$\text{Zinsen} = \frac{\text{Kapital} \cdot \text{Zinssatz} \cdot \text{Zeit}}{100} \qquad z = \frac{k \cdot p \cdot t}{100}$$

Also: $z = \frac{8000 \cdot 5 \cdot 1\,(\text{Jahr})}{100} = \mathbf{400\ DM}$

An Onkel Heinrich müsste Tiny nach 1 Jahr mithin 8400,– DM zurückzahlen, an Tante Berta dagegen nur 8200,– DM. Sie nimmt Tante Bertas Angebot an und spart 200,– DM.

6.1.2 Zinsberechnung für Monate

Oft sind Zinsen nicht für ein ganzes Jahr, sondern nur für einige Monate zu berechnen.

Beispiel Für 1000,– DM Sparguthaben werden in einem Jahr 5% Zinsen gezahlt. Wie viel Zinsen erhält man, wenn man den Sparvertrag nach 6 Monaten auflöst?

a) **Lösung mit Hilfe des Dreisatzes**

Erforderlich sind zwei Dreisätze. Mit dem ersten berechnen wir die Zinsen für 1 Jahr, mit dem zweiten für die gewünschten Monate. Ein Jahr wird mit 12 Monaten gerechnet.

1. Dreisatz

$$100\% \triangleq 1000\ \text{DM}$$
$$1\% \triangleq \frac{1000}{100}\ \text{DM}$$
$$5\% \triangleq \frac{1000 \cdot 5}{100} = 50,\text{– DM für 1 Jahr}$$

2. Dreisatz

$$12\ \text{Monate} \triangleq 50\ \text{DM}$$
$$1\ \text{Monat} \triangleq \frac{50}{12}\ \text{DM}$$
$$6\ \text{Monate} \triangleq \frac{50 \cdot 6}{12} = \mathbf{25,\text{–}\ DM}$$

Antwort Nach 6 Monaten werden auf das Guthaben von 1000,– DM 25,– DM Zinsen gezahlt.

b) **Lösung mit Hilfe der Zinsformel**

Sie ist kürzer, weil sie beide Dreisätze zusammenfasst. Der Zeitfaktor ist bei Monaten immer ein Bruch, dessen Zähler die Anzahl der Monate angibt. Unter dem Bruchstrich steht stets 12. Also:

$$z = \frac{k \cdot p \cdot t}{100} = \frac{1000 \cdot 5 \cdot 6}{100 \cdot 12} = \mathbf{25,\text{–}\ DM}$$

6.1.3 Zinsberechnung für Tage

Beispiel 1000,– DM werden im Jahr mit 3% verzinst. Nach 36 Tagen wird die gesamte Summe abgehoben. Wie hoch sind die Zinsen?

a) **Lösung mit Hilfe des Dreisatzes**

1. Dreisatz 100% ≙ 1000 DM

$$1\% \triangleq \frac{1000}{100}\text{ DM}$$

$$3\% \triangleq \frac{1000 \cdot 3}{100} = 30,\text{– DM für 1 Jahr}$$

Im zweiten Dreisatz berechnen wir die Tage. Ein Jahr wird mit 360 Tagen gerechnet.

2. Dreisatz 360 Tage ≙ 30 DM

$$1\text{ Tag} \triangleq \frac{30}{360}\text{ DM}$$

$$36\text{ Tage} \triangleq \frac{30 \cdot 36}{360} = \mathbf{3,\text{–}\ DM}$$

b) **Lösung mit Hilfe der Zinsformel**

Hier gibt der Zähler des Zeitfaktors die Anzahl der Tage an. Deshalb steht unter dem Bruchstrich 360 (1 Zinsjahr = 360 Tage). Also:

$$z = \frac{k \cdot p \cdot t}{100} = \frac{1000 \cdot 3 \cdot 36}{100 \cdot 360} = \mathbf{3,\text{–}\ DM}$$

> *t* gibt die Zeit in der Einheit Jahr an. Bei der Zinsberechnung für weniger als 1 Jahr wird der Zeitfaktor *t* zu einem Bruch
> - bei Monaten mit dem Nenner 12,
> - bei Tagen mit dem Nenner 360.

Beispiel

$$3\text{ Monate} = \frac{3}{12} = \frac{1}{4}\text{ Jahr}$$

$$20\text{ Tage} = \frac{20}{360} = \frac{1}{18}\text{ Jahr}$$

> Bei der Zinsberechnung für Tage wird der Einzahlungstag nicht mitgezählt, der Auszahlungstag dagegen voll mitgerechnet – egal, um welche Uhrzeit das Geld abgehoben wird.

Beispiele

Einzahlungstag 1.6.
Auszahlungstag 28.6.
Berechnet **27 Zinstage**

Einzahlungstag 5.4.
Auszahlungstag 16.12.
Berechnet 7 Monate + 25 Tage im April + 16 Tage im Dezember = **251 Zinstage**

Sie sehen: Der Zinsmonat wird stets mit 30 Tagen gerechnet.

Übungsaufgaben

Zur Übung sollten Sie anfangs alle Aufgaben mit Hilfe des Dreisatzes und der Zinsformel lösen. Später werden Sie bestimmt die kürzere Formelrechnung benutzen.

1. Berechnen Sie die Zinsen für 1 Jahr.

	a)	b)	c)	d)	e)	f)	g)	h)	i)
k in DM *p* in %	500 3	2800 4	4500 5,5	9000 4	14000 6	20000 3,5	450000 5	19000 6,5	33879 4,25

2. Wie viel Zinstage werden berechnet?

	a)	b)	c)	d)	e)	f)	g)
Einzahlung Auszahlung	12.8. 21.8.	3.5. 19.5.	11.9. 30.9.	2.10. 6.11.	15.3. 17.5.	15. 7. 27.11.	1. 1. 20.12.

3. Schreiben Sie als Zeitfaktor bzw. Bruchteile eines Jahres und kürzen Sie, wenn möglich.
   a) 9 Monate e) 96 Tage
   b) 4 Monate f) $2^1/_2$ Monate
   c) 13 Tage g) 24 Tage
   d) 1 Monat h) 5 Tage

4. Tiny hat im vergangenen Jahr fleißig gespart. 750,– DM stehen auf ihrem Sparbuch.
   a) Wie viel DM Zinsen erhält sie nach einem Jahr beim Zinssatz von 2,5%?
   b) Wie viel Zinsen erhält sie, wenn sie das Geld nach einem $^3/_4$ Jahr abhebt, um sich einen Plattenspieler zu kaufen?

5. Wie viel Kreditzinsen zahlt man für
   a) 500,– DM in 4 Monaten bei 6%,
   b) 3500,– DM in 9 Monaten bei 8%,
   c) 6800,– DM in 5 Monaten bei 7,5%,
   d) 13765,– DM in 11 Monaten bei 12%?

6. Tommy hat im letzten Monat mal wieder über seine Verhältnisse gelebt. Am 21. hatte er kein Geld mehr und musste deshalb sein Girokonto um 280,– DM überziehen. Wie viel DM Zinsen berechnete die Girokasse für den Rest des Monats beim Zinssatz von 12,5%? (1 Monat = 30 Tage)

7. Der Zinssatz für Sparkonten beträgt 2,5%, auf einem Girokonto erhält man 0,5%. Auf dem Konto stehen 4500,– DM.
   a) Wie viel Zinsen werden nach 3 Monaten auf das Sparkonto gutgeschrieben?
   b) Wie viel Zinsen bringt das Geld in der gleichen Zeit auf dem Girokonto?
   c) Wie groß ist die Differenz?

8. Tinys Freundin hat einen Kredit aufgenommen. Sie zahlt die Summe von 1250,– DM in 5 Monatsraten je 250 DM zurück. Die Bank berechnet 9% Zinsen auf die gesamte Kreditsumme.
   a) Wie viel DM Zinsen muss Tinys Freundin monatlich zahlen?
   b) Wie viel Zinsen zahlt sie insgesamt?

9. Tinys Chef entschließt sich, drei neue Trockenhauben anzuschaffen. Er will dazu einen Kredit von 5000,– DM aufnehmen, den er in $1^1/_2$ Jahren zurückzahlt. Er bekommt von vier Banken und Sparkassen folgende Angebote:
   a) 5000,– DM zu 12%,
   b) 5000,– DM zu 11% für 1 Jahr und zu 12% für das halbe Jahr,
   c) 3000,– DM zu 12%, 2000,– DM zu 9%, dazu eine Bearbeitungsgebühr von 1% der Gesamtsumme.

   Berechnen Sie die Zinsen und geben Sie das günstigste Angebot an.

10. Ein Kunde nimmt bei der Bank am 15. des Monats einen Kredit von 15000,– DM zu $10\frac{1}{2}$% Zinsen auf. Welchen Betrag zahlt er nach genau 2 Jahren zurück?

11. Tommys Eltern haben ein neues Auto bestellt, das am 1.12. geliefert wird und 28500,– DM kostet. Die beiden wollen bar bezahlen und richten deshalb ein Sparkonto ein. Am 1.1. zahlen sie 3000,– DM zu 8% Zinsen ein. Am 14.4. überweist Tommys Mutter noch einmal 2000,– DM. Am 1.7. und 1.9. zahlt die Oma je 2500,– DM ein.
    a) Wie viel Zinsen werden am 1.12. insgesamt gutgeschrieben?
    b) Den alten Wagen geben die Eltern mit 6000,– DM in Zahlung. Weil sie bar bezahlen, gewährt der Händler ihnen 3% Rabatt auf den Neupreis. Wie viel DM fehlen den Eltern noch?

12. Wie viel Zinsen bekommt man für 450 DM bei 3% in 2 Jahren?

6.2 Berechnen des Zinssatzes

Beispiel 1 Auf ein Sparguthaben von 5000,– DM werden am Jahresende 250,– DM Zinsen gezahlt. Wie hoch ist der Zinssatz?

a) **Lösung mit Hilfe des Dreisatzes**

$$5000\text{ DM} \triangleq 100\%$$

$$1\text{ DM} \triangleq \frac{100}{5000}\%$$

$$250\text{ DM} \triangleq \frac{100 \cdot 250}{5000} = 5\%$$

Antwort Der Zinssatz beträgt 5%.

b) **Lösung mit Hilfe der Zinsformel**

$$z = \frac{k \cdot p \cdot t}{100} \quad | \cdot 100$$

$$z \cdot 100 = \frac{k \cdot p \cdot t \cdot 100}{100} \quad | : k$$

$$\frac{z \cdot 100}{k} = \frac{k \cdot p \cdot t}{k} \quad | : t$$

$$\frac{z \cdot 100}{k \cdot t} = \frac{p \cdot t}{t}$$

Die Formel zum Berechnen des Zinssatzes lautet also

$$\text{Zinssatz} = \frac{\text{Zinsen} \cdot 100}{\text{Kapital} \cdot \text{Zeit}} \qquad p = \frac{z \cdot 100}{k \cdot t}$$

Also: $p = \frac{250 \cdot 100}{5000 \cdot 1} = 5\%$

Beispiel 2 Auf ein Sparkonto mit 400,– DM werden nach 9 Monaten 6,– DM Zinsen gezahlt. Wie hoch ist der Zinssatz?

a) **Lösung mit Hilfe des Dreisatzes**

Hier müssen wir zunächst die Zinsen für ein ganzes Jahr berechnen und bekommen dann im 2. Dreisatz den Zinssatz.

1. Dreisatz: 9 Monate ≙ 6 DM

$$1 \text{ Monat} \triangleq \frac{6}{9} \text{ DM}$$

$$12 \text{ Monate} \triangleq \frac{\overset{2}{\cancel{6}} \cdot \overset{4}{\cancel{12}}}{\cancel{9}} = 8,\text{– DM für 1 Jahr}$$

2. Dreisatz: 400 DM ≙ 100%

$$1 \text{ DM} \triangleq \frac{100}{400}\%$$

$$8 \text{ DM} \triangleq \frac{\cancel{100} \cdot \cancel{8}}{\cancel{400}} = 2\%$$

b) **Lösung mit Hilfe der Zinsformel**

$$p = \frac{z \cdot 100}{k \cdot t} = \frac{6 \cdot 100}{400 \cdot \frac{9}{12}}$$

Werden Zinsen für weniger als ein Jahr berechnet, ist die Zeit t ein Bruch.

Da wir nach der Formel durch t $\left(\text{also den Bruch } \frac{9}{12}\right)$ dividieren müssen, setzen wir den Kehrwert $\frac{12}{9}$ ein:

$$p = \frac{\overset{2}{\cancel{6}} \cdot \cancel{100} \cdot \overset{4}{\cancel{12}}}{\cancel{400} \cdot \cancel{9}} = 2\%$$

Antwort Der Zinssatz beträgt 2%.

Übungsaufgaben

1. Ergänzen Sie diese Tabelle um den Zinssatz.

	a)	b)	c)	d)	e)	f)
Kapital in DM	375,–	4800,–	9700,–	59900,–	112000,–	7863,–
Zinsen für 1 Jahr in DM	22,50	268,80	843,90	2036,60	7056,–	589,73

2. Wie hoch ist der Zinssatz, wenn man für 375,– DM nach 4 Jahren 90,– DM Zinsen bekommt?

3. Tommys Freund prahlt, dass er nach einem halben Jahr für 6000,– DM 195,– DM Zinsen bekommen hat. Mit wie viel Prozent wird sein Geld verzinst?

4. Tiny hat von ihrer Oma zu Weihnachten ein Sparbuch bekommen, auf das Oma jedes Jahr zum Weihnachtsfest Geld überweisen will. 420,– DM sind schon drauf. Nach einem Jahr ist dieser Betrag auf 431,76 DM gestiegen. Wie hoch war der Zinssatz?

5. Tommys Freund hat einen Kredit aufgenommen, um ein neues Motorrad zu kaufen. Für die ausgeliehene Summe von 11320,– DM muss er vierteljährlich 212,25 DM Zinsen zahlen. Zu welchem Zinssatz hat ihm die Girokasse das Geld geliehen?

6. Tante Berta hat das Auto zu Schrott gefahren. Sie geht mit Onkel Heinrich zu einem Autohändler, um ein neues zu kaufen. Es kostet 23790,– DM. 15000,– DM zahlen sie sofort an, den Rest könnten sie in in 12 Monatsraten je 807,50 DM überweisen. Von der Bank können sie dagegen den Restbetrag sofort zu 9% leihen. Wie sollen sich die beiden entscheiden?

7. Geben Sie den Zinssatz an.

	k in DM	*t*	*z* in DM
a)	6000,–	$^1/_2$ Jahr	390,–
b)	13200,–	$^3/_4$ Jahr	980,–
c)	4972,–	2 Monate	103,58
d)	59220,–	14 Tage	253,33
e)	285600,–	$^1/_4$ Jahr	7497,–
f)	1320,–	4 Tage	0,94
g)	74788,–	3 Wochen	610,77
h)	480,–	11 Monate	38,28

8. Tinys Bruder beschließt, auf ein Mofa zu sparen. Er steckt jede müde Mark ins Sparschwein und hat bald die stolze Summe von 624,– DM beisammen. Die trägt er auf die Sparkasse und legt ein Sparbuch für Junioren an. Nach 3 Monaten hat er 630,63 DM auf dem Konto. Wie hoch ist der Zinssatz?

9. Von einem Kredit über 3800,– DM zieht die Bank dem Kunden vor der Auszahlung 2% Bearbeitungsgebühr und die Zinsen für das erste halbe Jahr ab. Der Kunde erhält 3558,70 DM. Mit welchem Satz wurde der Kredit verzinst?

10. Tommys Eltern haben für ihre Kinder Sparbücher angelegt, als sie geboren wurden. Auf Tommys Sparbuch stehen mittlerweile 5700,– DM, für die im letzten Jahr 780,90 DM Zinsen gutgeschrieben wurden. Für den kleinen Bruder haben die Eltern 1750,– DM gespart. Darauf gab es im selben Jahr 197,75 DM Zinsen. Auf welches Sparbuch wird der günstigere Zinssatz gezahlt?

11. Friseurin Martina will sofort nach der bestandenen Meisterprüfung einen eigenen Salon eröffnen. Sie nimmt auf der Bank einen Kredit über 42000,– DM auf, für den sie halbjährlich 2205,– DM Zinsen zahlen muss. Berechnen Sie den Zinssatz.

12. Die Sparkasse zahlt für eine Spareinlage von 5000,– DM vom 1. März bis 1. Juni 37,50 DM Zinsen. Wie hoch ist der Zinssatz?

6.3 Berechnen des Kapitals

Beispiel 1 Für ein Sparguthaben werden bei 5% nach 1 Jahr 350,– DM Zinsen gezahlt. Wie hoch war das Sparguthaben?

a) **Lösung mit Hilfe des Dreisatzes**

$$5\% \mathrel{\hat=} 350 \text{ DM}$$

$$1\% \mathrel{\hat=} \frac{350}{5}\%$$

$$100\% \mathrel{\hat=} \frac{350 \cdot \overset{20}{\cancel{100}}}{\cancel{5}} = \mathbf{7000,\text{– DM}}$$

Antwort Das Sparguthaben betrug 7000,– DM

Beispiel 1, Fortsetzung

b) **Lösung mit Hilfe der Zinsformel**

Wir gehen von unserer bekannten Formel aus und wandeln sie so um, dass die gesuchte Größe *k* vor dem Gleichheitszeichen steht.

$$z = \frac{k \cdot p \cdot t}{100} \qquad | \cdot 100$$

$$z \cdot 100 = \frac{k \cdot p \cdot t \cdot \cancel{100}}{\cancel{100}} \qquad | : p$$

$$\frac{z \cdot 100}{p} = \frac{k \cdot \cancel{p} \cdot t}{\cancel{p}} \qquad | : t$$

$$\frac{z \cdot 100}{p \cdot t} = \frac{k \cdot \cancel{t}}{\cancel{t}}$$

Die Formel zum Berechnen des Kapitals lautet also

$$\text{Kapital} = \frac{\text{Zinsen} \cdot 100}{\text{Zinssatz} \cdot \text{Zeit}} \qquad k = \frac{z \cdot 100}{p \cdot t}$$

Also: $k = \frac{350 \cdot \overset{20}{\cancel{100}}}{\cancel{5}} =$ **7000,– DM**

Beispiel 2 Für einen Kredit sollen beim Zinssatz von 12,5% nach 4 Monaten 230,– DM Zinsen gezahlt werden. Wie hoch war der Kredit?

a) **Lösung mit Hilfe des Dreisatzes**

Hier müssen wir zuerst die Zinsen für 1 Jahr berechnen, um im 2. Dreisatz auf das Kapital zu schließen.

1\. Dreisatz:

$$4 \text{ Monate} \mathrel{\hat{=}} 230 \text{ DM}$$

$$1 \text{ Monat} \mathrel{\hat{=}} \frac{230}{4} \text{ DM}$$

$$12 \text{ Monate} \mathrel{\hat{=}} \frac{230 \cdot \overset{3}{\cancel{12}}}{\cancel{4}} = 690,\text{– DM für 1 Jahr}$$

2\. Dreisatz:

$$12{,}5\% \mathrel{\hat{=}} 690 \text{ DM}$$

$$1\% \mathrel{\hat{=}} \frac{690}{12{,}5} \text{ DM}$$

$$100\% \mathrel{\hat{=}} \frac{690 \cdot 100}{12{,}5} = \mathbf{5520,\text{– DM}}$$

Antwort Der Kredit beträgt 5520,– DM.

b) **Lösung mit Hilfe der Zinsformel**

t ist ein Bruch, nämlich $\frac{4}{12}$. Um durch *t* zu dividieren, müssen wir deshalb in die Formel den Kehrwert $\frac{12}{4}$ einsetzen:

$$k = \frac{230 \cdot 100 \cdot \overset{3}{\cancel{12}}}{12{,}5 \cdot \cancel{4}} = \mathbf{5520,\text{– DM}}$$

Übungsaufgaben

Auch hier empfehlen wir Ihnen, die Aufgaben zweimal zu lösen: mit Hilfe des Dreisatzes und der Zinsformel.

1. Ergänzen Sie das gesuchte Kapital.

	a)	b)	c)	d)	e)	f)
p in %	3,6	6	9	8,3	10,5	13,7
z für 1 Jahr in DM	18	228	806,94	1055,38	6856,50	17 193,50

2. Eine Großtante hat Tinys Eltern Geld vererbt. Sie legen die Erbschaft zu 4,8% an und erhalten nach 1 Jahr 432,– DM Zinsen. Wie viel Geld hatte die Tante hinterlassen?

3. Eine Friseurmeisterin will ihr Geschäft vergrößern. Dazu nimmt sie von der Bank einen Kredit auf, für den sie jährlich bei 12,4% Verzinsung 6448,– DM Zinsen zahlen muss. Wie hoch war der Kredit?

4. Als Tiny ihre Finanzen betrachtet, meint sie treuherzig: „Ich möchte mal so viel Geld besitzen, dass ich von den Zinsen leben kann. 3000,– DM im Monat reichen mir." Wie viel Geld braucht Tiny dazu beim Zinssatz von 6,0% auf der Bank?

5. Tommys Vetter hat geheiratet und möchte mit seiner Frau ein Haus bauen. Die beiden müssen einen Kredit aufnehmen, für dessen Zinsen sie monatlich 822,50 DM aufbringen können. Wie viel DM können sie zum Zinssatz von 10,5% aufnehmen?

7. Zwei Friseurinnen haben ihr Geld bei einer Bank zu 6,6% angelegt. Die erste erhält nach 1 Jahr 257,40 DM Zinsen, die zweite bekommt den gleichen Betrag schon nach 5 Monaten. Wie viel hatten die beiden gespart?

8. Tinys Chefin überlegt, ob sie eine Eigentumswohnung kaufen soll. Für das Darlehen müsste sie beim Zinssatz von 12,4% monatlich 1240,– DM zahlen. Wie hoch ist das Darlehen?

9. Tommys Arbeitskollege hat im Lotto gewonnen. Freudig sagt er: „Ich habe alles auf die Bank gebracht, denn ich bekomme bei 7,6% Verzinsung vierteljährlich 285,– DM Zinsen dafür." Wie viel Geld hat der Glückspilz gewonnen?

10. Tante Berta und Onkel Heinrich wollen sich einen größeren Schrebergarten zulegen. Sie leihen sich auf der Girokasse Geld zu 10,7% und müssen dafür alle 4 Monate 110,57 DM Zinsen zahlen. Wie viel Geld hatten sie für den Garten aufgenommen?

6. Berechnen Sie das Kapital.

	a)	b)	c)	d)	e)	f)
p in %	4,5	6,2	7,8	6	5,5	4,5
z in DM	0,30	9,04	225,16	1750,–	44,–	0,63
t	3 Tage	2 Wochen	2 Monate	7 Monate	3 Monate	3 Tage

6.4 Berechnen der Zeit

Beispiel 1 Die Bank zahlt auf ein Guthaben von 4000,– DM jährlich 5% Zinsen. Nach welcher Zeit erhält man 25,– DM Zinsen?

a) **Lösung mit Hilfe des Dreisatzes**

Wieder sind zwei Dreisätze nötig – der erste zum Berechnen der Jahreszinsen, der zweite für den gesuchten Zeitraum.

1. Dreisatz:

$$100\% \triangleq 4000 \text{ DM}$$

$$1\% \triangleq \frac{4000}{100} \text{ DM}$$

$$5\% \triangleq \frac{40\not{0}\not{0} \cdot 5}{1\not{0}\not{0}} = 200{,}\text{– DM für 1 Jahr}$$

2. Dreisatz:

$$200 \text{ DM} \triangleq 12 \text{ Monate}$$

$$1 \text{ DM} \triangleq \frac{12}{200} \text{ Monate}$$

$$25 \text{ DM} \triangleq \frac{12 \cdot \not{25}}{\underset{8}{\not{200}}} = 1\frac{1}{2} \textbf{ Monate}$$

Antwort Nach $1^1/_2$ Monaten erhält man 25,– DM Zinsen.

b) **Lösung mit Hilfe der Zinsformel**

Gesucht ist die Größe *t*. Wir wandeln unsere Formel um:

$$z = \frac{k \cdot p \cdot t}{100} \qquad | \cdot 100$$

$$z \cdot 100 = \frac{k \cdot p \cdot t \cdot \not{100}}{\not{100}} \qquad | : k$$

$$\frac{z \cdot 100}{k} = \frac{\not{k} \cdot p \cdot t}{\not{k}} \qquad | : p$$

$$\frac{z \cdot 100}{k \cdot p} = \frac{\not{p} \cdot t}{\not{p}}$$

Die Formel zum Berechnen der Zeit lautet mithin

$$\text{Zeit} = \frac{\text{Zinsen} \cdot 100}{\text{Kapital} \cdot \text{Zinssatz}} \qquad t = \frac{z \cdot 100}{k \cdot p}$$

$$\text{Also: } t = \frac{\overset{5}{\not{25}} \cdot 1\not{0}\not{0}}{40\not{0}\not{0} \cdot \not{5}} = \frac{\not{5}}{\underset{8}{\not{40}}} = \frac{1}{8} \text{ Jahr} = \frac{1 \cdot 12}{8 \cdot 1} = 1\frac{1}{2} \textbf{ Monate}$$

Beispiel 2 Ein Kredit von 7500,– DM wird mit 10,5% verzinst. Nach wie viel Tagen sind 10,94 DM Zinsen fällig?

a) **Lösung mit Hilfe des Dreisatzes**

1. Dreisatz:

$$100\% \triangleq 7500 \text{ DM}$$

$$1\% \triangleq \frac{7500}{100} \text{ DM}$$

$$10{,}5\% \triangleq \frac{75\not{0}\not{0} \cdot 10{,}5}{1\not{0}\not{0}} = 787{,}50 \text{ DM für 1 Jahr}$$

Beispiel 2, Fortsetzung

2. Dreisatz:

$$787{,}50 \text{ DM} \triangleq 360 \text{ Tage}$$

$$1{,}- \text{ DM} \triangleq \frac{360}{787{,}50} \text{ Tage}$$

$$10{,}94 \text{ DM} \triangleq \frac{360 \cdot 10{,}94}{787{,}50} = \mathbf{5\ Tage}$$

Antwort: Nach 5 Tagen müssen 10,94 DM Zinsen gezahlt werden.

b) **Lösung mit Hilfe der Zinsformel**

$$t = \frac{10{,}94 \cdot 1\cancel{00} \cdot 360}{75\cancel{00} \cdot 10{,}5} = \mathbf{5\ Tage}$$

Wird t in Monaten gesucht, lautet die Formel $t = \dfrac{z \cdot 100 \cdot 12}{k \cdot p}$

Wird t in Tagen gesucht, lautet sie $t = \dfrac{z \cdot 100 \cdot 360}{k \cdot p}$

Übungsaufgaben

1. Nach wie viel Monaten wurden diese Zinsen ausgezahlt?

	a)	b)	c)	d)	e)	f)
k in DM	360,–	8000,–	1230,–	43200,–	5000,–	6000,–
p in %	5	6	5,5	8	3	7,5
z in DM	9,–	200,–	202,95	96,–	825,–	337,50

2. Nach wie viel Monaten oder Tagen werden diese Zinsen fällig?

	a)	b)	c)	d)	e)	f)
k in DM	2400,–	9000,–	4200,–	600,–	5200,–	18000,–
p in %	6	7,2	12	40	6	12,5
z in DM	4,–	27,–	252,–	16,–	156,–	131,25

3. Tiny hat ihr Girokonto um 240,– DM überzogen. Die Bank berechnet ihr dafür bei 13,5% Zinssatz 2,70 DM Sollzinsen. Nach welcher Zeit hatte Tiny das Konto ausgeglichen?

4. Tommys Freund hat 3400,– DM auf dem Sparbuch. Von den Zinsen möchte er Nebelscheinwerfer fürs Auto kaufen. Sie kosten 136,– DM. Wie viel Monate muss er warten, wenn sein Geld mit 3% verzinst wird?

5. Tinys Mutter zahlt 400,– DM auf ein Sparbuch mit 5200,– DM ein. Wie viel Monate muss sie warten, bis das Geld bei 4% Verzinsung auf 5768,– DM angewachsen ist?

6. Tiny lässt die Zinsen auf das Sparkonto gutschreiben. Sie bekommt 8,40 DM für 560,– DM bei 3%. Wie lange hatte sie das Geld auf dem Konto?

7. Für einen Kurzkredit von 3000,– DM wurden 8% Zinsen verlangt. Der Schuldner zahlt 3100,– DM zurück. Wie lange hatte er das Geld ausgeliehen?

6.5 Zinseszins

Bisher haben wir Zinsen berechnet, die in einem Jahr oder einem Teil des Jahres entstehen. Wenn Sie jedoch das Geld länger als ein Jahr auf dem Sparkonto stehen lassen und auch die Zinsen nicht abheben, werden diese im folgenden Jahr mitverzinst.

> Zinseszinsen sind Beträge, die für das Kapital und bereits gutgeschriebene Zinsen gezahlt werden.

Beispiel 1 Auf ein Sparbuch werden zu Jahresbeginn 500,– DM eingezahlt. Wie viel DM kann man nach 3 Jahren beim Zinssatz von 6% abheben?

Lösung mit Hilfe des Dreisatzes

1. Dreisatz: 1. Jahr

100% ≙ 500 DM

$1\% \triangleq \frac{500}{100}$ DM

$6\% \triangleq \frac{5\not{0}\not{0} \cdot 6}{1\not{0}\not{0}}$ = 30,– DM zum Kapital = 530,– DM

2. Dreisatz: 2. Jahr

100% ≙ 530 DM

$1\% \triangleq \frac{530}{100}$ DM

$6\% \triangleq \frac{53\not{0} \cdot 6}{10\not{0}}$ = 31,80 DM zu 530,– DM = 561,80 DM

3. Dreisatz: 3. Jahr

100% ≙ 561,80 DM

$1\% \triangleq \frac{561{,}80}{100}$ DM

$6\% \triangleq \frac{561{,}80 \cdot 6}{100}$ = 33,71 DM zu 561,80 DM = **595,51 DM**

Zur besseren Übersicht können wir die Lösung auch als Tabelle schreiben:

	k zum Jahresbeginn	*z* für das laufende Jahr	Guthaben am Jahresende
1. Jahr	500,– DM	30,– DM	530,– DM
2. Jahr	530,– DM	31,80 DM	561,80 DM
3. Jahr	561,80 DM	33,71 DM	595,51 DM

Um Zinseszinsaufgaben so zu lösen, brauchen wir also für jedes Jahr einen Dreisatz – bei vielen Jahren eine sehr umständliche und zeitraubende Berechnung. Deshalb wählen wir besser die Lösung mit Hilfe des Zinsfaktors.

Beispiel 2 25000,– DM werden zu Jahresbeginn auf ein Konto eingezahlt.

a) Wie viel DM sind beim Zinssatz von 5% am Jahresende auf dem Konto?

b) Auf wie viel DM ist das Geld mit Zinsen und Zinseszinsen nach 3 Jahren angewachsen?

Beispiel 2, Lösung

Lösung mit Hilfe des Zinsfaktors

Zunächst berechnen wir das Endkapital des 1. Jahres (= Anfangskapital + Zinsen für 1 Jahr) in Prozenten:

Anfangskapital 100% + Zinsen 5% = Endkapital 105%

Daraus ergibt sich dieser Dreisatz:

$100\% \triangleq 25000$ DM

$1\% \triangleq \frac{25000}{100}$ DM

$105\% \triangleq \frac{25000 \cdot 105}{100}$ DM

Wir können auch schreiben: $25000 \text{ DM} \cdot \frac{105}{100}$. Beim Ausrechnen dieses Bruchs entsteht ein Faktor: 25000 DM · 1,05. Diesen Faktor nennt man Zinsfaktor.

$$\text{Zinsfaktor} = \frac{\text{Endkapital in \%}}{100}$$

Das Endkapital in DM erhalten wir, wenn wir das Anfangskapital mit dem Zinsfaktor multiplizieren:

25000 · 1,05 = 26250,– DM nach 1 Jahr

Um die Höhe des Endkapitals nach 3 Jahren zu ermitteln, multiplizieren wir das Anfangskapital d r e i m a l mit dem Zinsfaktor:

25000 · 1,05 · 1,05 · 1,05 = **28940,63 DM**

Antwort Nach 3 Jahren ist das Geld auf 28940,63 DM angewachsen.

Beispiel 3 Auf wie viel DM wächst ein Sparguthaben von 2430,– DM bei 4% Verzinsung in 5 Jahren an?

Lösung mit Hilfe des Zinsfaktors

Anfangskapital = 2430,– DM

Endkapital = 104%

Zinsfaktor $= \frac{104}{100} = 1{,}04$

2430 · 1,04 · 1,04 · 1,04 · 1,04 · 1,04 = **2956,47 DM**

Antwort Nach 5 Jahren werden 2956,47 DM gutgeschrieben.

Übungsaufgaben

1. a) Ergänzen Sie diese Tabelle. b) Wie viel Zinsen und Zinseszinsen sind insgesamt gezahlt worden?

Datum	Kapital	Zinssatz	Zinsen	Datum	Kapital
1.1.89	520,– DM	5,5%	? DM	31.12.89	? DM
1.1.90	? DM	5,5%	? DM	31.12.90	? DM
1.1.91	? DM	5,6%	? DM	31.12.91	? DM
1.1.92	? DM	5,6%	? DM	31.12.92	? DM
1.1.93	? DM	6%	? DM	31.12.93	? DM

2. Geben Sie den Zinsfaktor an.
   a) 4% e) 8%
   b) 5,5% f) 9%
   c) 6,2% g) 11,2%
   d) 7,4% h) 13%

3. Auf wie viel DM wächst ein Kapital von 3200,– DM bei 4% in 5 Jahren an?

4. Tante Bertas Rücklagen für Notfälle sind in 10 Jahren bei einem Zinssatz von 4% auf 4144,68 DM angewachsen. Wie viel DM hatte sie anfangs zur Seite gelegt?

5. Tiny hat beim Aufräumen ein in Vergessenheit geratenes Juniorensparbuch entdeckt, auf das am 1.1.1982 50,– DM eingezahlt wurden. Auf wie viel DM ist dieses „Minikapital" bis zum 31.12.1994 angewachsen, wenn 5% Zinsen gezahlt werden?

6. Ergänzen Sie die Tabelle.

7. Wie viel DM muss man auf ein Sparkonto mit 6% Verzinsung einzahlen, um in 4 Jahren 6312,28 DM zu erhalten?

8. Karlchen hat seinen Onkel Dagobert endlich herumbekommen, ihm 3000 DM zu leihen. Allerdings knöpft der schlaue Onkel ihm fürs erste Jahr 8% Zinsen, fürs zweite Jahr 10% und fürs dritte sogar 12% Zinsen ab. Wie viel muss das arme Karlchen nach 3 Jahren mit Zinsen und Zinseszinsen zurückzahlen?

9. a) Wie viel DM muss Tommys kleiner Bruder auf sein Postsparbuch einzahlen, um nach 3 Jahren 40,52 DM zu haben? Zinssatz 5%.
   b) Die Oma greift rettend ein und erhöht das Kapital von Tommys Bruder um 100,– DM. Wie viel kassiert der Kleine nun nach 3 Jahren?

	a)	b)	c)	d)	e)
Kapital in DM	375,–	?	5730,–	?	?
Zinssatz in %	4	3,7	5,5	6	8,5
Zinsfaktor	?	?	?	?	?
Endkapital 1. Jahr in DM	?	?	?	?	?
Endkapital 2. Jahr in DM	?	4224,05	?	28945,06	327268,55

Arbeitsregeln zum Zinsrechnen (s. auch S. 106)

- Lesen Sie die Aufgabe jeweils sorgfältig durch.
- Wenn Sie mit den Zinsformeln arbeiten, bestimmen Sie zunächst die gesuchte Größe, um die richtige Formel zu wählen.
- Der Zinssatz gibt, falls nichts anderes angegeben ist, immer die Zinsen für 1 Jahr an.
- Berechnen der Zinsen $z = \frac{k \cdot p \cdot t}{100}$ Berechnen des Kapitals $k = \frac{z \cdot 100}{p \cdot t}$

  Berechnen des Zinssatzes $p = \frac{z \cdot 100}{k \cdot t}$ Berechnen der Zeit $t = \frac{z \cdot 100}{k \cdot p}$

  Für die Berechnung der Größen p, k und t gilt: Auf dem Bruchstrich stehen Zinsen · 100, unter dem Bruchstrich die beiden anderen gegebenen Größen.

- Werden Zinsen für weniger als 1 Jahr berechnet, wird *t* stets als Bruchteil des Jahres (Zeitfaktor) geschrieben: Tage durch 360, Wochen durch 52, Monate durch 12.

  1 Jahr = 12 Monate = 52 Wochen = 360 Tage, 1 Monat = 30 Tage
- Für die Berechnung von Zinseszinsen gilt:
  Endkapital in % = Anfangskapital in % + Zinsen in %

  $$\text{Zinsfaktor} = \frac{\text{Endkapital in \%}}{100}$$

6.6 Effektiver Jahreszins oder Vorsicht vor Kredithaien!

Tommys Vater sitzt bei seinem Freund Eberhard, der dem armen Kerl gerade klargemacht hat, dass er Opfer eines Kredithais geworden ist. Kurz nachdem Tommys Familie in die neue Wohnung gezogen war, stellte die Mutter fest, dass die alten Möbel und Gardinen nicht mehr passten und dies die beste Gelegenheit sei, neue zu kaufen. Der Vater hatte morgens in der Zeitung die Anzeige gelesen „Anruf genügt – Barkredite bis 35000,– DM sofort" und war noch am gleichen Tag bei dem Kreditmakler aufgetaucht. Und der hatte ihm scheinbar ein wirklich gutes Angebot gemacht (**6.1**).

6.1 Kredithai

Anschaffungsdarlehen

Kreditbetrag	10000,– DM	
Zinssatz	0,7% je Monat	
Laufzeit	36 Monate	
Einmalige Bearbeitungsgebühr	2%	vom Kreditbetrag
Auslagen	0,6%	vom Kreditbetrag
Vermittlungsgebühr	5%	vom Kreditbetrag
Restschuldversicherung	8%	vom Kreditbetrag
Monatliche Rückzahlung	391,12 DM	

Tommys Eltern rechneten die Zinsen für ein Jahr aus: 12 · 0,7% = 8,4%. Ein günstiger Zinssatz, meinten beide und unterschrieben. Doch nun rechnet ihm Finanzfachmann Eberhard einen Effektivzins von 26,5% im Jahr vor!

Vorsicht bei Kleinkrediten, Anschaffungsdarlehen und Ratenkäufen! Oft sind sie nicht so günstig, wie es auf den ersten Blick aussieht. Eine gesetzliche Regelung schreibt zwar vor, dass in solchen Verträgen der effektive Jahreszins angegeben werden muss. Doch unseriöse Kreditvermittler umgehen diese Vorschrift oft durch einen Trick: Sie schlagen die zusätzlichen Kosten für Bearbeitungs- und Vermittlungsgebühren, Auslagen und Restschuldversicherung nicht zum effektiven Jahreszins, sondern gesondert auf den Kreditbetrag.
Prüfen Sie vor Abschluss solcher Verträge daher stets die effektive (tatsächliche) Verzinsung!

Kleinkredite und Anschaffungsdarlehen sind Kreditformen, bei denen Zinsen und Gebühren für die gesamte Laufzeit (6 bis 48 Monate) dem Kreditbetrag zugeschlagen und dann in gleiche Monatsraten aufgeteilt werden. Um Kreditangebote vergleichen zu können, muss der Jahres-Effektivzins angegeben werden. Angebote ohne diese Angabe sind von vornherein fragwürdig.

Der effektive Jahreszins ist der Jahreszinssatz, in den a l l e Kosten für den Kredit eingerechnet sind (Zinsen, Bearbeitungs- und Vermittlungsgebühren, Auslagen, Versicherungen).

Effektivzinstabellen. Banken und andere Kreditvermittler lesen den Effektivzins in Tabellen für Allzweckdarlehen ab (s. Tabelle **6.2** für 2% Bearbeitungsgebühren).

Tabelle **6.2** **Effektivzins bei 2% Bearbeitungsgebühren**

Zinssatz in % je Monat	Laufzeit in Monaten 6	9	12	18	24	30	36
	Effektiver Jahreszins in %						
0,48	17,34	15,98	15,33	13,95	13,37	12,89	12,58
0,50	17,78	16,46	15,84	14,45	13,86	13,37	13,06
0,55	18,89	17,66	17,12	15,68	15,09	14,57	14,25
0,60	20,00	18,88	18,42	16,92	16,33	15,77	15,44
0,65	21,12	20,10	19,73	18,17	17,58	16,98	16,63
0,70	22,24	21,34	21,05	19,43	18,83	18,20	17,83

Beispiel Wie hoch ist die effektive Jahresverzinsung eines Anschaffungskredits mit einer Laufzeit von 30 Monaten, einem Zinssatz von 0,50% je Monat und 2% Bearbeitungsgebühr?

Lösung nach der Tabelle **13,37%**

Effektivzinsformel. Mit einer geringfügigen Abweichung von 0,1 bis 0,3% können wir den effektiven Jahreszins auch mittels einer Formel berechnen.

$$\text{Effektiver Jahreszins} = \frac{12 \cdot \text{monatlicher Zinssatz} \cdot 2 \cdot \text{Laufzeit}}{\text{Laufzeit} + 1}$$

Beispiel 1 Wie kommt Freund Eberhard beim Darlehen von Tommys Eltern auf den Effektivzins von 26,5%? Zuerst hat er den tatsächlichen monatlichen Zinssatz ermittelt. Dazu hat er alle Gebühren auf 1 Monat umgerechnet (also durch die Laufzeit = 36 Monate dividiert) und zum monatlichen Zinssatz addiert.

Lösung

Zinssatz		= 0,7% monatlich
Bearbeitungsgebühr	2% $\rightarrow \frac{2}{36}$	= 0,056% monatlich
Auslagen	0,6% $\rightarrow \frac{0,6}{36}$	= 0,017% monatlich
Vermittlungsgebühr	5% $\rightarrow \frac{5}{36}$	= 0,139% monatlich
Restschuldversicherung	8% $\rightarrow \frac{8}{36}$	= 0,222% monatlich
effektiver Monatszinssatz		= 1,134%

Diesen Wert hat Eberhard in unsere Formel eingesetzt:

$$\text{Effektiver Jahreszins} = \frac{12 \cdot 1{,}134\% \cdot 2 \cdot 36}{36 + 1} \approx \mathbf{26{,}5\%}$$

Beispiel 2 Ein Kreditvermittler bietet einen Umschuldungskredit (um Schulden mit neuem Kredit zahlen zu können) zu diesen Bedingungen an:

Kreditbetrag	5000,– DM
Zinssatz	0,9% monatlich
Laufzeit	30 Monate
Einmalige Bearbeitungsgebühr	3%
Vermittlungsgebühr	5%
Restschuldversicherung	9%

Wie hoch ist der Jahres-Effektivzins?

Lösung

Zinssatz		= 0,9% monatlich
Bearbeitungsgebühr	3% $\rightarrow \frac{3}{30}$	= 0,1% monatlich
Vermittlungsgebühr	5% $\rightarrow \frac{5}{30}$	= 0,17% monatlich
Restschuldversicherung	9% $\rightarrow \frac{9}{30}$	= 0,3% monatlich
effektiver Monatszins		= 1,47%

in die Formel eingesetzt:

$$\text{effektiver Jahreszins} = \frac{12 \cdot 1{,}47\% \cdot 2 \cdot 30}{30 + 1} \approx \mathbf{34{,}14\%\,!\,!}$$

Beispiel 3 Ein Versandgeschäft bietet ein Jugendzimmer zu diesen Bedingungen an:

Preis bei Barzahlung 630,– DM
Preis bei Ratenzahlung 6 Monatsraten zu 112,– DM

Ist das Ratenangebot günstig? Wir berechnen dazu wieder den Jahres-Effektivzins.

Lösung 6 Monatsraten je 112,– DM = 672,– DM
davon sind Zinsen 672,– DM – 630,– DM = 42,– DM

6 Monate Zinsen = 42 DM

1 Monat Zinsen = $\frac{42}{6}$ DM 12 Monate Zinsen = $\frac{42 \cdot \overset{2}{\cancel{12}}}{\cancel{6}}$ = 84,– DM

Diese Zinsen setzen wir in die Zinsformel ein, um den Zinssatz zu erhalten.

$$p = \frac{z \cdot 100}{k \cdot t} = \frac{84 \cdot 100}{630 \cdot 1} = 13{,}33\% \text{ für 1 Jahr}$$

$$\text{monatlicher Zinssatz } p = \frac{13{,}33\%}{12} = 1{,}11\%$$

Diesen Monatszinssatz setzen wir in die Formel ein und bekommen

$$\text{effektiver Jahreszins} = \frac{12 \cdot 1{,}11 \cdot 2 \cdot 6}{6 + 1} \approx \mathbf{22{,}83\%}$$

> Effektivzins = Zinssatz, in den alle Kosten für den Kredit eingerechnet sind. Er muss vom Kreditgeber im Kreditvertrag angegeben werden.
> Laufzeit = Dauer, für die Geld ausgeliehen wird. Mit Ende der Laufzeit muss es zurückbezahlt sein.
> Restschuldversicherung = Der Kreditnehmer muss eine Versicherung abschließen, die im Todesfall die noch ausstehenden Kreditraten bezahlt.

Übungsaufgaben

1. Geben Sie mit Hilfe der Effektivzinstabelle **6**.2 den Effektivzins dieser Kredite an (Bearbeitungsgebühr 2%).

	a)	b)	c)	d)	e)	f)
Zinssatz in % je Monat	0,60	0,70	0,48	0,50	0,65	0,70
Laufzeit in Monaten	12	9	36	30	6	18

2. Zu welchem effektiven Jahreszins werden diese Versandartikel angeboten? (Beachten Sie Beispiel 3).

Artikel	Preis in DM	Monatsraten	in DM
Videoanlage	2495,–	10	265,–
Surfbrett	1250–	5	270,–
Radiorecorder	370,–	6	65,–

3. Eine Kundenkreditbank bietet folgende Darlehen an:
   a) 2500,– DM zu 0,9% je Monat und 2% Bearbeitungsgebühr, 5% Vermittlung und 4% Restschuldversicherung, rückzahlbar in 30 gleichen Monatsraten;
   b) 1800,– DM zu 0,75% je Monat und 10% Gebühren, rückzahlbar in 18 gleichen Monatsraten.

   Berechnen Sie den Jahreseffektivzins beider Angebote.
4. Ermitteln Sie den effektiven Jahreszins eines Bank-Ratenkredits zu diesen Bedingungen: Kreditbetrag 2000,– DM, Laufzeit 24 Monate, Zinssatz 0,45% je Monat, Bearbeitungsgebühr 2%.
5. Für ein Anschaffungsdarlehen von 8000,– DM mit 30 Monaten Laufzeit werden 0,62% Monatszinsen gerechnet und eine einmalige Bearbeitungsgebühr von 3% erhoben. Wie hoch ist der effektive Jahreszins?

6. Tiny entdeckt in einem Katalog dieses Angebot: Waschmaschine, computergesteuert, 3 Biowaschgänge, Sparprogramm zum einmaligen Preis von 1920,– DM oder Teilzahlungskauf in 12 Monatsraten je 180,– DM. Welchen effektiven Jahreszins müssen die Kunden beim Ratenkauf bezahlen?

6.7 Vermischte Übungsaufgaben

1. Tommy hat sein Girokonto um 628,80 DM überzogen. Bis zur Lohnüberweisung sind es noch 14 Tage. Wie viel DM Zinsen berechnet ihm die Bank bei einem Zinssatz von 12% für Überziehungskredite?
2. Eine Bank fordert für 2000,– DM monatlich 16,50 DM Zinsen. Wie hoch ist der Zinssatz?
3. Wie hoch ist der Zinssatz, wenn man für 375,– DM nach 4 Jahren 90,– DM Zinsen bekommt?
4. Eine Kosmetikerin hat zur Saloneinrichtung einen Kredit über 5000,– DM aufgenommen. Dafür muss sie im halben Jahr 310,– DM Zinsen bezahlen. Welcher Zinssatz liegt zugrunde?
5. Beim Zinssatz von 3,24% werden nach 3 Monaten 45,– DM Zinsen gezahlt. Wie groß ist das Kapital?
6. Nach wie viel Monaten erhält man für 600,– DM bei 4% Verzinsung 16,– DM Zinsen?
7. Auf wie viel DM wächst ein Kapital von 840,– DM bei 4,2% mit Zins und Zinseszins nach 2 Jahren?
8. Bei 5000,– DM Sparguthaben erhielt ein Sparer in $^1/_4$ Jahr 56,25 DM Zinsen. Zu wie viel % war das Kapital festgelegt?
9. Eine Firma mahnt den Kunden, weil er eine Rechnung über 3000,– DM nicht bezahlt hat. Sie verlangt für 36 Tage Verzugszinsen von $8^1/_4$%. Wie hoch ist der Rechnungsbetrag mit Zinsen?
10. Eine Auszubildende borgt sich von ihrem Freund 120,– DM. Nach 2 Monaten gibt sie ihm 130,– DM zurück. Wie viel Prozent Zinsen hat sie gezahlt?
11. Der Zinssatz für ein Sparkonto beträgt 4,5%. Auf wie viel DM wächst das Kapital von 2700,– DM nach 3 Jahren mit Zins und Zinseszins?
12. Ein Kapital wird am 14. Februar ausgeliehen und am 16. Juli zurück gezahlt. Wie viel Zinstage sind zu rechnen?
13. In einem Zeitungsinserat wird angeboten: Für 100,– DM Zinsen im Monat erhalten Sie 6000,– DM Kredit! Wie hoch ist der geforderte Zinssatz?
14. Ein Kredit über 25 000,– DM wird zu 12% gewährt. Wie hoch ist die jährliche Zinsbelastung?

6.8 Leasing/Mietkauf

Hauptwunsch vieler Jugendlicher ist der Besitz eines Autos. Der Führerschein wird zusammengespart und meist auch im zweiten Anlauf bestanden. Zum Erreichen der „vierrädrigen Unabhängigkeit" jedoch fehlt oft das nötige Kleingeld. Dieses Problem lässt sich auf mehrere Arten lösen. Ein Weg führt zur Bank oder Sparkasse. Da sie jedoch vom Kreditnehmer den Nachweis eines sicheren Einkommens verlangen und Autokredite nicht gerade besonders günstig sind, bleiben Leasingverträge. In der Bundesrepublik Deutschland gibt es zur Zeit etwa 1 Million geleaste Fahrzeuge. Die Hälfte davon fahren Privatleute. Damit ist heute jedes 6. Auto privat geleast.

Ziel des Leasings ist nicht der Erwerb des Fahrzeugs. Die Leasingrate ist somit keine Abzahlung, sondern die Nutzungsgebühr für eine vertraglich festgelegte Zeit. Das Leasing lässt sich mit einer Miete vergleichen. Die Höhe der Leasingrate hängt von der Sonderzahlung ab. Bei hoher Sonderzahlung ist die Leasingrate niedrig; ist die Sonderzahlung gering oder entfällt sogar, erhöht sich die Rate entsprechend.

Bei Leasing, Bank- oder Firmenkredit ist immer zu beachten, dass das Fahrzeug vollkaskoversichert werden muss und Sie neben den laufenden Kosten Steuern und Versicherung selbst tragen müssen.

In den letzten Jahren hat sich das Leasing auch auf Saloneinrichtungen, kosmetische Geräte, Fernsehapparate, Videoanlagen, Möbel und Berufskleidung ausgedehnt.

Übungsaufgaben

1. Ein Autohändler wirbt mit folgenden Leasingangeboten für einen Mittelklassewagen:

   Super-Leasing!

Rate 160,– DM	Mietsonderzahlung 8000,– DM
Rate 290,– DM	Mietsonderzahlung 4000,– DM
Rate 420,– DM	Mietsonderzahlung keine

   Laufzeit 36 Monate bis 50000 km

   Welchen Betrag muss der Mieter jeweils bis zum Ende der Laufzeit zahlen, ohne dass ihm das Fahrzeug gehört?

2. Tiny träumt von einem Kleinwagen und liest in der Zeitung das Angebot eines Händlers:

   Kaufpreis 9990,– DM – 6% bei Barzahlung **oder**
   24 Leasingraten (monatlich 138,– DM),
   Sonderzahlung 2500,– DM
   Restwert 4600,– DM

   a) Wie hoch ist der Barzahlungspreis?
   b) Was kostet der Wagen bei zweijährigem Leasing?
   c) Um wie viel DM ist das Leasing teurer?

3. Tinys Eltern finden den Wagen nicht gerade toll und kommen ihrer Tochter mit einem anderen Angebot: 24 Leasingraten je 285,– DM, Mietsonderzahlung 3300,– DM, Restwert 8400,– DM. Der Kaufpreis des Autos beträgt 13600,– DM.
   a) Berechnen Sie den Leasingpreis.
   b) Wie viel DM müßte Tiny beim Leasing mit Übernahme des Restwerts drauflegen?

4. Der Vertragshändler bietet an, den Kaufpreis über 2 Jahre zu finanzieren. Er verlangt 2,99% Zinsen über die gesamte Laufzeit.
   a) Was ist insgesamt für den Wagen zu zahlen?
   b) Wie hoch ist die monatliche Rate?

5. Eine Firma verlangt 25% des Neupreises als Anzahlung. Wie hoch sind die Mietsonderzahlungen bei folgenden Neuwagen?
   a) 35275,– DM, b) 35680,– DM,
   c) 28450,– DM, d) 45600,– DM.

6. Ein Fernsehfachgeschäft bietet 70-cm-Colorfernseher für eine Leasingrate von monatlich 29,50 DM an. Die Sonderzahlung entfällt durch Inzahlungnahme des Altgeräts. Der Vertrag läuft über 3 Jahre.
   a) Wie viel DM sind „hinzublättern“, ohne dass der Apparat erworben wird?
   b) Der gleiche Apparat hat einen Kaufpreis von 1860,– DM und hält etwa 10 Jahre. Was kostet er monatlich, wenn Sie ihn mit 2% Skonto kaufen?

7 Mischungsrechnen

7.1 Berechnen der Konzentratmenge

In Tinys Familie herrscht Aufregung. Der Junior ist mit dem Fahrrad gestürzt und hat sich das Knie aufgeschlagen. Er jammert so lange, bis die Mutter den Arzt anruft. Der rät ihr, die Wunde mit 500 ml einer 2%igen Desinfektionslösung zu spülen. Tinys Mutter hastet zum Arzneimittelschrank und starrt dann ratlos auf das Flaschenetikett – da steht „50%ige Lösung".

Wir wollen ihr helfen!

Das 50%ige Desinfektionsmittel-Konzentrat soll auf 2% verdünnt werden. Also muss man Wasser zugeben. Von dieser verdünnten Lösung braucht die Mutter 500 ml. W i e v i e l K o n z e n t r a t u n d w i e v i e l W a s s e r muss sie mischen, um die gebrauchsfertige Lösung zu erhalten?

Sie überlegt: Wenn ich 500 ml Konzentrat nehme und kein Wasser zugebe, bleibt die Lösung 50%ig. Nehme ich die Hälfte Konzentrat und die andere Hälfte Wasser, ist die Lösung auch nur halb so stark, also 25%ig. Sie stellt folgende Tabelle auf:

	a)	b)	c)	d)	e)	f)
Stärke des Konzentrats	50%	50%	50%	50%	50%	50%
Menge der Lösung	500 ml	500 ml	500 ml	500 ml	500 ml	500 ml
Menge des Konzentrats	500 ml	250 ml	125 ml	62,5 ml	31,25 ml	15,625 ml
Wasser	0 ml	250 ml	375 ml	437,5 ml	468,75 ml	484,375 ml
Stärke der Lösung	50%	25%	12,5%	6,25%	3,125%	1,5625%

Aus dieser Tabelle erkennt die Mutter, dass sie weniger als 31,25 ml und mehr als 15,625 ml Konzentrat braucht. Ihr ist klar geworden: J e m e h r W a s s e r dem Konzentrat zugegeben wird, um s o n i e d r i g e r wird die S t ä r k e d e r L ö s u n g.

> Die Stärken der Lösungen verhalten sich also umgekehrt proportional zu den Mengen!

Um aus dieser Überlegung eine allgemeine Formel abzuleiten, verwenden wir Abkürzungen.

Konzentratmenge	= **KM**	Lösungsmenge	= **LM**
Konzentratstärke	= **KS**	Lösungsstärke	= **LS**

Konzentratstärke	:	Lösungsstärke	=	Konzentratmenge	:	Lösungsmenge
KS	:	LS	=	KM	:	LM

Durch Umstellen der Formel leiten wir die Formel zur Berechnung der Konzentratmenge ab.

Umgekehrt proportional:

Außenglied · Innenglied ≙ Innenglied · Außenglied

$$KS : LS = KM : LM$$

Grundformel: $KS \cdot KM = LS \cdot MS$ | : KS

$$\frac{\not{KS} \cdot KM}{\not{KS}} = \frac{LS \cdot LM}{KS}$$

$$KM = \frac{LS \cdot LM}{KS}$$

Beispiel Mit Hilfe dieser Formel kann Tinys Mutter die genaue Konzentratmenge berechnen. KS = 50%, LS = 2%, LM = 500 ml, KM = ?

$$KM = \frac{LS \cdot LM}{KS} = \frac{2\% \cdot \overset{10}{\cancel{500}}\ ml}{\underset{1}{\cancel{50}}\%} = \mathbf{20\ ml}$$

Sie muss also 20 ml Desinfektionskonzentrat abmessen und den Messbecher bis zur 500-ml-Markierung mit Wasser auffüllen. Dazu braucht sie 480 ml Wasser, denn die 500 ml der gebrauchsfertigen Lösung bestehen ja aus Konzentrat und Wasser.

Probe

$$KS \cdot KM = LS \cdot LM$$
$$50 \cdot 20 = 2 \cdot 500$$
$$1000 = 1000$$

Konzentrat = zu verdünnendes Mittel (z. B. Desinfektionsmittel, Shampoo, Wellmittel, Wasserstoffperoxid)
- KS = Konzentrationsstärke in % (KS ist immer g r ö ß e r als LS!)
- KM = Konzentrationsmenge in ml, cm^3, l (KM ist immer k l e i n e r als LM!)

Lösung = gebrauchsfertiges Mittel (z. B. Blondierbrei, Farbbrei, Desinfektionsmittellösung)
- LS = Lösungsstärke in % (LS ist immer k l e i n e r als KS!)
- LM = Lösungsmenge in ml, cm^3, l (LM ist immer g r ö ß e r als KM!)

Die Lösungsmenge besteht aus mindestens zwei verschiedenen Mengen:

- Beim Blondieren aus Wasserstoffperoxid (KM) und Blondiercreme oder -gel,
- beim Farbbrei aus Wasserstoffperoxid (KM) und Farbcreme,
- bei Desinfektionsmittellösungen aus Desinfektionskonzentrat (KM) und Wasser,
- bei der Blondierwäsche aus Wasserstoffperoxid (KM), Blondiermittel, Wasser und Shampoo.

Beispiel 1 Wie viel Farbcreme und 9%iges Wasserstoffperoxid müssen gemischt werden, um 120 ml eines 3%igen Farbbreis zu erhalten?

a) Zusammenstellung der gegebenen Werte:
KS = 9%, LS = 3%, LM = 120 ml, KM = ?

b) Einsetzen der Werte in die Formel und Rechnung:

$$KM = \frac{LS \cdot LM}{KS} = \frac{\overset{1}{\cancel{3}}\% \cdot 120\ ml}{\underset{3}{\cancel{9}}\%} = \frac{120}{3} = \mathbf{40\ ml}$$

c) Berechnung der Farbcrememenge:

Lösungsmenge	120 ml
Konzentratmenge (KM)	− 40 ml
	80 ml

d) Antwort: Wir brauchen 40 ml 9%iges Wasserstoffperoxid und 80 ml Farbcreme, um 120 ml eines 3%igen Farbbreis herzustellen.

Beispiel 2 Aus 12%igem Wasserstoffperoxid sollen 300 ml einer 3%igen Lösung zur Desinfektion hergestellt werden. Wie viel ml Konzentrat und Wasser brauchen wir dazu?

a) KS = 12%, LS = 3%, LM = 300 ml, KM = ?

b) $$KM = \frac{LS \cdot LM}{KS} = \frac{\overset{1}{\cancel{3}}\% \cdot 300\ ml}{\underset{4}{\cancel{12}}\%} = \frac{300}{4} = \mathbf{75\ ml}$$

c)

Lösungsmenge	300 ml
Konzentratmenge	− 75 ml
	225 ml

d) Es müssen 75 ml 12%iges Wasserstoffperoxid mit 225 ml Wasser verdünnt werden.

Beispiel 3 Für 180 ml eines 6%igen Farbbreis wurden 12%iges Wasserstoffperoxid und 40 ml Wasser genommen. Wie viel H_2O_2 und Farbcreme sind enthalten?

a) KS = 12%, LS = 6%, LM = 180 ml, KM = ?

b) $$KM = \frac{LS \cdot LM}{KS} = \frac{\overset{1}{\cancel{6}}\% \cdot 180\ ml}{\underset{2}{\cancel{12}}\%} = \frac{180\ ml}{2} = \mathbf{90\ ml}$$

c)

Lösungsmenge	180 ml
Wasser	− 40 ml
Konzentratmenge	− 90 ml
	50 ml

d) Die Färbemasse enthält 90 ml 12%iges H_2O_2 und 50 ml Farbcreme.

Übungsaufgaben

1. Berechnen Sie die Konzentratmenge

	Lösungs-menge LM	Lösungs-stärke LS	Konzen-trat-stärke KS
a)	500 ml	5%	100%
b)	120 ml	4%	6%
c)	250 ml	6%	100%
d)	84 ml	3%	18%
e)	240 ml	0,5%	6%
f)	360 ml	0,3%	18%

2. Ergänzen Sie KM und Wasser

	LM	LS	KS
a)	140 ml	6%	20%
b)	160 ml	9%	36%
c)	1000 ml	0,2%	20%
d)	280 ml	5%	100%
e)	100 ml	0,3%	5%
f)	60 ml	7%	35%

3. Aus 30%igem Wasserstoffperoxid sollen folgende Lösungen hergestellt werden:

   a) 500 ml 3%ige Lösung
   b) 600 ml 6%ige Lösung
   c) 400 ml 9%ige Lösung
   d) 750 ml 12%ige Lösung
   e) 520 ml 18%ige Lösung

   Wie viel Konzentrat und Wasser müssen jeweils gemischt werden?

4. 98%iger Ethylalkohol soll a) auf 36%, b) auf 20%, c) auf 30% Lösungsstärke herab gesetzt werden. Wie viel Alkohol und Wasser müssen Sie mischen, um jeweils 500 ml der Lösungen zu erhalten.

5. Wie viel ml 36%iges Wasserstoffperoxid und Wasser müssen gemischt werden, um 180 ml einer 7%igen Lösung zu bekommen?

6. Wie viel 12%iges Wasserstoffperoxid und Farbcreme müssen Sie mischen, um 240 ml eines 3,6%igen Farbbreis herzustellen?

7. 360 ml einer 4,5%igen Färbemasse wurden aus 12%igem Wasserstoffperoxid, Farbcreme und 80 ml Wasser hergestellt. Wie viel H_2O_2 und Farbcreme sind darin enthalten?

8. 90 ml Blondiermasse sind 6%ig. Zum Mischen wurden 12%iges Wasserstoffperoxid, 20 ml Wasser und Blondiergel verwendet. Wie viel H_2O_2 und Blondiermittel wurden gebraucht?

9. Tiny soll aus 1 l 18%igem Wasserstoffperoxid 600 ml 12%ige, 750 ml 9%ige und 450 ml 6%ige Lösung herstellen. Sie verschüttet 80 ml des Konzentrats. Reicht das restliche Konzentrat für die Lösungen aus?

10. Zur Blondierwäsche werden 150 ml 1,8%ige Lösung gebraucht. Die Blondiermasse enthält 10 ml Shampoo und 50 ml Wasser. Wie viel 9%iges Wasserstoffperoxid und Blondiergel brauchen Sie?

7.2 Berechnen der Lösungsmenge

Aus Erfahrung wird man klug! Nachdem die Aufregung vergessen und der Junior wieder fröhlich herumspringt, beschließt Tinys Mutter, sich die restlichen 80 ml des 50%igen Desinfektionsmittelkonzentrats gleich als gebrauchsfertige 2%ige Lösung hinzustellen. Wie viel ml Wasser muss sie zufügen, und wie groß muss ihre „Notfallflasche" für die 2%ige Lösung sein?

Tinys Mutter muss also 80 ml des 50%igen Konzentrats mit Wasser auf eine 2%ige Lösung verdünnen. Um diese Aufgabe zu lösen, beginnen wir wieder mit der Zusammenstellung der gegebenen Werte: KS = 50%, LS = 2%, KM = 80 ml, LM = ?

Gesucht wird die Lösungsmenge, aus der durch Abzug der Konzentratmenge das nötige Wasser berechnet werden kann. Wir gehen von der Grundformel aus und stellen sie so um, dass LM allein auf der linken Seite der Gleichung steht.

Konzentratstärke	·	Konzentratmenge	=	Lösungsstärke	·	Lösungsmenge
KS	·	KM	=	LS	·	LM

$$KS \cdot KM = LS \cdot LM \qquad | : LS$$

$$\frac{KS \cdot KM}{LS} = \frac{\not{LS} \cdot LM}{\not{LS}}$$

$$LM = \frac{KS \cdot KM}{LS}$$

Durch Einsetzen der gegebenen Werte in die Formel ergibt sich:

$$LM = \frac{50\% \cdot \overset{40}{\not{80}}\,\text{ml}}{\underset{1}{\not{2}\%}} = 50 \cdot 40 = \mathbf{2000\ ml}$$

Berechnen der Wassermenge:

Lösungsmenge	2000 ml
Konzentratmenge	− 80 ml
	1920 ml Wasser

Die Mutter braucht eine 2-l-Flasche und muss das Konzentrat mit 1920 ml Wasser verdünnen.

Beispiel 1 100 ml 9%iges Wasserstoffperoxid sollen durch Zugabe von Wasser auf 3% verdünnt werden. Wie viel Lösung erhält man?

a) Zusammenstellung der gegebenen Werte:
KS = 9%, LS = 3%, KM = 100 ml, LM = ?

b) Einsetzen der Werte in die Formel und Rechnung

$$LM = \frac{KS \cdot KM}{LS} = \frac{\overset{3}{\not{9}}\% \cdot 100\ \text{ml}}{\underset{1}{\not{3}\%}} = 3 \cdot 100 = \mathbf{300\ ml}$$

c) Antwort: Aus 100 ml 9%igem Wasserstoffperoxid erhält man 300 ml 3%ige Lösung.

Beispiel 2 Aus 180 ml 12%igem Wasserstoffperoxid soll eine 9%ige Lösung hergestellt werden. Wie viel Wasser müssen Sie zufügen?

a) KS = 12%, LS = 9%, KM = 180 ml, LM = ?

b) $LM = \frac{KS \cdot KM}{LS} = \frac{12\% \cdot \overset{20}{\not{180}}\,\text{ml}}{\underset{1}{\not{9}\%}} = 12 \cdot 20 = \mathbf{240\ ml}$

c)

Lösungsmenge	240 ml
Konzentratmenge	− 180 ml
	60 ml Wasser

d) Dem 12%igen H_2O_2-Konzentrat müssen 60 ml Wasser zugegeben werden, um eine 9%ige Lösung zu erhalten.

Beispiel 3 60 ml 12%iges Wasserstoffperoxid werden mit Farbcreme und 20 ml Wasser zu einer 6%igen Lösung vermischt. Wie viel Farbcreme ist enthalten?

a) KS = 12%, LS = 6% KM = 60 ml, LM = ?

b) $LM = \frac{KS \cdot KM}{LS} = \frac{12\% \cdot \overset{10}{\cancel{60}}\, ml}{\underset{1}{\cancel{6}}\%} = \mathbf{120\ ml}$

c) Lösungsmenge 120 ml
Konzentratmenge − 60 ml
Wasser − 20 ml

40 ml Farbcreme

d) Die Lösung enthält 40 ml Farbcreme.

Übungsaufgaben

1. Ergänzen Sie LM

	KS	LS	KM
a)	30%	5%	120 ml
b)	96%	20%	40 ml
c)	18%	4,5%	240 ml
d)	36%	9%	200 ml
e)	100%	12%	60 ml
f)	12%	3%	360 ml

2. Ergänzen Sie LM und Wasser

	KS	LS	KM
a)	80%	4%	225 ml
b)	30%	9%	45 ml
c)	6%	2%	80 ml
d)	12%	8%	400 ml
e)	18%	6%	350 ml
f)	100%	0,5%	30 ml

3. Je 600 ml 30%iges Wasserstoffperoxid werden auf eine Lösungsstärke von a) 6%, b) 9%, c) 12%, d) 3% herabgesetzt. Wie viel ml der fertigen Lösung entstehen?

4. Wie viel ml 6%ige H_2O_2-Lösung erhalten Sie aus
   a) 30 ml 9%igem H_2O_2?
   b) 120 ml 12%igem H_2O_2?
   c) 250 ml 12%igem H_2O_2?

5. Wie viel ml destilliertes Wasser müssen Sie zu je 100 ml 98%igem Ethanol geben, um eine a) 40%ige, b) 50%ige, c) 25%ige Alkohollösung zu erhalten?

6. Wie viel ml Blondiermittel enthält eine 3%ige Blondierwäsche, die aus 30 ml 12%igem H_2O_2, 10 ml Shampoo, 30 ml Wasser und Blondiercreme hergestellt wurde?

7. Damit Tommy beim Fußballturnier auch die zweite Halbzeit übersteht, soll er jeden Tag 125 ml eines 32%igen Fitness-Mineral-Extrakts bekommen. Tiny kauft 1 l des 100%igen Extrakts in der Apotheke. Wie viel Tage reicht die Flasche?

8. Onkel Hugo hat Kartoffeln angebaut und Schnaps gebrannt. Nach der Destillation hat er 6 l 90%igen Ethanol. Er will das teuflische Konzentrat auf eine Trinkstärke von 36% herabsetzen und gibt zur Geschmacksverbesserung 200 ml Pfefferminzöl hinzu.
   a) Wie viel Wasser muss er zugeben?
   b) Wie viele Flaschen kann er in den Keller bringen, wenn er seine „Medizin" in $^3/_4$-l-Flaschen abfüllt?

9. Tiny will sich 36%igen Rum mit Cola auf 4% Alkoholgehalt herabsetzen. Wie viel Cola muss sie zu 20 ml Rum geben?

10. Wie viel Liter Desinfektionslösung erhalten Sie, wenn Sie 125 ml 60%iges Konzentrat auf eine 1,5%ige gebrauchsfertige Lösung verdünnen?

7.3 Berechnen der Lösungsstärke

Tommys kleiner Bruder kommt mit dem geliehenen Dackel vom Spaziergang zurück. Beide sehen aus wie Schweine und schleichen sich sofort ins Bad. Der Kleine will es besonders gut machen und gibt 1 l des 100%igen Shampookonzentrats in das einlaufende Badewasser. Nach einiger Zeit hören Tiny und Tommy Protestgebell aus dem Bad. Beim Öffnen der Tür kommen ihnen Schaumberge entgegen. Tommys Bruder und der Dackel sind in der weißen Pracht kaum noch zu sehen (7.1). Tiny lacht sich halbtot: „Eine Waschlösung darf doch nicht über 0,05% sein!" sagt sie, als der Kleine ihr die leere Literflasche zeigt. Wie stark war das „Doppelbad"?

7.1 Doppelbad im Schaumgebirge

Hier wird die Lösungsstärke gesucht. Wir beginnen wieder mit der Aufstellung der gegebenen Werte: KS = 100%, KM = 1 l, LM = 1 l Konzentrat + (angenommen) 79 l Wasser = 80 l, LS = ?

Dann müssen wir die Grundformel so umstellen, dass LS allein auf der linken Seite der Gleichung steht:

$$\boxed{KS \cdot KM = LS \cdot LM} \qquad |:LM$$

$$\frac{KS \cdot KM}{LM} = \frac{LS \cdot \cancel{LM}}{\cancel{LM}} \qquad \boxed{LS = \frac{KS \cdot KM}{LM}}$$

Die gegebenen Werte werden in die Formel eingesetzt:

$$LS = \frac{KS \cdot KM}{LM} = \frac{\overset{5}{\cancel{100}}\% \cdot 1\cancel{l}}{\underset{4}{\cancel{80}}\cancel{l}} = \frac{5}{4}\% = \mathbf{1{,}25\%}$$

Die Waschlösung der beiden Helden war 1,25%ig und viel zu konzentriert! Übrigens: Wie viel Konzentrat hätte Tommys Bruder nehmen müssen? Sie können es ausrechnen, denn KM = ?

Beispiel 1 60 ml Blondiercreme werden mit 30 ml 9%igem Wasserstoffperoxid gemischt. Wie stark ist die Blondiermasse?

a) Zusammenstellung der gegebenen Werte:
KS = 9%, KM = 30 ml, LM = 60 ml + 30 ml = 90 ml, LS = ?

b) Einsetzen der Werte in die Formel und Rechnung:

$$LS = \frac{KS \cdot KM}{LM} = \frac{9\% \cdot \not{3}0\,ml}{\not{9}0\,ml} = \frac{9}{3}\% = \mathbf{3\%}$$

(gekürzt: $\not{9}0$ → 3)

c) Antwort: Die Blondiermasse aus 60 ml Creme und 30 ml 9%igem H_2O_2 ist 3%ig.

Beispiel 2 40 ml Haarfarbe werden mit 40 ml 9%igem Wasserstoffperoxid und 20 ml Wasser vermischt. Wie stark ist der Färbebrei?

a) KS = 9%, KM = 40 ml, LM = 40 ml + 40 ml + 20 ml = 100 ml, LS = ?

b) $LS = \frac{KS \cdot KM}{LM} = \frac{9\% \cdot 4\not{0}\,ml}{10\not{0}\,ml} = \frac{36}{10}\% = \mathbf{3{,}6\%}$

c) Der Färbebrei ist 3,6%ig.

> Bei der Zusammenstellung der gegebenen Werte dürfen Sie nicht vergessen, dass die Lösungsmenge aus dem Konzentrat u n d Farbe, Blondiermittel usw. u n d möglicherweise Wasser besteht. Diese Mengen müssen also zur Lösungsmenge a d d i e r t werden.

Übungsaufgaben

1. Berechnen Sie die Lösungsstärke

	KS	KM	LM
a)	30%	60 ml	300 ml
b)	18%	15 ml	135 ml
c)	9%	20 ml	60 ml
d)	12%	160 ml	640 ml
e)	30%	60 ml	120 ml
f)	96%	50 ml	2400 ml

2. Ergänzen Sie LM und LS

	KS	KM	Wasser
a)	6%	70 ml	280 ml
b)	9%	45 ml	105 ml
c)	12%	28 ml	92 ml
d)	3%	150 ml	450 ml
e)	6%	120 ml	200 ml
f)	18%	60 ml	300 ml

3. Berechnen Sie die Lösungsstärken folgender Mischungen:

a) 30 ml 12%iges H_2O_2, 60 ml Farbe
b) 55 ml 9%iges H_2O_2, 125 ml Farbe
c) 20 ml 12%iges H_2O_2, 20 ml H_2O, 40 ml Farbe
d) 75 ml 9%iges H_2O_2, 150 ml Blondiergel
e) 40 ml 12%iges H_2O_2, 60 ml Farbe, 20 ml H_2O
f) 50 ml 12%iges H_2O_2, 50 ml Farbe, 25 ml H_2O

4. Zur Strähnenblondierung werden 25 ml Blondiercreme und 20 ml 9%iges H_2O_2 gemischt. Die fertige Mischung soll 6% nicht übersteigen. Darf die Blondiermasse aufgetragen werden?

5. Nach einer extremen Hellerfärbung ist das Haar der Kundin stark porös. Die Färbung wurde mit 60 ml 12%igem H_2O_2 und 120 ml Spezialfarbe durchgeführt. Wie stark war die Mischung?

6. Zur Maniküre stellt Tiny ein Fingerbad aus 205 ml Wasser, 15 ml Shampoo und 20 ml 9%igem H_2O_2 her. Wie stark ist der H_2O_2-Gehalt?
7. In der Kosmetikzeitschrift liest Tiny ein Rezept für ein Akne-Gesichtswasser.

   75 ml 99%igen Isopropylalkohol
   5 ml Kamillenextrakt
   1 ml Salizylsäure
   69 ml destilliertes Wasser

   Wie hoch ist der Alkoholgehalt des Präparats?
8. In einer Haarwaschmittel-Produktinformation stehen folgende Angaben:

   Inhalt 500 ml
   Rückfetter
   Anti-Schuppen-Wirkstoffe
   Konservierungsmittel
   destilliertes Wasser
   45 ml 96%iges ampholytisches WAS-Konzentrat
   45 ml 96%iges nicht ionogenes WAS-Konzentrat

   Wie stark ist die WAS-Gesamtkonzentration des Shampoos?
9. Die fröhlichen Mitarbeiter eines Salons zapfen nach Feierabend die 0,75-l-Flasche Obstschnaps des Chefs an. Sie stibitzen $^1/_4$ l und füllen den 40%igen Schnaps „der Ordnung halber" mit Wasser auf. Wie groß ist der Alkoholgehalt der neuen Mischung?
10. Welcher Färbebrei hat den höheren Wasserstoffperoxid-Gehalt?
    a) 60 ml Farbe, 60 ml 6%iges H_2O_2, 30 ml Wasser
    b) 60 ml Farbe, 30 ml 9%iges H_2O_2, 60 ml Wasser

7.4 Berechnen der Konzentratstärke

Onkel Heinrich kommt begeistert vom Eiermarkt zurück. Er konnte die braunen Eier 3 Pfennige teurer verkaufen als die weißen. Daraufhin versucht das Schlitzohr, den Hühnern mit dem Futter braune Farbstofftabletten zu verabreichen. Nachdem die Idee nicht zu braunen Eiern führte, färbt er einigen Hühnern die Federn braun. Doch vergebens – die Eier bleiben weiß. Tante Berta hat eine bessere Idee. Sie zieht sich für eine Stunde in die Küche zurück und braut aus Zwiebelschalen, Wurzeln und allerhand Zweigen ein Farbstoffkonzentrat. Sie will die Eier in 2 Litern einer 2%igen Farbstofflösung einfärben. Wie stark müssen ihre 100 ml Konzentrat sein, um die nötige Lösung herzustellen?

Tante Berta hat 100 ml Konzentrat und braucht 2 l 2%ige lösung. Berechnet werden muss also die Konzentratstärke.

Zusammenstellung der gegebenen Werte: KM = 100 ml, LM = 2 l = 2000 ml, LS = 2%, KS = ?

Zur Berechnung muss die Grundformel nach KS aufgelöst werden.

$$\boxed{KS \cdot KM = LS \cdot LM} \quad | : KM$$

$$\frac{KS \cdot \not{KM}}{\not{KM}} = \frac{LS \cdot LM}{KM} \qquad \boxed{KS = \frac{LS \cdot LM}{KM}}$$

Durch Einsetzen der gegebenen Werte in die Formel erhalten wir:

$$KS = \frac{2\% \cdot 2000\text{ ml}}{100\text{ ml}} = \frac{2\% \cdot 20\not{00}\text{ ml}}{1\not{00}\text{ ml}} = 2\% \cdot 20 = \mathbf{40\%}$$

Um die 2%ige Lösung herzustellen, muss das Konzentrat 40%ig sein.

Beispiel Eine 3%ige Färbemasse wurde aus 30 ml Wasserstoffperoxid und 60 ml Farbe gemischt. Wie stark war das Konzentrat?

a) KM = 30 ml, LM = 30 ml + 60 ml = 90 ml, LS = 3%, KS = ?

b) $KS = \frac{LS \cdot LM}{KM} = \frac{3\% \cdot \overset{3}{\cancel{90}}\,ml}{\underset{1}{\cancel{30}}\,ml} = \mathbf{9\%}$

c) Die Färbemasse wurde aus 9%igem Wasserstoffperoxid hergestellt.

Übungsaufgaben

1. Wie stark war das Konzentrat?

	LS	LM	KM
a)	4%	200 ml	50 ml
b)	3,6%	350 ml	90 ml
c)	7,5%	450 ml	125 ml
d)	6,8%	420 ml	80 ml
e)	40%	600 ml	480 ml
f)	0,5%	100 ml	20 ml

2. Welche H_2O_2-Konzentrationen wurden für folgende Mischungen verwendet?
   a) 30 ml Farbcreme,
   20 ml Wasser,
   30 ml H_2O_2
   Lösungsstärke = 4,5%
   b) 60 ml Farbcreme,
   40 ml H_2O_2
   Lösungsstärke = 3,6%
   c) 45 ml Blondiergel,
   15 ml Wasser,
   40 ml H_2O_2
   Lösungsstärke = 2,4%

3. 50 ml einer gebrauchsfertigen Shampoolösung enthalten 15% WAS. Die Lösung wurde durch Verdünnen des Konzentrats mit 40 ml Wasser hergestellt. Wie stark war das Konzentrat?

5. 30 ml Wellmittel wurde mit 45 ml Wasser verdünnt. Die Mischung enthält 2,8% Reduktionsmittel. Wie hoch ist der Reduktionsmittelanteil der unverdünnten Wellflüssigkeit?

6. Eine Flasche mit 12%igem Wasserstoffperoxid stand längere Zeit geöffnet in der Mixecke. Mit Hilfe einer Messspindel stellt eine Friseurin aus den 720 ml des Wasserstoffperoxids 900 ml einer 12%igen Lösung her. Um wie viel % war die Konzentration des 12%igen Wasserstoffperoxid verringert?

7. Tiny soll 20 ml 9%iges H_2O_2, 60 ml Farbcreme und 20 ml Wasser für eine Färbung anrühren. Sie passt nicht auf und nimmt die falsche H_2O_2-Flasche. Ihre Färbemasse wird 2,4%ig und die Färbung zu hell. Welches H_2O_2-Konzentrat hat sie genommen?

8. Zur Reinigung und Desinfektion von Kunststoffwicklern braucht Tiny eine 2,5%ige Lösung. Aus der Maßtabelle des Desinfektionsmittels liest sie ab, dass sie für 5 l 2,5%ige Lösung 200 ml Konzentrat braucht. Wie stark ist das Konzentrat?

4. Ergänzen Sie die fehlenden Angaben in der Tabelle:

	LS	LM	Farbe	Wasser	KM	KS
a)	3%	300 ml	100 ml	? ml	100 ml	?%
b)	3,6%	? ml	120 ml	60 ml	60 ml	?%
c)	2%	240 ml	? ml	100 ml	40 ml	?%
d)	3%	180 ml	75 ml	15 ml	? ml	?%
e)	4%	135 ml	60 ml	? ml	45 ml	?%
f)	3,3%	250 ml	? ml	10 ml	110 ml	?%

9. Welche der beiden Blondierlösungen wurde mit dem stärkeren Konzentrat hergestellt?

   a) 60 ml Blondiercreme, 30 ml Wasser, 30 ml H_2O_2
   Lösungsstärke 2,25 %

   b) 60 ml Blondiercreme, 20 ml Wasser, 40 ml H_2O_2, Lösungsstärke 4%

10. 120 ml eines 3%igen Färbebreis enthalten 60 ml Farbe und 20 ml Wasser. Welche Menge einer wie starken H_2O_2-Lösung wurden verwendet?

Konzentratstärke · Konzentratmenge = Lösungsstärke · Lösungsmenge
KS · KM = LS · LM

Aus dieser Grundformel abgeleitet:

$$KS = \frac{LS \cdot LM}{KM} \qquad KM = \frac{LS \cdot LM}{KS} \qquad LS = \frac{KS \cdot KM}{LM} \qquad LM = \frac{KS \cdot KM}{LS}$$

KS und KM = zu verdünnendes Mittel (z.B. H_2O_2, Desinfektionsmittel, Shampoo)

LS und LM = gebrauchsfertiges Mittel, enthält immer das Konzentrat und das Verdünnungsmittel (z.B. Farbe, Wasser Blondiergel)

LS ist immer kleiner als KS, LM größer als KM.

7.5 Mischungsverhältnis

In der Gebrauchsanweisung von Wellmitteln, Fixierungen, Haarfarben oder Shampookonzentraten ist häufig ein Mischungsverhältnis angegeben.

Beispiel Wellmittel bei gefärbtem Haar 1 : 2

Dabei bezieht sich die erste Zahl auf das Konzentrat und die zweite auf das Verdünnungsmittel.

1 : 2 heißt also: 1 Teil Wellmittel muss mit 2 Teilen Verdünnungsmittel (Wasser) gemischt werden.

Ein Mischungsverhältnis lässt sich auf jede Lösungsmenge übertragen. Dazu überlegen wir: Werden z.B. 120 ml des verdünnten Wellmittels gebraucht, besteht die verdünnte Lösung aus insgesamt 3 Teilen (1 Teil Wellmittel und 2 Teile Wasser). Die Konzentratmenge und die Menge des Verdünnungsmittels lassen sich nun mit einem einfachen Dreisatz ermitteln.

3 Teile = 120 ml

1 Teil (Wellmittel) $= \frac{120}{3}$ ml = **40 ml**

2 Teile (Wasser) $= \frac{120 \cdot 2}{3}$ ml, 1 Teil = **80 ml**

Für 120 ml im Verhältnis 1 : 2 gemischte Wellmittellösung nehmen wir also 40 ml Wellmittel und 80 ml Wasser.

Beispiel Wie viel ml gebrauchsfertige Lösung erhalten Sie aus 20 ml Shampookonzentrat, wenn das Konzentrat im Verhältnis 1 : 15 mit Wasser gemischt wird?

Lösung
1 Teil = 20 ml
15 Teile = 20 ml · 15 = 300 ml

Konzentrat 20 ml
Wasser + 300 ml
320 ml gebrauchsfertige Lösung

oder kürzer:
1 Teil = 20 ml
16 Teile = 20 ml · 16 = **320 ml** gebrauchsfertige Lösung

> Die Lösungsmenge ist das Produkt aus dem Konzentrat und der Summe aller Teile des Mischungsverhältnisses.

Übungsaufgaben

1. Ein Wellmittel wird bei gefärbtem Haar 1 : 3 verdünnt. Wie viel ml Konzentrat und Wasser müssen Sie mischen, um 160 ml gebrauchsfertige Lösung herzustellen?
2. Berechnen Sie Konzentrat und Wassermenge folgender Mischungsverhältnisse.

	Mischungsverhältnis	Lösungsmenge
a)	1 : 5	120 ml
b)	1 : 3	90 ml
c)	2 : 5	140 ml
d)	2 : 3	200 ml
e)	3 : 5	240 ml
f)	4 : 5	270 ml

3. Wie viel ml Konzentrat werden für folgende Shampoolösungen gebraucht?

	Lösungsmenge	Mischungsverhältnis
a)	550 ml	1 : 10
b)	1000 ml	1 : 15
c)	210 ml	1 : 6
d)	585 ml	1 : 12
e)	1,045 l	1 : 19
f)	0,75 l	1 : 5

4. 1 l Spezialwellmittel kostet 33,– DM. Das Mischungsverhältnis bei porösem Haar beträgt 1 : 3. Berechnen Sie den Wellmittelpreis für 140 ml einer gebrauchsfertigen Lösung.
5. Eine Färbemasse wird im Verhältnis 1 : 2 mit 9%igem Wasserstoffperoxid angerührt. 80 ml Farbe kosten 7,65 DM, 1 l 9%iges H_2O_2 12,60 DM. Wie hoch sind die Materialkosten bei 120 ml Färbemasse und 15% Mehrwertsteuer.
6. Wie viel ml Konzentrat enthalten 250 ml einer Shampoolösung, die im Verhältnis 1 : 4 gemischt wurde?
7. Wie viel ml Lösung erhält man aus folgenden Konzentraten?

	KM	Mischungsverhältnis
a)	30 ml	1 : 10
b)	45 ml	1 : 15
c)	110 ml	1 : 20
d)	0,5 l	2 : 5
e)	$^3/_4$ l	3 : 4
f)	55 ml	1 : 2,5

8. 1 l eines Desinfektionsmittels kostet 8,95 DM. Zur Reinigung der Waschbecken und Stuhllehnen werden täglich 4,5 l in einer Verdünnung von 1 : 24 verbraucht. Was kostet die Desinfektion monatlich (20 Arbeitstage)?

9. 180 ml Blondiermasse wurden aus Blondiercreme und 6%igem Wasserstoffperoxid im Verhältnis 1 : 2 gemischt.
   a) Wie viel ml H_2O_2 enthält die Lösung?
   b) Wie stark ist die Lösung?

10. Eine Tonspülung wird je nach der gewünschten Farbintensität in den Mischungsverhältnissen a) 1 : 75, b) 1 : 50, c) 1 : 25 verdünnt. Wie viel ml Konzentrat braucht man für je 500 ml Lösung?

7.6 Mischungskreuz

Onkel Heinrich hat Sorgen. Diesmal ist der Sommer total verregnet und das Obst entsprechend sauer. Der Saft hat nur 3% Fruchtzucker. Der Letztjährige hatte immerhin 9%. Tante Berta probiert und verzieht das Gesicht. Um sie bei Laune zu halten, kommt er auf die Idee, den neuen Saft mit dem Vorjährigen zu mischen. Tante Berta fordert energisch mindestens 5% Fruchtzuckergehalt.

Onkel Heinrich muss also berechnen, wie viel Saft er vom 9%igen mit dem 3%igen zu mischen hat, um einen Fruchtzuckergehalt von 5% zu erhalten. Dazu zeigt Tiny ihm das Mischungskreuz.

a) Gegebene Werte: Konzentration der stärkeren Ausgangslösung 9%, der schwächeren 3%. Gewünschte Konzentration 5%.

b) Wir schreiben die Konzentration der stärkeren Lösung nach links oben an das Mischungskreuz und die der schwächeren nach links unten. In den Schnittpunkt der Linien wird die gewünschte Konzentration geschrieben.

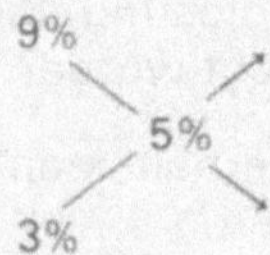

c) Nun nehmen wir die Differenz zwischen der stärkeren Lösung und der gewünschten Konzentration (Mitte) und schreiben sie nach rechts unten (in Pfeilrichtung). Die Differenz zwischen der schwächeren Lösung und der gewünschten Konzentration kommt dagegen nach rechts oben.

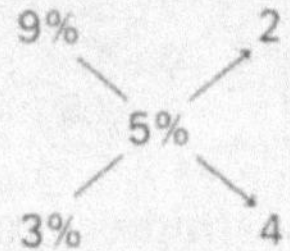

Die beiden Zahlen auf der rechten Seite des Mischungskreuzes entsprechen den jeweiligen Anteilen an der Mischung. Abgelesen wird waagerecht!

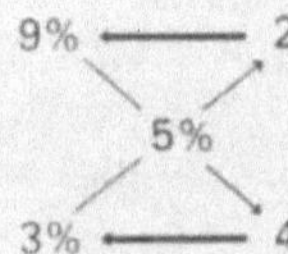

Wir brauchen für die 5%ige Mischung also
2 Teile 9%igen Saft und
4 Teile 3%igen Saft.

Das Mischungsverhältnis ist also 2 : 4, gekürzt **1 : 2**.

d) Tante Berta will täglich 1500 ml Saft trinken. Die Summe der Teile (1 Teil 9%ig, 2 Teile 3%ig = 3 Teile) entspricht der herzustellenden Gesamtmenge.

3 Teile ≙ 1500 ml Saft

1 Teil ≙ $\frac{1500}{3}$ = **500 ml Saft** 2 Teile ≙ $\frac{1500 \cdot 2}{3}$ = **1000 ml Saft**

Onkel Heinrich muss also 500 ml 9%igen Saft mit 1000 ml 3%igem mischen, um 1500 ml 5%igen Saft zu erhalten.

Konzentration der **stärkeren** Ausgangslösung		Volumenanteile der **stärkeren** Lösung
	gewünschte Konzentration	
Konzentration der **schwächeren** Ausgangslösung		Volumenanteile der **schwächeren** Lösung

Die Summe der Volumenanteile beider Lösungen entspricht der Lösungsmenge.

Beispiel 1 Wie viel ml 3%iges Wasserstoffperoxid muss mit 12%igem gemischt werden, um 450 ml 8%iges H_2O_2 zu erhalten?

a) stärkere Ausgangslösung 12%, schwächere 3%, gewünschte Konzentration 8%.

b) 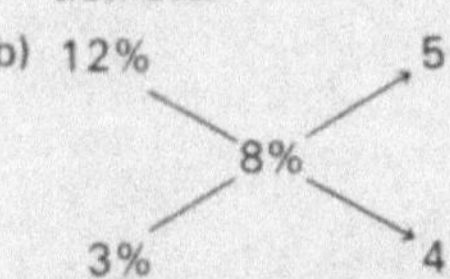

c) Mischungsverhältnis

5 : 4 5 Teile 12%iges H_2O_2 } 9 Teile
4 Teile 3%iges H_2O_2

d) 9 Teile ≙ 450 ml

1 Teil ≙ $\frac{450}{9}$ ml

5 Teile ≙ $\frac{450 \cdot 5}{9}$ = **250 ml** 4 Teile ≙ $\frac{450 \cdot 4}{9}$ = **200 ml**

Es müssen 250 ml 12%iges und 200 ml 3%iges H_2O_2 gemischt werden, um 450 ml 8%iges zu erhalten.

Natürlich lassen sich auch Aufgaben zum Verdünnen von Konzentraten mit Wasser (Farbe, Blondiermittel usw.) mit Hilfe des Mischungskreuzes lösen. Da das Verdünnungsmittel in diesem Fall kein H_2O_2 (Alkohol, Desinfektionsmittel usw.) hat, ist der Prozentsatz der schwächeren Lösung Null.

Beispiel 2 700 ml einer 2,5%igen Desinfektionslösung sollen durch Verdünnen mit Wasser aus einer 35%igen Lösung hergestellt werden.

Mischungskreuz

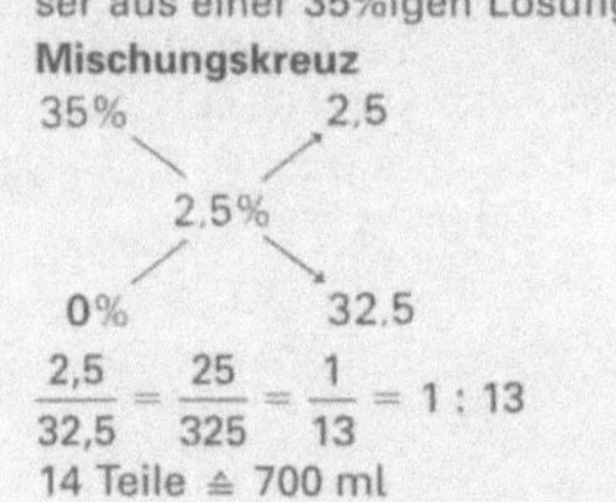

Mischungsverhältnis $\frac{2,5}{32,5} = \frac{25}{325} = \frac{1}{13} = 1:13$

14 Teile ≙ 700 ml

1 Teil ≙ $\frac{700}{14}$ = **50 ml**

13 Teile ≙ $\frac{700 \cdot 13}{14}$ = **650 ml**

Für 700 ml 2,5%ige Desinfektionslösung müssen 50 ml Konzentrat mit 650 ml Wasser verdünnt werden.

Gegeben

KS = 35%, LS = 2,5%, LM = 700 ml, KM = ?

Formel $KM = \frac{LS \cdot LM}{KS}$

$KM = \frac{2,5\% \cdot 700\text{ ml}}{35\%} = 0,5 \cdot 100 = \mathbf{50\text{ ml}}$

LM − KM = Wasser

700 ml − 50 ml = **650 ml**

Beispiel 3 30 ml 12%iges Wasserstoffperoxid werden mit Wasser auf eine 9%ige Lösungsstärke herabgesetzt. Wie viel Lösung erhält man?

Mischungskreuz

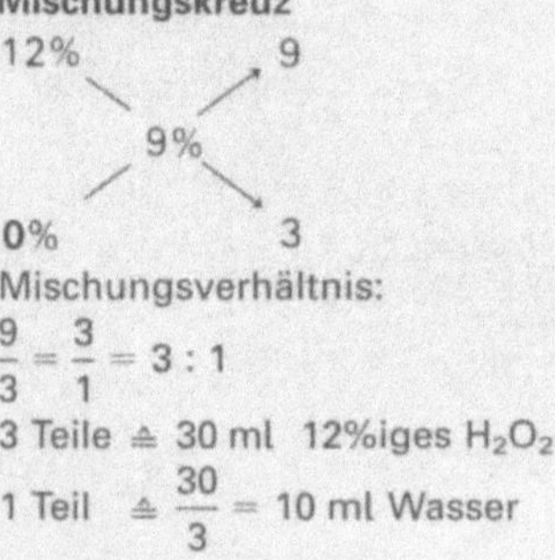

Mischungsverhältnis:

$\frac{9}{3} = \frac{3}{1} = 3:1$

3 Teile ≙ 30 ml 12%iges H_2O_2

1 Teil ≙ $\frac{30}{3}$ = 10 ml Wasser

4 Teile ≙ **40 ml Lösung**

Man erhält 40 ml Lösung.

Gegeben

KS = 12%, KM = 30 ml, LS = 9%, LM = ?

Formel $LM = \frac{KS \cdot KM}{LS}$

$LM = \frac{12\% \cdot 30\text{ ml}}{9\%} = \mathbf{40\text{ ml}}$

Übungsaufgaben

1. Geben Sie das Mischungsverhältnis an.

	Konzentrat	Verdünnungsmittel	Lösungsstärke
a)	30%iges H_2O_2	3%iges H_2O_2	9%
b)	96%iger Alkohol	Wasser	24%
c)	12%iges H_2O_2	6%iges H_2O_2	7%
d)	70%iger Alkohol	30%iger Alkohol	45%
e)	35%iges Desinfektionsmittel	Wasser	0,5%
f)	30%iges H_2O_2	12%iges H_2O_2	15%

2. Stellen Sie durch Mischen von 12%igem und 3%igem Wasserstoffperoxid folgende Lösungen her.
   a) 60 ml 6%ig
   b) 90 ml 8%ig
   c) 45 ml 10%ig
   d) 90 ml 6%ig
   e) 120 ml 5%ig
   f) 180 ml 9%ig

3. Wegen eines Bummelstreiks der Post verzögert sich eine Wasserstoffperoxidlieferung. 2,5 l 6%iges H_2O_2 und 1,5 l 18%iges sind noch vorhanden. Tiny soll durch Mischen dieser Lösungen
   a) 1 l 12%iges H_2O_2,
   b) 2 l 9%iges H_2O_2 herstellen.
   c) Wie viel ml 6- und 18%iges H_2O_2 behält sie übrig?

4. Aus 700 ml 96%igem Ethanol soll eine 70%ige Lösung zu Desinfektionszwecken hergestellt werden. Wie viel erhalten Sie?

5. Frau Holle braucht für zwei Betten neue Federbetten. Die alten hatten einen Daunenanteil von 25%, die neuen sollen 35% enthalten. Federn hat Frau Holle noch genug. Wie viel Gramm reine Daunen (100%) muss sie für die beiden Betten kaufen, wenn sie die alten verwendet und das Füllgewicht eines neuen Bettes 1,8 kg beträgt?

6. 750 ml 3%iger Wasserstoffperoxidlösung sollen aufgebraucht werden, um 12%iges H_2O_2 auf 6% Lösungsstärke herabzusetzen.
   a) Berechnen Sie das Mischungsverhältnis.
   b) Wie viel ml 6%ige Lösung können hergestellt werden?

7. Zu 200 ml 6%igem Wasserstoffperoxid wird 12%iges zugemischt, um eine 8%ige Lösung zu erhalten. Wie viel ml 18%iges werden verwendet?

8. Welche Mengen 6- und 30%iges H_2O_2 müssen gemischt werden, um 280 ml 12%iges H_2O_2 zu erhalten?

9. In der Hektik rührt Tiny 60 ml Farbcreme mit 30 ml 6%igem H_2O_2 statt mit 9%igem an.
   a) Wie stark ist die falsche Färbemasse?
   b) Wie stark muss die Färbemasse sein?
   c) Wie viel ml 18%iges H_2O_2 muss sie zumischen, um ihren Fehler zu korrigieren?

10. Auf Onkel Heinrichs Obstbäumen tummeln sich massenweise Schädlinge. Er entschließt sich zur Spritzung. Beim Anrühren des Mittels passt er nicht auf und stellt statt der geforderten 3%igen Lösung nur eine 0,3%ige her. Wie viel Liter 85%iges Konzentrat muss er zumischen, um 62 l richtige Lösung zu erhalten?

7.7 Vermischte Übungsaufgaben

1. Ergänzen Sie die fehlenden Werte in der Tabelle.

	KM	KS	LS	LM	Mischungsverhältnis
a)	30 ml	12%	3%	? ml	?
b)	50 ml	6%	?%	200 ml	?
c)	80 ml	? %	6%	640 ml	?
d)	? ml	18%	3%	150 ml	?
e)	75 ml	9%	3,6%	? ml	?
f)	40 ml	3%	?%	240 ml	?

2. Wie viel ml 6%ige Lösung erhalten Sie aus folgenden Konzentraten?
   a) 60 ml 18%ig
   b) 120 ml 12%ig
   c) 80 ml 9%ig
   d) 75 ml 30%ig

3. Wie viel ml Farbe und H_2O_2 sind in 150 ml einer 1 : 2 gemischten Färbemasse enthalten?

4. Aus 96%igem und 40%igem Ethanol wird eine 60%ige Mischung hergestellt.
   a) Nennen Sie das Mischungsverhältnis.
   b) Wie viel ml der Mischung erhalten Sie aus 30 ml 96%igem Ethanol?

5. Wie stark sind folgende Lösungen?
   a) 40 ml 98%iger Alkohol, 210 ml Wasser
   b) 60 ml 12%iges H_2O_2, 80 ml Farbe, 20 ml Wasser
   c) 35 ml Desinfektionskonzentrat (100%), 865 ml Wasser

6. 30 ml Blondiergel wurden mit 30 ml 6%igem Wasserstoffperoxid, 40 ml Wasser und 5 ml Shampoo zu einer Blondierwäsche verrührt. Ist die Mischung stärker als 1,5%ig?

7. Wie viel 12%iges Wasserstoffperoxid werden für 240 ml einer 10%igen Mischung aus 12- und 6%igem H_2O_2 gebraucht?

8. Wie stark muss das Konzentrat sein, wenn 250 ml einer 0,25%igen Lösung 3 l ergeben sollen?

9. Wie viel 75%iges Konzentrat und wie viel Wasser verbrauchen Sie für diese Lösungen?
   a) 250 ml 3%ig
   b) 360 ml 6%ig
   c) 400 ml 30%ig
   d) 520 ml 45%ig

10. 480 ml einer 12%igen Lösung sollen aus 18%igem und 9%igem Konzentrat gemischt werden.

11. Wie viel 6%ige Lösung erhalten Sie aus 200 ml 3%igem H_2O_2 und 9%igem H_2O_2?

12. Wie viel Liter Desinfektionsmittel bekommen Sie, wenn Sie 40 ml 80%iges Konzentrat auf 0,2% verdünnen?

13. Für eine Spülfixierung sind 500 ml 2%ige H_2O_2-Lösung aus 12%igem H_2O_2 herzustellen. Berechnen Sie die erforderliche Konzentrat- und Wassermenge.

14. Für eine Färbung mischt die Chefin 60 ml Haarfarbe mit 50 ml 12%igem H_2O_2 und 10 ml Wasser. Wie stark ist die Mischung?

15. Zur Blondierwäsche werden 150 ml 2%ige Lösung gebraucht. Die Blondiermasse enthält 10 ml Shampoo, 60 ml Wasser und 6%iges H_2O_2. Wie viel H_2O_2 und Blondiergel brauchen Sie?

16. 400 ml 18%iges H_2O_2 sollen verbraucht werden, um mit 6%igem H_2O_2 eine 9%ige Lösung herzustellen. Wie viel Liter Lösung erhalten Sie?

17. Wie viel ml 3%ige H_2O_2-Lösung ergibt sich aus 750 ml 12%igem Konzentrat?

18. Tiny soll zur Fußbodendesinfektion eine 0,5%ige Lösung herstellen. Sie misst 200 ml des 75%igen Desinfektionskonzentrats ab und gibt sie in einen Eimer mit 10 l Wasser. Hat sie richtig gerechnet?

19. Wie viel ml destilliertes Wasser müssen Sie zu 100 ml 98%igem Ethanol geben, um eine 12%ige Lösung zu erhalten?

20. Wie stark ist ein Farbbrei, der aus 60 ml 6%igem H_2O_2, 30 ml Wasser und 60 ml Farbcreme hergestellt wurde?

8 Zahlen als Zeichnung

8.1 Statistiken und grafische Darstellungen

Tinys Chefin ist eine Liebhaberin von Zahlen. Um einen Überblick über die monatlichen Bedienungen und Behandlungsarten zu bekommen, erstellt sie am Monatsende anhand der Bedienungszettel folgende Tabelle:

Monat: Juli
Gesamtzahl der Behandlungen (Damensalon) **586**

Behandlungsart	Anzahl	Anteil in Prozent
1. Wasserwelle	246	42,0%
2. Föhnfrisur	251	42,8%
3. Tönen	54	9,2%
4. Färben	118	20,1%
5. Blondieren/Strähnen	14	2,4%
6. Dauerwelle	264	45,1%
7. Schneiden	443	75,6%
8. Kurbehandlung	96	16,4%

Die Tabelle ist ein Bestandteil ihrer Salonstatistik.

> Eine Statistik ist eine übersichtliche tabellarische Darstellung von zahlenmäßig erfassten Einzelinformationen.
>
> Die Werte der Statistik lassen sich anschaulich in Schaubildern oder Diagrammen darstellen.

Säulendiagramm. Statistik ist für Tinys Chefin keine Zahlenspielerei, sondern ein Mittel, um ihren Mitarbeitern zu zeigen, welche Behandlungsarten nicht häufig genug ausgeführt werden. Dazu zeichnet sie die Zahlen als Säulen und hängt ihr Werk in die Mixecke (**8.1**).

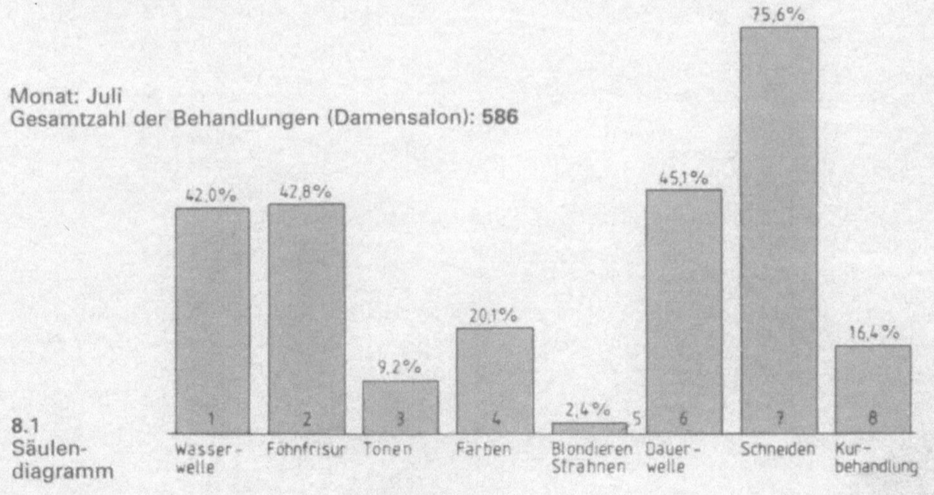

8.1 Säulendiagramm

Kurvendiagramm. Diese Statistik und das dazugehörige Schaubild hängt die Chefin nicht an die große Glocke, sondern bewahrt sie in ihrer Schublade auf (8.2).

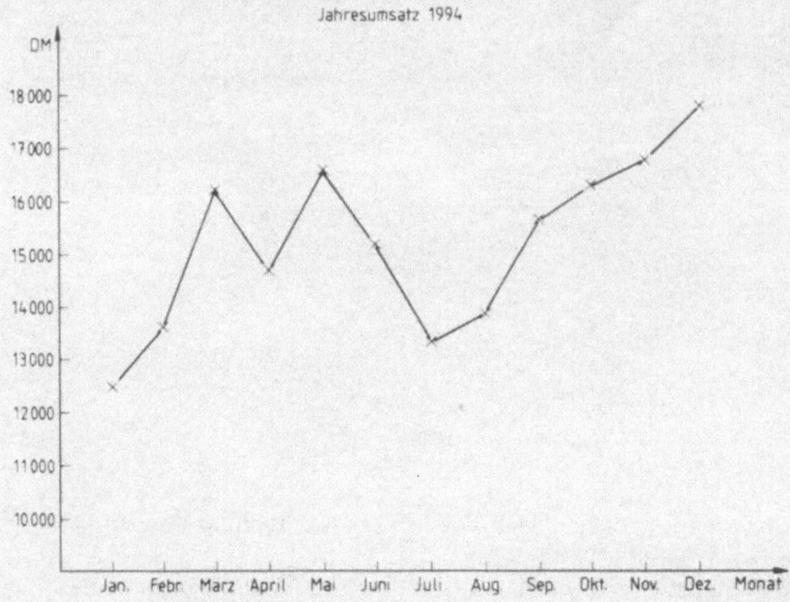

8.2 Kurvendiagramm

Jahresumsatz 1994

Monat	Januar	Februar	März	April	Mai	Juni
Betrag in DM	12500	13600	16200	14800	16650	15230

Monat	Juli	August	Sept.	Okt.	Nov.	Dez.
Betrag in DM	13400	13900	15700	16400	16800	17890

Die Linie veranschaulicht den monatlichen Umsatz des Salons. Leicht erkennen wir den Umsatzrückgang in den Sommermonaten (Urlaubszeit) und den besonders hohen Umsatz im Dezember.

Solche Kurvendiagramme dienen unter anderem dazu, den günstigsten Zeitpunkt für die Betriebsferien herauszufinden und festzulegen, in welchen Monaten zusätzliche Arbeitskräfte eingestellt werden müssen.

Da der Gewinn aus den Bedienungsfällen in den letzten Jahren nahezu gleich geblieben ist, beobachtet die Chefin neuerdings besonders genau den Verkauf. Um Vergleichszahlen für das nächste Jahr zur Verfügung zu haben, untersucht sie die Anteile der verschiedenen Artikel am Gewinn aus dem Warenverkauf.

Artikel	z.B.	% vom Gesamtgewinn	Winkel im Kreisdiagramm
Haarpflegemittel	Shampoo, Haarspray Festiger, Kurmittel	44%	44 · 3,6° = 158,4°
Pflegende Kosmetik	Tages-, Nachtcreme, Gesichtswasser, Reinigungsmilch	19%	19 · 3,6° = 68,4°
Dekorative Kosmetik	Lippenstift, Nagellack, Lidschatten, Rouge, Make-up	17%	17 · 3,6° = 61,2°
Körperpflegemittel	Badezusatz, Hautlotion, Deo	3%	3 · 3,6° = 10,8°
Geschenkartikel	Parfum, Seife, Modeschmuck, Haarschmuck	12%	12 · 3,6° = 43,2°
Sonstiges	Kämme, Bürsten, Nagelpflegegeräte	5%	5 · 3,6° = 18°
	Summe	100%	= 360°

Kreisdiagramm. Auch zur Veranschaulichung dieser Tabelle malt die Chefin ein Bild. Sie will die Prozentzahlen als Ausschnitte eines Kreises darstellen: Ein Kreis hat einen Winkel von 360°. Sie muss also die Prozentanteile in Winkel umrechnen. Dazu teilt sie die 360° durch die Summe der Prozentsätze und erhält 360° : 100% = 3,6°. Jeder zu zeichnende Teilwert wird mit diesem Faktor 3,6 multipliziert. So erhält man die einzelnen Winkel. Danach zeichnet sie das Schaubild, indem sie im Kreis eine waagerechte Linie vom Mittelpunkt zum Rand zieht und von da aus die Winkel einträgt (**8**.3).

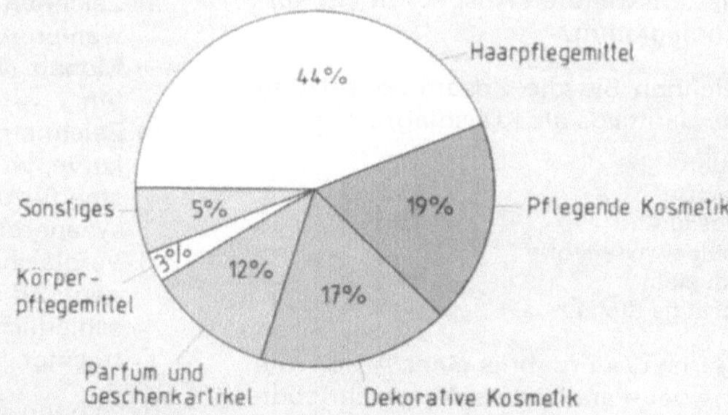

8.3 Kreisdiagramm

Fassen wir zusammen: Zur Veranschaulichung von Zahlen dienen

- **Säulendiagramme** mit den Größen als gleich breite Balken, deren Länge dem Zahlenwert entspricht. Wir wählen deshalb einen Zeichenmaßstab.
  Die Balken können waagerecht oder senkrecht gezeichnet werden.
- **Kurvendiagramme** zeigen die Abhängigkeit zweier Größen voneinander. Wir zeichnen ein Achsenkreuz und tragen auf der waagerechten Achse die unabhängige (nicht veränderbare) Größe ab, auf der senkrechten dagegen die abhängige (veränderbare). Die berechneten Zahlenwerte werden punktweise eingezeichnet und geben miteinander verbunden eine Kurve.
- **Kreisdiagramme** veranschaulichen meist Prozentwerte und eignen sich besonders, wenn nur wenige Größen miteinander verglichen werden sollen.

8.2 Übungsaufgaben

1. Nachdem Tante Berta im Flugzeug nach Teneriffa von einem Mitreisenden gefragt wurde, ob sie wegen ihres Übergewichts Aufpreis bezahlt hätte, beschließt sie im dreiwöchigen Urlaub total abzuspecken. Sie steigt jeden Tag auf die Waage und notiert das Gewicht:

Tag	Gewicht	Tag	Gewicht
1.	115 kg	12.	106 kg
2.	113 kg	13.	106 kg
3.	112 kg	14.	105 kg
4.	111,5 kg	15.	104,5 kg
5.	110 kg	16.	104,5 kg
6.	109 kg	17.	104 kg
7.	110 kg	18.	103 kg
8.	109 kg	19.	102,5 kg
9.	107,5 kg	20.	103,5 kg
10.	107 kg	21.	103 kg
11.	106,5 kg		

Zeichnen Sie für Tante Berta als Anreiz zum weiteren Abspecken ein Kurvendiagramm.

2. Zeichnen Sie die Zusammensetzung des Hauttalgs als Kreisdiagramm.

Fette	41%
Wachse	25%
Fettsäuren	16%
Kohlenwasserstoffe (Squalen)	12%
Sonstige Stoffe	6%

3. Hier ist das Ergebnis einer Arbeit, die in zwei Parallelklassen geschrieben wurde:

Klasse A

Note	1	2	3	4	5	6
Zahl	2	7	11	4	2	–

Klasse B

Note	1	2	3	4	5	6
Zahl	–	5	5	9	5	2

a) Stellen Sie den Klassenspiegel beider Klassen in einem Säulendiagramm nebeneinander dar, indem Sie die Säulen für Klasse A rot und für Klasse B blau zeichnen.

b) Zeichnen Sie für jede Klasse eine zusätzliche Säule, die die jeweilige Durchschnittsnote zeigt.

4. Ein Friseurmeister erstellt für den Herrensalon folgende Umsatzstatistik:

Monat	Umsatz in DM
Januar	7600
Februar	7900
März	8400
April	8600
Mai	8500
Juni	8900
Juli	7600
August	7700
September	7500
Oktober	8100
November	8300
Dezember	9000

a) Zeichnen Sie die Umsatzkurve und wählen Sie als Maßstab für die Monate 1 cm auf der Waagerechten.

b) Zeichnen Sie die gleiche Umsatzkurve, wobei Sie diesmal als Maßstab für die Monate 1,5 cm auf der Waagerechten abtragen.

c) Vergleichen Sie beide Darstellungen und diskutieren Sie die unterschiedliche Wirkung auf den Betrachter.

5. Berechnen Sie die Preise für 100 ml folgender Shampoos und erstellen Sie den Preisvergleich als Säulendiagramm.

Menge des Shampoos		Preis
a)	1000 ml	17,85 DM
b)	250 ml	10,50 DM
c)	250 ml	7,35 DM
d)	200 ml	3,90 DM
e)	200 ml	4,95 DM
f)	150 ml	3,90 DM
g)	100 ml	3,45 DM

6. Das Säulendiagramm **8**.4 zeigt die Verteilung des Jahresumsatzes auf die verschiedenen Sparten des Salons:

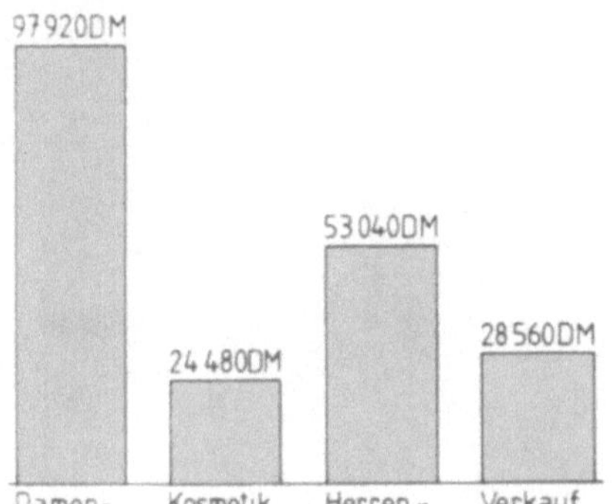

8.4 Säulendiagramm

a) Wandeln Sie das Säulendiagramm in folgende Tabelle um:

Verteilung	Anteile	Anteil in %
Damensalon	? DM	? %
Kosmetik	? DM	? %
Herrensalon	? DM	? %
Verkauf	? DM	? %

b) Zeichnen Sie die Prozentangaben als Kreisdiagramm.

7. Kosmetikerin ist ein beliebter Fortbildungsberuf für Friseurinnen. Die Statistik zeigt die Verteilung der Arbeitsplätze.
   a) Zeichnen Sie ein Säulendiagramm für die Arbeitsplätze aller Kosmetikerinnen in der Bundesrepublik.
   b) Zeichnen Sie die Anzahl der angestellten und selbständigen Kosmetikerinnen als Kreisdiagramm.

	Kosmetik-praxen	Kosmetik-institute	Fach-geschäfte	Kosmetik-firmen
selbständige Kosmetikerinnen 8000	46%	22%	32%	
angestellte Kosmetikerinnen 8000	15%	35%	25%	25%
Gesamt 16000	61%	57%	57%	25%

8. Trotz verstärkter Bemühungen der Arbeitsämter und anderer Stellen lernen auch heute noch viele Mädchen nach dem Haupt- oder Realschulabschluss typische Frauenberufe. Die Ausbildungsplatzstatistik des Arbeitsamts in einer Großstadt enthält folgende Übersicht:

Gewählter Ausbildungsberuf	Anteil
Verkäuferin	17,6%
Friseurin	11,6%
Büro- und Bürogehilfenberufe	15,6%
Kaufmännische Berufe	7,1%
Bankkaufmann	3,7%
Arzt- und Zahnarzthelferin	11,2%
Apothekenhelferin	1,8%
Soziale Berufe (Krankenschwester und andere medizinische Hilfsberufe, Erzieherin)	10,3%

Zeichnen Sie ein Säulendiagramm.

9. Wegen stark gestiegener Kosten wurden die Beiträge zur Berufsgenossenschaft nahezu jährlich erhöht. Die nachfolgende Tabelle zeigt die Entwicklung der letzten Jahre. Übertragen Sie die Tabelle in ein Kurvendiagramm.

Jahr	85	86	87	88	89
Jahresbeitrag pro Mitarbeiter in DM	204,–	204,–	210,–	225,–	250,–

Jahr	90	91	92	93
Jahresbeitrag pro Mitarbeiter in DM	350,–	465,–	498,–	780,–

9 Kein Auskommen mit dem Einkommen

9.1 Brutto- und Nettolohn

Tommys Freund hat das Vereinslokal des Fußballclubs übernommen. Der Service macht ihm viel Spaß, doch vom Kochen und Geschirrspülen hält er wenig. Deshalb stellt er eine Küchenhilfe ein (**9.1**). Nun ist er nicht nur selbständiger Unternehmer, sondern auch Arbeitgeber und muss für seinen Helfer ein Lohnkonto führen. Er konnte mit ihm einen Stundenlohn aushandeln – Ihre Chefin muss sich an die Tarifverträge halten.

9.1 Küchenchaos

Der Lohntarifvertrag wird meist für ein Jahr zwischen dem Arbeitgeberverband (Landesinnungsverband des Friseurhandwerks) und der Gewerkschaft (für Friseure ist die ÖTV zuständig) ausgehandelt. Er legt nicht nur die *Mindestlöhne* fest, sondern auch die *Ausbildungsbeihilfe* in den einzelnen Ausbildungsjahren sowie Urlaubs- und das Weihnachtsgeld. Die aufgeführten Mindestlöhne sind Bruttolöhne (**9.2**).

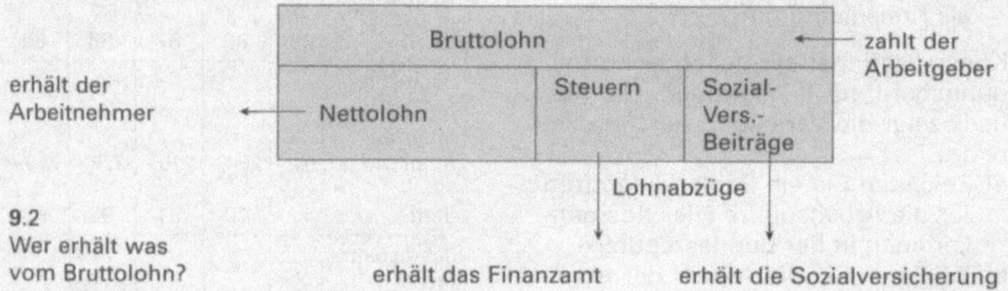

9.2 Wer erhält was vom Bruttolohn?

Der Bruttolohn enthält den Arbeitslohn, Trinkgeld sowie das Weihnachts- und Urlaubsgeld, die zu dem im Tarifvertrag festgelegten Zeitpunkt gezahlt werden. Auch eine Umsatzbeteiligung beim Verkauf von Kabinett- und Verkaufswaren erhöht den Bruttolohn, ebenso die vermögenswirksame Leistung des Arbeitgebers.

Vermögenswirksame Leistungen sind gesetzlich verankerte Sparförderungsmaßnahmen. Der Arbeitgeber ist verpflichtet, den vorgeschriebenen Monatsanteil von 52,– DM zu leisten. Bis zu 26,– DM können Sie selbst dazulegen. Der Staat gewährt eine Arbeitnehmersparzulage je nach Anlageform von 10% oder 20%, wenn das Jahreseinkommen bei Alleinstehenden 27000,– DM und bei Verheirateten 54000,– DM nicht übersteigt. Die jährliche Gesamtsparleistung beträgt 936,– DM. Ihr Beitrag wird vom Bruttolohn abgezogen und zusammen mit dem Arbeitgeberanteil auf ein bestimmtes Konto eingezahlt (prämienbegünstigtes Sparkonto, Bausparvertrag, Lebensversicherung).

Der Bruttolohn des Arbeitnehmers ist also meist höher als der Mindestlohn des Tarifvertrags. Der Arbeitgeber behält davon die Abzüge für Lohn- und Kirchensteuer sowie die Sozialversicherungsbeiträge ein und führt sie an das Finanzamt bzw. die Sozialversicherung ab.

Die Lohnsteuer richtet sich einerseits nach dem Familienstand, andererseits nach der Höhe des Einkommens (**9**.3).

Tabelle **9**.3 **Lohnsteuerklassen**

I	Ledige sowie Verheiratete oder Geschiedene, für die nicht die Steuerklassen III oder IV zutreffen
II	Arbeitnehmer wie Steuerklasse I, denen ein Haushaltsfreibetrag zusteht
III	Verheiratete, wenn beide Ehegatten berufstätig sind und einer die Steuerklasse V hat oder für Ehegatten, wenn einer der beiden keinen Arbeitslohn bezieht
	Verwitwete für das Kalenderjahr, das dem Todesjahr des Ehegatten folgt
	Geschiedene und Wiederverheiratete für das Scheidungsjahr
IV	Verheiratete, wenn beide Ehegatten Arbeitslohn beziehen und keiner in Steuerklasse III oder V ist
V	Verheiratete, deren Ehegatte in Steuerklasse III ist
VI	für jedes zweite und weitere gleichzeitig bestehende Arbeitsverhältnis

Als Kinderfreibeträge erhalten Arbeitnehmer für jedes Kind 6300,– DM Steuervergünstigung pro Jahr oder Kindergeld. Was für Sie günstiger ist, berechnet das Finanzamt.

Die Lohnsteuertabelle enthält die Steuerabzüge vom Bruttolohn (**9**.4 auf S. 136).

Die Kirchensteuer wird von der Höhe der Lohnsteuer berechnet. Sie ist in den Bundesländern verschieden und beträgt zwischen 8 und 10% des Lohnsteuerbetrags.

Sozialversicherungsbeiträge werden in Prozenten vom Bruttolohn festgelegt. Sie umfassen und betragen z.Z. (Frühjahr 1996)

– Krankenversicherung	12 bis 15%
– Rentenversicherung	19,2%
– Arbeitslosenversicherung	6,5%
– Pflegeversicherung	1,7%
	38,8 bis 41,8% des Bruttolohns

Dieser Prozentsatz wird je zur Hälfte vom Arbeitgeber und Arbeitnehmer bezahlt.

Seit dem 1.1.1995 werden zusätzlich 7,5% der Lohnsteuer als Solidaritätszuschlag einbehalten.

Tabelle 9.4 **Auszug aus der Monatslohnsteuer-Tabelle**

Lohn/Gehalt bis DM	Steuer-klasse	Lohn-steuer	ohne Kinderfreibeträge SolZ 7,5%	Kirchensteuer 8%	9%	Zahl der Kinderfreibeträge 0,5 SolZ 7,5%	Kirchensteuer 8%	9%	1,0 SolZ 7,5%	Kirchensteuer 8%	9%	1,5 SolZ 7,5%	Kirchensteuer 8%	9%	2,0 SolZ 7,5%	Kirchensteuer 8%	9%
1192,65	V	**264,50**	19,83	21,16	23,80												
	VI	**307,66**	23,07	24,61	27,68												
1453,65	V	**332,16**	24,91	26,57	29,89												
	VI	**388,66**	29,15	31,09	34,97												
1597,65	I	**24,50**		1,96	2,20												
	IV	**24,50**		1,96	2,20												
	V	**382,00**	28,75	30,56	34,38												
	VI	**432,16**	32,41	34,57	38,89												
1660,65	I	**38,66**		3,09	3,47		0,36	0,41									
	IV	**38,66**		3,09	3,47												
	V	**400,83**	30,06	32,06	36,07												
	VI	**451,33**	33,85	36,10	40,61												
1818,15	I	**71,83**		5,74	6,46		0,27	0,30									
	IV	**71,83**		5,74	6,46		3,00	3,37		0,27	0,30						
	V	**448,66**	33,65	35,89	40,37												
	VI	**500,16**	37,51	40,01	45,01												
1921,65	I	**93,33**		7,46	8,39		1,96	2,20									
	IV	**93,33**		7,46	8,39		4,70	5,28		1,96	2,20						
	V	**480,50**	36,03	38,44	43,24												
	VI	**532,83**	39,96	42,62	47,95												
1984,65	I	**106,58**		8,52	9,59		3,00	3,37									
	IV	**106,58**		8,52	9,59		5,74	6,46		3,00	3,37		0,27	0,30			
	V	**500,16**	37,51	40,01	45,01												
	VI	**553,00**	41,47	44,24	49,77												
2025,15	I	**117,41**	1,28	9,39	10,56		3,84	4,32									
	IV	**117,41**	1,28	9,39	10,56		6,60	7,43		3,84	4,32		1,12	1,26			
	V	**513,00**	38,47	41,04	46,17												
	VI	**566,00**	42,45	45,28	50,94												
2088,15	I	**133,16**	4,43	10,65	11,98		5,08	5,71									
	II	**9,33**		0,74	0,83												
	IV	**133,16**	4,43	10,65	11,98		5,08	8,83		5,08	5,71		2,34	2,63			
	V	**532,83**	39,96	42,62	47,95												
	VI	**586,50**	43,98	46,92	52,78												
2160,15	I	**152,58**	8,31	12,20	13,73		6,60	7,43		1,12	1,26						
	II	**28,08**		2,24	2,52												
	IV	**152,58**	8,31	12,20	13,73	1,28	9,39	10,56		6,60	7,43		3,84	4,32		1,12	1,26
	V	**555,83**	41,68	44,46	50,02												
	VI	**609,83**	45,73	48,78	54,88												
2227,65	I	**170,91**	11,98	13,67	15,38		8,04	9,05		2,52	2,84						
	II	**45,75**		3,66	4,11												
	IV	**170,91**	11,98	13,67	15,38	4,91	10,84	12,20		8,04	9,05		5,27	5,93		2,52	2,84
	V	**577,50**	43,31	46,20	51,97												
	VI	**632,16**	47,41	50,57	56,89												

Nettolohn. Subtrahieren wir alle Abzüge vom Bruttolohn, erhalten wir den Nettolohn. Das ist der Betrag, den der Arbeitnehmer zur Verfügung hat (**9.5**).

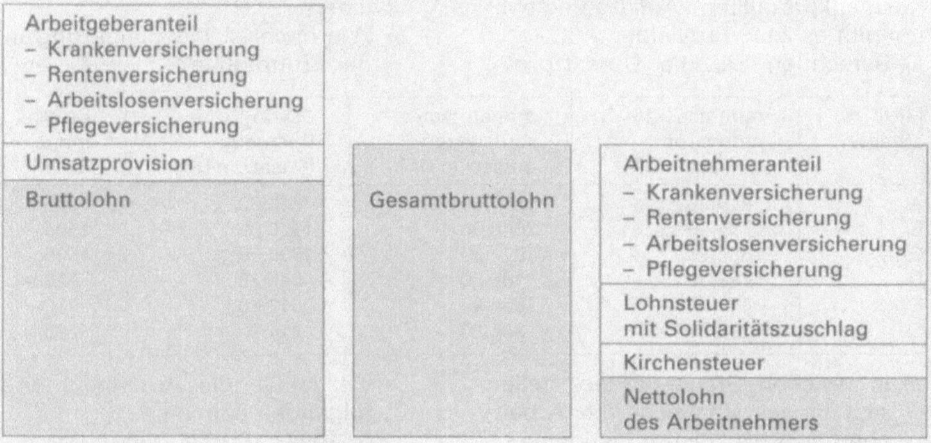

Bruttolohn (mit Arbeitgeberanteil und Umsatzprovision)		Gesamtbruttolohn
Arbeitgeberanteil – Krankenversicherung – Rentenversicherung – Arbeitslosenversicherung – Pflegeversicherung		Arbeitnehmeranteil – Krankenversicherung – Rentenversicherung – Arbeitslosenversicherung – Pflegeversicherung
Umsatzprovision		Lohnsteuer mit Solidaritätszuschlag
Bruttolohn	Gesamtbruttolohn	Kirchensteuer
		Nettolohn des Arbeitnehmers

9.5 Vom Bruttolohn zum Nettolohn

Übungsaufgaben

1. Der Inhaber des Salons Topchic zahlt seinen Mitarbeitern folgende Umsatzprovisionen:

   3% auf Kabinettwaren beim Monatsverkauf über 300,– DM

   5% auf Verkaufswaren beim Monatsverkauf über 400,– DM

   a) Wie hoch sind die Gesamtbruttolöhne (Bruttolöhne + Umsatzprovision) des einzelnen Mitarbeiters?

   b) Was zahlt der Chef jedem einzelnen an Umsatzprovision?

   c) Was zahlt er insgesamt an Umsatzprovisionen?

Mitarbeiter	monatl. Kabinettwarenumsatz in DM	monatl. Verkaufswarenumsatz in DM	Bruttolohn ohne Umsatzprovision in DM
A	775,30	1584,90	1595,–
B	692,80	1075,20	1380,–
C	684,20	839,40	1180,–
D	328,50	914,80	550,–
E	216,–	824,–	375,–
F	176,–	718,–	295,–

2. Eine Friseurin hat sich eine neue Stelle gesucht. Für das erste halbe Jahr (Einarbeitung) zahlt die Chefin ihr 1825,– DM Bruttolohn monatlich. Danach soll sie 2180,– DM erhalten. Berechnen Sie die prozentuale Lohnsteigerung.

3. Eine Friseurin verdient 2393,– DM. Nach bestandener Meisterprüfung bekommt sie 3418,– DM Bruttolohn.

   a) Wie viel Prozent Lohnerhöhung bringt ihr die Meisterprüfung?

   b) Wie viel DM verdient sie in einem Jahr mehr als die Kollegin ohne Meisterprüfung?

4. Eine Friseurin verdient 2025,15 DM monatlich und hatte bisher die Steuerklasse V. Ihr Mann muss eine schlechter bezahlte Stelle annehmen, deshalb wechselt sie in Steuerklasse IV. Wie viel DM Lohnsteuer kann sie sparen?

5. Um den Verkauf einer neu eingeführten Kosmetikserie zu fördern, belohnt

die Chefin die Angestellten mit einer Erhöhung der Umsatzprovision (Verkaufswaren) von 5% auf 9% bei den Kosmetikprodukten. Auf Kabinettwaren gibt es 2,5% Provision.

a) Berechnen Sie die Umsatzprovision der Mitarbeiter A bis F in den 3 Sparten.

b) Welchen Gesamtbruttolohn erhält jeder?

c) Wie hoch ist die Steigerung in % der Bruttolöhne?

Mitarbeiter	monatl. Kabinettwarenumsatz in DM	monatl. Verkaufswarenumsatz in DM	davon Kosmetikumsatz in DM	Bruttolöhne in DM
A	918,20	1438,50	816,50	1795,–
B	1184,50	2640,90	1720,80	1595,–
C	652,75	1914,80	1204,50	1595,–
D	788,30	1180,20	645,75	550,–
E	412,40	830,90	512,60	550,–
F	198,60	326,80	214,80	295,–

6. a) In welchen Steuerklassen stellen sich in der Übersicht die Arbeitnehmer A bis D am günstigsten?

   b) Wie viel Lohnsteuer nach Tabelle 9.4 zahlen die Arbeitnehmer bei folgenden Löhnen: A 1986,– DM, B 2090,– DM, C 2160,– DM, D 1925,– DM?

	A	B	C	D
Familienstand	ledig	ledig	verheiratet	verheiratet
Alter	26	28	32	22
Kinder	keine	1	keine	keine
Ehepartner arbeitet	–	–	ja (gleicher Lohn)	ja (höherer Lohn)

7. Eine Auszubildende hat die Prüfung nicht bestanden und erhält statt der erwarteten 2180,– DM nur 1655,– DM Monatslohn.
   a) Wie viel DM erhält sie weniger pro Jahr?
   b) Um wie viel Prozent ist ihr Jahreseinkommen vermindert?

8. Im Zeugnis sieht der Chef 72 unentschuldigte Fehlstunden. Nach einem mittleren Tobsuchtsanfall zieht er der Auszubildenden den entsprechenden Lohn von den 830,– DM Monatslohn (165 Stunden) ab. Wie viel DM verbleiben der Schwänzerin außer der Kündigung?

9. Berechnen Sie die einzelnen und gesamten Sozialversicherungsbeiträge (Kranken-V. 6,5%, Renten-V, 9,6%, Pflege-V. 0,85%, Arbeitlosen-V. 3,25%) bei folgenden Bruttolöhnen: a) 1595,– DM, b) 1180,– DM, c) 1695,– DM, d) 2230,– DM, e) 880,– DM und f) 1910,– DM.

10. Friseurin Claudia hat einen monatlichen Bruttolohn von 2320,– DM. Berechnen Sie den Nettolohn bei folgenden Abzügen: 12,9% Lohn- und Kirchensteuer, Solidaritätszuschlag, 20,2% Arbeitnehmeranteil Sozialversicherungen.

11. Tiny hört beiläufig, dass die 1. Friseurin (Steuerklasse I) des Salons 170,91 DM Lohnsteuer im letzten Monat bezahlen musste. Wie hoch war das Bruttogehalt der Kollegin?

12. Wie viel Prozent Lohnsteuer müssen bei folgenden Löhnen und Gehältern gezahlt werden?

	Monatslohn	Lohnsteuer (Steuerklasse I ohne Kinder)
A	1820,– DM	71,83 DM
B	2150,– DM	150,16 DM
C	1661,– DM	38,66 DM

Tauziehen mit dem Finanzamt

Jeder Arbeitnehmer zahlt Steuern, niemand gern. Viele zahlen allerdings zu viel, denn häufig übersteigt die monatlich abgezogene Steuer $^1/_{12}$ der Jahressteuer. Dies kann z. B. der Fall sein, wenn sie nicht sofort melden oder eintragen lassen,

- dass Sie durch Heirat im Lauf des Jahres in eine günstigere Steuerklasse gekommen sind,
- dass Sie im Lauf des Jahres Ihre Arbeitsstelle verloren haben,
- dass sich die Zahl der Kinder geändert hat,
- dass Ihnen Kosten (Werbungskosten, Sonderausgaben, außergewöhnliche Belastungen) entstanden sind, die die Pauschbeträge übersteigen und nicht als Freibetrag auf Ihrer Steuerkarte eingetragen sind.

Lohnsteuerjahresausgleich. Um zu viel gezahlte Steuern zurückzubekommen, sollten Sie einen Antrag auf Lohnsteuerjahresausgleich stellen. Diese Anträge erhalten Sie beim Finanzamt. Lassen Sie sich vom ersten Blick auf den Antrag nicht abschrecken, denn

- Sie erhalten eine Anleitung zum Ausfüllen mitgeliefert,
- die zuständigen Beamtinnen und Beamten des Finanzamts helfen Ihnen,
- es gibt Fachleute, nämlich Steuerberater.

Sicher möchten Sie wissen, welche Kosten das Finanzamt (ohne Tauziehen) anerkennen muss – natürlich nur, wenn Sie Quittungen vorlegen. Hierzu zählen u. a.

- Gewerkschaftsbeitrag,
- Fahrtkosten zwischen Wohnung und Arbeitsstätte, falls sie nicht vom Arbeitgeber ersetzt werden,
- Arbeitsmittel (Werkzeuge, Berufskleidung, Fachbücher),
- Kosten für berufliche Fortbildung,
- Kosten für doppelte Haushaltführung, d. h. wenn Sie von Ihrem Ehepartner aus beruflichen Gründen getrennt wohnen müssen,
- Versicherungen.

Die freundlichen Helfer des Finanzamts addieren die Rechnungsbeträge und ziehen sie von Ihrem Jahresbruttogehalt ab. Die Differenz ist Ihr steuerpflichtiges Einkommen. In der Jahreslohnsteuertabelle wird jetzt Ihre Jahreslohnsteuer festgestellt und von Ihrem bereits gezahlten Steuerbetrag abgezogen. Den Differenzbetrag bekommen Sie erstattet – natürlich auch die zu viel gezahlte Kirchensteuer.

Übungsaufgaben

13. Eine Friseurin mit der Steuerklasse I hat ein Jahresbruttogehalt von 27 895,– DM. Das zu versteuernde Einkommen wurde mit 21 516,– DM veranschlagt.
    a) Berechnen Sie das monatliche Bruttoeinkommen und das zu versteuernde Monatseinkommen.
    b) Das steuerfreie Existenzminimum beträgt 1996 12 095,– DM. Welchen Betrag ihres Einkommens muss sie versteuern?

14. Susanne hat übers Jahr folgende Quittungen gesammelt:

1 Fachbuch	49,80 DM
1 Schere	126,– DM
1 Seminarbesuch	80,– DM
mit Hotelübernachtung	140,– DM
und Fahrkarte	168,70 DM
1 Overall	129,90 DM

Um wie viel DM vermindert das Finanzamt das zu versteuernde Jahreseinkommen?

9.2 Gebühren, Energiekosten und andere Ausgaben

Tiny und Tommy genießen begeistert das neue schnurlose Telefon. Am ersten Tag schnuddelten sie gleich zwei Stunden lang, vom nächsten Tag an mindestens eine Stunde. Das ging bis zur ersten Telefonrechnung!

Hauptanschluss	Anzahl der Einheiten		Gebühren
	insgesamt	gebührenpflichtig	
24,60 DM	1020	1020	122,40 DM

Rechnungsbetrag
147,– DM

Übungsaufgaben

1. Eine Freundin telefoniert bei Tiny 30 min mit ihrem Freund. 1,5 min des Gesprächs kosten 0,12 DM. Was muss sie an Tiny dafür bezahlen?
2. Tinys Telefonrechnung betrug im letzten Monat 75,60 DM. Wie viel Einheiten hat sie bei einer Grundgebühr von 24,60 DM verbraucht?
3. Tante Berta und Onkel Heinrich sind übers Wochenende nach Hamburg gefahren. Kurz nach der Ankunft ruft Onkel Heinrich Tiny an, um ihr zu sagen, dass möglicherweise das Badezimmerfenster in der Wohnung offen steht. Dazu braucht der umständliche Heinrich 12 Minuten.
   a) Was kostet das Gespräch, wenn 20 sec einer Einheit (im Hotel = 0,30 DM) entsprechen?
   b) Wie viel DM hätte Onkel Heinrich beim Billigtarif (1 Einheit = 2 min und 0,12 DM gespart?
4. In einer WG wird die Grundgebühr geteilt und jeder muss seine Einheiten aufschreiben. Am Ende des Monats hat Brigitte 1025 Einheiten, Jana 896, Astrid 1654 und Jens 728 Einheiten.
   a) Was muss jeder bezahlen? (1 Einheit = 0,12 DM)
   b) Die Rechnung beläuft sich auf 548,76 DM. Wie viel Einheiten wurden „vergessen“ aufzuschreiben?
5. Tommys kleiner Bruder hat mal wieder was angestellt. Gerade nachdem er begriffen hat, wie telefoniert wird, probiert er seine neue Fähigkeiten aus. Zufällig erwischt er einen Fernsprechteilnehmer in Tokio. Als seine Mutter zurückkommt, hat er sich bereits 30 Minuten an den fremden Geräuschen erfreut. Berechnen Sie den „Schaden“! (1 Einheit = 3 sec und 0,12 DM).

Wenn Sie abends aus der Disco nach Hause kommen und stehen trotz mehrfachen Betätigens des Lichtschalters im Dunkeln, gibt es eigentlich nur drei Erklärungen: 1. Die Glühbirne ist kaputt oder 2. Ihr Freund/Freundin ist ausgezogen und hat sämtliche Lampen mitgenommen oder 3. Sie haben Ihre Stromrechnung nicht bezahlt.

Elektrischer Strom. Spaß beiseite, Strom ist elektrische Arbeit, und die hat ihren Preis, d.h. Ihr Elektrizitätswerk lässt Sie den in Ihrem Haushalt verbrauchten Strom bezahlen. Wie wird dieser Preis berechnet?

Jedes elektrische Gerät hat ein Schild, auf dem wichtige technische Daten vermerkt sind. Uns soll hier nur die Angabe über die Stromaufnahme des Geräts interessieren, denn sie ist zur Berechnung des Stromverbrauchs notwendig. 1200 W bedeutet, dass dieses Gerät in einer Stunde 1200 Watt Strom aufnimmt. Gemessen wird der Verbrauch von Elektrizität in Kilowatt je Stunde (1 Kilowatt = 1000 Watt), Abkürzung kWh.

Stromaufnahme eines Geräts (kW)	·	Zeit (h)	=	Verbrauchte Strommenge (kWh)

Beispiel 1 Eine Glühlampe mit 60 Watt brennt 5 Stunden. Wie viel Watt bzw. Kilowatt Strom wurden verbraucht?

Lösung In 1 Stunde 60 Watt
In 5 Stunden 5 · 60 Watt = **300 Watt** oder **0,3 Kilowatt**

Multiplizieren wir die verbrauchte Strommenge mit dem Arbeitspreis für eine Kilowattstunde, erhalten wir die Stromkosten.

Stromkosten	=	Stromverbrauch (kWh)	·	Arbeitspreis		
oder						
Stromkosten	=	Stromaufnahme (kW)	·	Zeit (h)	·	Arbeitspreis

Beispiel 2 In 5 Stunden verbraucht eine 60-Watt-Glühlampe 300 Watt. Der Arbeitspreis für eine Kilowattstunde beträgt 24 Pfennig. Wie viel kostet der verbrauchte Strom?

Lösung

$$1000 \text{ Watt} \triangleq 24 \text{ Pf}$$

$$1 \text{ Watt} \triangleq \frac{24}{1000} \text{ Pf}$$

$$300 \text{ Watt} \triangleq \frac{24 \cdot 3\cancel{00}}{10\cancel{00}} = 7{,}2 \text{ Pf}$$

Antwort: Die Glühlampe verbraucht in 5 Stunden für 7,2 Pf Strom.

Wir können die Rechnung abkürzen, indem wir die Watt in Kilowatt umrechnen und mit dem Arbeitspreis multiplizieren:

300 Watt = 0,3 kW   0,3 · 24 Pf = 7,2 Pf

Doch die E-Werke verlangen auch eine Grundgebühr (Grundmesspreis). Sie enthält eine Pauschale

- für die Bedarfsart, z. B. privater Haushalt, Gewerbe,
- für die Stromzähler.

Außerdem wird Umsatzsteuer (Mehrwertsteuer) verlangt.

Eine Stromrechnung enthält folgende Angaben über den Stromverbrauch und die Kosten:

Tarif Nr.	Zähler-Nr.	Zählerart	Zählerstand		Verbrauch m³/kWh	Arbeitspreis Pf je Einheit	Arbeitsbetrag DM	Grundgebühr DM	Nettobetrag DM	Umsatzsteuer (MwSt) DM	Gesamtbetrag DM
			alt	neu							
133	413601	60	29965	30591	626	21,8	136,47	49,10	185,57	27,84	213,41

Übungsaufgaben

6. Geben sie die Leistungsaufnahme folgender Geräte in Kilowatt (kW) an:
   a) Glühlampe 60 Watt
   b) Föhn 1200 W
   c) Waffeleisen 800 W
   d) Frisierstab 80 W
   e) Schnellheizer 2000 W
   f) Reisebügeleisen 600 W
7. Ein Kühlschrank verbraucht in 24 Stunden durchschnittlich 0,9 kW. Geben Sie den Stromverbrauch für 1 Monat an.
8. Wie viel kW wurden verbraucht?

	Zählerstand alt	neu
a)	153 400,8	153 969,2
b)	6587,5	7574,2
c)	28 466,0	29 721,3
d)	384,2	673,7
e)	42 307,0	45 959,4
f)	1770,8	2105,3

9. Wie lange können Sie eine a) 40 W, b) 60 W, c) 75 W starke Glühlampe brennen lassen, bis 1 kW verbraucht ist?
10. Bevor Tiny morgens die Wohnung verlässt, hat sie die Stromrechnung erhöht! Berechnen Sie den Preis für den morgendlichen Stromverbrauch. (Arbeitspreis 1 kW = 21,5 Pf)

    10 min Schlafzimmerlampe 40 W
    20 min Badezimmer 100 W
    8 min Durchlauferhitzer 40 000 W
    10 min Föhn 850 W
    30 min Küchenlampe 75 W
    6 min Kochplatte 1200 W
    60 min Radio 20 W

11. Tommy braucht ständig Radiomusik zu seinem Wohlbefinden. Die Stereoanlage mit Superboxen läuft wochentags $4^1/_2$ Stunden, am Samstag und Sonntag je $14^3/_4$ Stunden. Sie nimmt 100 Watt auf, eine Kilowattstunde kostet 21,5 Pfennig. Berechnen Sie die Stromkosten für 4 Wochen.

12. In welcher Zeit verbrauchen folgende Geräte 1 kW?
    a) Föhn Stufe I 650 W
    b) Föhn Stufe II 1000 W
    c) Trockenhaube 900 W
    d) Wäschetrockner 3,5 kW
    e) Durchlauferhitzer 15 kW
    f) Energiesparlampe 40 W

13. Tommys kleiner Bruder spielt tagsüber den Helden und ist nachts ein echter Angsthase – er schläft nur mit Teddybär und brennender 25-Watt-Lampe. Wie viel Nächte kann die Lampe bei durchschnittlich 10 Stunden Schlafzeit brennen, bis die Stromkosten 1 DM betragen? (1 kWh kostet 19,5 Pf)

14. Rudi Raffzahn, stolzer Besitzer eines 8-Familienhauses, verkürzt die Brenndauer des Treppenhauslichts von 5 auf 3 Minuten. Angeschlossen sind 5 Lampen mit 60-Watt-Glühlampen.
    a) Berechnen Sie die Ersparnis in Watt, wenn das Licht am Abend 30mal eingeschaltet wird.
    b) Nach wie viel Tagen hat Rudi bei einem Preis von 18,5 Pf je kWh 1,– DM zusammengerafft?

Gas. In vielen Städten sind die Wohnungen und Geschäftshäuser an die Erdgasleitung angeschlossen. Erdgas kann statt Strom oder Öl zur Heizung und Warmwasserbereitung dienen. Der Gasverbrauch wird von Elektrizitätswerken zusammen mit den Stromkosten abgerechnet. Der Preis für Erdgas setzt sich wie der Strompreis aus dem G r u n d p r e i s und dem A r b e i t s p r e i s für den Verbrauch zusammen. Die verbrauchte Erdgasmenge wird allerdings nicht in Kilowatt, sondern in Kubikmetern (m^3) gemessen. Der Preis für 1 m^3 Erdgas richtet sich wie beim Strom nach dem jeweiligen Tarif, in den Ihr Haushalt eingestuft wird. Die kombinierte Gas- und Stromrechnung kann folgendermaßen aussehen:

Tarif Nr.	Zähler-Nr.	Zählerart	Zählerstand alt	Zählerstand neu	Verbrauch m^3/kWh	Arbeitspreis Pf je Einheit	Arbeitsbetrag DM	Grund-Messbetrag DM	Netto-Betrag DM	Umsatzsteuer (MwSt) DM	Gesamtbetrag DM
133	413601	60	29965	30591	626	15,50	97,03	49,10	146,13	21,92	168,05
262	73732	6	8126	8327	201	32,00	64,32	35,50	99,82	14,97	114,79
											282,84

Übungsaufgaben

15. Eine 70 m^2 große Wohnung wird mit Erdgas beheizt. Die monatliche Grundgebühr beträgt 17,– DM, der Preis für 1 m^3 Gas 32 Pfennig, zuzüglich Mehrwertsteuer.
    a) Berechnen Sie die Heizkosten für folgende Monate: Januar 480 m^3, Februar 456 m^3, März 364 m^3, April 389 m^3, Mai 201 m^3, Juni 13 m^3.
    b) Wie hoch waren die durchschnittlichen Heizkosten im 1. Halbjahr je Monat?
    c) Der Mieter hatte alle 2 Monate einen Pauschalbetrag von 420,– DM gezahlt. Wie hoch ist die Gutschrift?

16. Eine Chefin erweitert ihren 126 m^2 großen Salon um 64 m^2. Sie verbrauchte in einem Jahr bisher 3900 m^3 Gas zum Preis von 0,32 DM je m^3. Welche monatlichen Heizkosten hat sie nach der Erweiterung zu erwarten?

17. Nach der ersten Gasabrechnung hat Tinys Freundin einen Schreck bekommen. Sie hatte für ihre Kleinwohnung 402 m^3 Erdgas (1 m^3 = 32 Pfennig) verbraucht. Nun stellt sie die Heizung nachts und während ihrer Abwesenheit herunter und verbraucht nur 294 m^3 Gas.
    a) Wie viel DM spart sie?
    b) Berechnen Sie die Ersparnis in Prozent?

18. Für eine Wohnung wurden in zwei Monaten für 404,97 DM Erdgas verbraucht. Wie viel m^3 Gas wurden „verheizt“, wenn die Grundgebühr 28,40 DM, die Mehrwertsteuer 15% betragen und 1 m^3 Gas 0,35 DM kostet?

19. Wegen der hohen Energiekosten werden in einer Wohnung neue Isolierglasfenster eingebaut. Der bisherige Gasverbrauch betrug durchschnittlich 225 m^3 im Monat. Der Schreiner verspricht eine Heizkostenersparnis von 30%.
    a) Wie viel m^3 Erdgasverbrauch sind nach dem Einbau der Fenster zu erwarten?
    b) Berechnen Sie die Ersparnis in DM bei einem m^3-Preis von 0,38 DM.

Wasser. Sie würden sich wundern, wenn Sie das Dusch- und Kaffeewasser vor dem Frühstück in Kannen und Eimern ins Haus schleppen müssten. Doch auch diese Bequemlichkeit hat ihren Preis – und zwar bezahlen Sie nicht nur den Verbrauch von Frischwasser, sondern auch die Kanalgebühr für den Abtransport des Brauchwassers. Deswegen finden Sie auf Ihrer Wasserrechnung zwei Spalten, in denen die Kosten für den Wasserverbrauch und die Kanalgebühren aufgeführt werden.

Art	Zeitraum		Tarif	Zähler-Nr.	Zählerstand		Verbrauch in m³	Arbeitspreis je Einheit DM	Verbrauchsbetrag DM	Grundbetrag DM	Nettobetrag DM	MwSt 7%	Gesamtbetrag
	ab	bis			neu	alt							
Wasser	7/96	12/96	300	813501	0318	0215	103	3,30	339,90	12,00	351,90	24,63	376,53
Kanal	7/96	12/96	400	813501	0318	0215	103	4,80	494,40		494,40		494,40
													870,93

Übungsaufgaben

20.

	Zählerstand		Verbrauch in m³	Arbeitspreis	Verbrauchsbetrag	Grundbetrag	Nettobetrag	MwSt. (7%)	Gesamtbetrag
	alt	neu							
Wasser	0308	0416	? m³	3,60 DM	? DM	12,– DM	? DM	? DM	? DM
Kanal	0308	0416	? m³	5,10 DM	? DM	–	? DM	–	? DM

a) Vervollständigen Sie die Halbjahresrechnung.
b) Wie viel DM müssen durchschnittlich im Monat bezahlt werden?

21. Durch umsichtiges Verhalten spart ein Salon 12% Wasser ein. Früher zahlte die Chefin im Monatsdurchschnitt 124,80 DM. Berechnen Sie den neuen Durchschnittsbetrag.

22. Beim Duschen verbraucht man nur etwa $^1/_4$ der zum Baden nötigen Wassermenge (210 l). Berechnen Sie die Kosten für beide Reinigungsvergnügen bei einem m³-Preis von 1,95 DM für Frischwasser und einer Kanalgebühr von 2,65 DM je m³.

23. Der private Wasserverbrauch liegt täglich bei 220 l je Person.
a) Berechnen Sie den durchschnittlichen Wasserverbrauch einer vierköpfigen Familie in einem Monat.
b) Wie viel Wassergeld und Kanalgebühren bezahlt die Familie bei einem m³-Preis von 4,85 DM?

24. Wie viel l Wasser wurden verbraucht?

	Zählerstand in m³	
	neu	alt
a)	116	65
b)	895	689
c)	314	293
d)	1423	1316
e)	2836	2597

25. Onkel Heinrich, morgens selten schon ganz fit, setzt täglich 1,4 l Kaffeewasser auf, obwohl nur 1 l gebraucht wird.
a) Wie viel l Wasser vergeudet er in einem Jahr?
b) Was kostet die „Verschwendung“ bei einem m³-Preis von 1,75 DM und 2,65 DM Kanalgebühr?

9.3 Währungsrechnen

Tante Berta ist glücklich – ihr Mann denkt endlich einmal an Urlaub! Sie wälzt Reiseprospekte und schwärmt ihm schließlich von einem entzückenden kleinen Ferienhaus mit Schwimmbad im sonnigen Spanien vor. Als der allerdings den Preis von 80000 Pesetas für 3 Wochen hört, winkt er ab: „Kommt überhaupt nicht in Frage. Wo sollen wir so viel Geld hernehmen?" Zuerst ist Tante Berta sauer und denkt im Stillen, was für einen Geizkragen sie doch geheiratet hat. Dann sucht sie das gemeinsame Sparbuch heraus und blickt traurig auf die nur vierstellige Summe von 3789,– DM. Müssen die beiden ihren wohlverdienten Urlaub tatsächlich zu Hause verbringen?

Kurs. Die Bank gibt Auskunft: 100 Pesetas sind nicht gleich 100 DM, sondern müssen nach dem Kurs umgerechnet werden. Um 100 Pesetas zu erhalten, muss man 1,25 DM bezahlen.

Beispiel 1 Was kostet nun das Ferienhaus für 3 Wochen?
Wir können diese Frage mit einem Dreisatz lösen:

$$\begin{aligned} 100 \text{ Pesetas} &\mathrel{\widehat{=}} 1{,}25 \text{ DM} \\ 1 \text{ Peseta} &\mathrel{\widehat{=}} \frac{1{,}25}{100} \text{ DM} \\ 80000 \text{ Pesetas} &\mathrel{\widehat{=}} \frac{1{,}25 \cdot 80000}{100} = \mathbf{1000{,}\text{– DM}} \end{aligned}$$

Wie Sie sehen, können sich die beiden den Spanienurlaub durchaus leisten!

Beispiel 2 Nach drei herrlichen Ferienwochen tauchen die beiden gut erholt, braungebrannt und mit einem Rest von 2800 Pesetas wieder zu Hause auf. Wie viel DM bekommt Tante Berta auf der Bank für die spanischen Banknoten?

Auch diese Aufgabe können wir mit einem Dreisatz lösen, allerdings rechnet die Bank diesmal:

$$\begin{aligned} 100 \text{ Pesetas} &\mathrel{\widehat{=}} 1{,}12 \text{ DM} \\ 1 \text{ Peseta} &\mathrel{\widehat{=}} \frac{1{,}12}{100} \text{ DM} \\ 2800 \text{ Pesetas} &\mathrel{\widehat{=}} \frac{1{,}12 \cdot 2800}{100} = \mathbf{31{,}36 \text{ DM}} \end{aligned}$$

Beim Tausch vor der Reise hat Tante Berta 1,25 DM für 100 Pesetas bezahlt, jetzt aber nur 1,12 DM für 100 Pesetas bekommen. Warum? Banken, Sparkassen und Wechselstuben arbeiten mit zwei Kursen, dem Verkaufs- und dem Ankaufskurs. Die Verkaufskurse für ausländische Währungen liegen immer höher als die Ankaufskurse. Zusätzlich zieht die Bank beim Tausch eine Bearbeitungsgebühr ab. Ihre Höhe ist von Bank zu Bank unterschiedlich.

Die Währungen fremder Länder werden in Kurstabellen mit An- und Verkaufspreis angegeben.

Der Kurs ist der Preis, der für die angegebenen Einheiten ausländischer Währung gezahlt werden muss.

Tabelle 9.6 **Kurstabelle für Währungen ausgewählter Länder (Stand 16.2.1996)**

Land	Landeswährung	Abkürzung	für	Kurs Ankauf	Kurs Verkauf
Belgien	belg. Franc	bfrs	100 bfrs	4,700 DM	5,000 DM
Dänemark	dän. Krone	dkr	100 dkr	24,000 DM	26,750 DM
England	engl. Pfund Sterling	£	1 £	2,160 DM	2,360 DM
Frankreich	franz. Franc	FF	100 FF	27,900 DM	30,150 DM
Griechenland	Drachme	Dr	100 Dr	0,500 DM	0,670 DM
Niederlande	Gulden	hfl	100 hfl	88,100 DM	90,600 DM
Italien	Lira	Lit	1000 Lit	0,860 DM	0,990 DM
Österreich	Schilling	öS	100 öS	14,100 DM	14,390 DM
Schweiz	Schw. Franken	sfrs	100 sfrs	121,000 DM	124,000 DM
Spanien	Peseta	Pta	100 Pta	1,120 DM	1,250 DM
Türkei	türk. Pfund	Ltq	100 Ltq	0,002 DM	0,003 DM
USA	US-Dollar	US-$	1 US-$	1,400 DM	1,520 DM

Beim Umrechnen von DM in ausländische Währungen und umgekehrt können Sie entweder einen Dreisatz aufstellen oder folgende Formeln verwenden:

$$\text{Deutsche Währung} = \frac{\text{Auslandswährung} \cdot \text{Kurs}}{100}$$

$$\text{Auslandwährung} = \frac{\text{Deutsche Währung} \cdot 100}{\text{Kurs}} \text{ (in Deutschland)}$$

Beachte: Bei Lire steht statt 100 eine 1000, bei amerikanischen Dollars und englischen Pfund eine 1.

Beispiel 1 100 öS ≙ 14,390 DM. Wie viel kosten 800 öS?

$$\text{Deutsche Währung} = \frac{800 \cdot 14{,}390}{100} = \mathbf{115{,}12\ DM}$$

Beispiel 2 Für 100 Pta bekommt man 1,25 DM. Wie viel Pta bekommt man für 150 DM?

$$\text{Ausländische Währung} = \frac{150 \cdot 100}{1{,}25} = \mathbf{12000\ Pta}$$

Noch ein Tip zum Schluss: für Ihre Urlaubsreise sollten Sie möglichst nur so viel DM eintauschen, wie Sie wirklich brauchen, da Sie sonst mit einem Verlust rechnen müssen. Reicht's nicht, können Sie im Ausland immer noch DM in Landeswährung umtauschen (oft ist dies sogar günstiger). Falls Sie am Ende noch ausländische Währung besitzen, achten Sie darauf, dass es nur Scheine sind, denn die Bank tauscht nur Banknoten, keine Münzen zurück!

Übungsaufgaben

1. Vor einem Urlaub im Ausland ist es sinnvoll, sich mit der fremden Währung vertraut zu machen. Dazu sollten Sie eine Währungstabelle aufstellen. Ergänzen Sie Tinys Aufstellung:

Holländische Gulden		100 hfl	1,86 DM
DM	hfl	hfl	DM
0,10	0,11	10,00	9,06
0,25	?	20,00	?
0,50	?	50,00	?
1,00	?	100,00	?
5,00	?	500,00	?
10,00	?	1 000,00	?
20,00	?	2 000,00	?
50,00	?	5 000,00	?
100,00	?	10 000,00	?

2. Wie viel DM (Verkaufskurs) sind:
   a) 25 griechische Drachmen,
   b) 72 englische Pfund,
   c) 46,02 dänische Kronen,
   d) 3780 französische Franc,
   e) 7000 österreichische Schilling,
   f) 54 Schweizer Franken?

3. Tante Berta und Onkel Heinrich verbringen ihren Urlaub dieses Jahr an der englischen Südküste. Zum Einkaufen fahren die beiden nach London. Onkel Heinrich parkt das Auto in einer Seitenstraße mit zwei durchgezogenen gelben Linien (Parkverbot). Als sie nach 5 Stunden vollbepackt zurück kommen, steckt ein Strafzettel (10 Pfund) hinter dem Scheibenwischer. Wie viel DM kostet die Parksünde nach Tab. **9**.6?

4. Sam, der ängstliche Amerikaner, macht eine Europareise. Er tauscht seine Notfallkasse (500 Dollar) in die jeweilige Landeswährung. Von New York aus fliegt er zunächst für eine Woche nach Berlin zu seiner Cousine. Von dort aus geht es drei Tage nach Frankreich, zurück nach Berlin und am nächsten Tag nach Rom. Nach 14 Tagen Italien macht er wieder eine kurze Zwischenlandung in Berlin und startet ein paar Tage später in Richtung London. Dort hält er sich 5 Tage auf, kommt nochmals nach Berlin zurück, um seiner Cousine „good-bye" zu sagen und fliegt schließlich wieder in die Heimat.
   Berechnen Sie, wie viel Dollar Sam durch seine „Tauschaktionen" am Ende verloren hat, wenn er die Notfallkasse nicht angreift. Berücksichtigen Sie jeweils die An- und Verkaufskurse.

5. Für eine deutsche Zeitschrift, die hier am Kiosk 4,– DM kostet, müssen Sie im Urlaub folgende Preise bezahlen (Verkaufskurs):
   a) Österreich: 30 öS
   b) Frankreich: 18 FF
   c) Niederlande: 5 hfl
   d) Schweiz: 4 Sfr
   e) Italien: 5500 Lit
   f) Norwegen: 27 nkr
   g) Spanien: 500 Pta
   h) Kanarische Inseln: 525 Pta
   Geben Sie die jeweiligen Preise in DM an.

6. Während eines Wochenendtrips nach Amsterdam gerät Tiny in eine Boutique und steht im Nu mit folgender Kollektion an der Kasse:

Kleid	61,28	Gulden
Jeans	70,19	Gulden
Pulli	31,20	Gulden
Sweat-Shirt	40,11	Gulden
Bluse	35,65	Gulden

   a) Wie viel Gulden muss sie bezahlen?
   b) Was kosten sie die einzelnen Stücke in DM?

7. Für einen zweiwöchigen Österreich-Urlaub mit seiner Frau hat Kurt Kümmelspalter 392 öS als Taschengeld mitgenommen.
   a) Wie viel DM hat er eingetauscht?
   b) Wie viel Schilling können die beiden täglich ausgeben?

8. Tinys griechische Klassenkameradin hat von ihrem Onkel zum 18. Geburtstag 200000 griechische Drachmen geschenkt bekommen. Kann sie davon den ersehnten Führerschein (1800,– DM) bezahlen?

9. Während eines ICD-Seminars in Paris besuchen einige der Teilnehmer ein französisches Speiselokal und suchen sich folgende Menüs aus:

   a) Hors d'oeuvre variés
   Filets de maquereau francillion
   Pommes Duchesse, Petits pois au beurre
   Gateau St. Hônoré 222,39 Francs

   b) Consommé diablotins
   Noisettes d'agneau fleuriste
   Pommes sautées, Champignons grillés
   Créme Chantilly 204,48 Francs

   c) Melon frappé
   Poisson belle meunière
   Carottes Vichy, Pommes rissolées
   Savarin aux fruits 234,33 Francs

   d) Croquette d'oeuf
   Sauté de boeuf
   Chou-fleur au gratin,
   Choux de Bruxelles
   Pommes chips
   Profiteroles au chocolat 183,58 Francs

   e) Bisque de homard
   Entrecôte chasseur
   Haricots verts, Mangetout
   Pommes nature
   Soufflé chocolat 195,52 Francs

   f) Foie gras
   Coquille St. Jacques
   Pommes a la nèige
   Epinards en purée
   Crêpes à la confiture 213,43 Francs

   Was kosten die Menüs in DM?

10. In einem Schweizer Wintersportort verlangt ein Gasthaus für ein Einzelzimmer mit Frühstück 67,23 Franken, für ein Doppelzimmer 92,44 Franken. Wie viel DM kostet ein Aufenthalt von 10 Tagen im a) Einzelzimmer, b) Doppelzimmer?

9.4 Was tun mit Überschüssen?

Wer wenig verdient, kann auch nur wenig ausgeben – wer viel verdient, kann viel ausgeben. Trotz dieser einfachen Rechnung übersteigen die Wünsche oft das monatliche Einkommen. Manchmal träumt man von einem neuen Auto, oder andere größere Anschaffungen sind fällig. Dann ist es schon gut, wenn rechtzeitig etwas Geld „auf die hohe Kante" gelegt worden ist.

Viele von Ihnen haben sicher schon lange ein Sparbuch; doch die Summen, die sich dort ansammeln, sind nicht überwältigend. Besser geht es, wenn man sich selbst zum monatlichen Sparen verpflichtet. Solcher Eifer wird nicht nur vom Staat belohnt (5. Gesetz zur Förderung der Vermögensbildung der Arbeitnehmer), sondern auch durch günstige Angebote der Sparkassen, Banken und Versicherungen. Lassen Sie sich deshalb über die für Sie günstigste Geldanlage von Fachleuten beraten, denn wichtig sind nicht nur Ihre persönlichen Pläne, sondern auch z.B. Ihr Familienstand oder die Höhe Ihres Einkommens. Auf jeden Fall sollten Sie mehrere Angebote einholen und vergleichen, um in aller Ruhe Ihre Entscheidung zu treffen. In den folgenden Aufgaben wollen wir Ihnen nur einige Beispiele der Vermögensbildung aufzeigen.

Übungsaufgaben

1. Tiny hat sich bei Beginn ihrer Ausbildung vorgenommen, jedes Jahr ihre „Weihnachtsgeschenke in bar" auf ein Sparkonto mit gesetzlicher Kündigung (2,5%) einzuzahlen. Sie überweist folgende Beträge: 500,– DM am 2.1.1994, 600,– DM am 2.1.1995, 650,– DM am 2.1.1996.
   a) Wie viel DM hat Tiny in den 3 Jahren insgesamt eingezahlt?
   b) Wie viel DM Zinsen erhält sie jeweils am Jahresende?
   c) Welche Summe hat sie Ende 1996 mit Zinsen und Zinseszinsen auf ihrem Konto stehen?

2. Eine Bank macht folgendes Angebot „Sparen mit Zins und Prämie". Beim Prämiensparen zahlt der Sparer monatlich 6 Jahre lang eine im Vertrag festgelegte Summe (z. B. 50,– DM) auf sein Prämiensparkonto ein. Die Bank zahlt dann zu den jährlichen Zinsen am Ende des 7. Jahres noch 14% Prämie auf das eingezahlte Kapital. Der Sparer bekommt also nach 7 Jahren den gesamten Betrag (Kapital, Zinsen, Zinseszinsen und Prämie) ausgezahlt. Ergänzen Sie die Prämienspartabelle:

3. Kurt Kümmelspalters Großvater steckt jeden Monat 250,– DM in den gut versteckten Sparstrumpf.
   a) Wie viel DM hat er nach 6 Jahren im Strumpf?
   b) Wie viel DM wären es, wenn er monatlich die gleiche Summe auf ein Prämiensparkonto eingezahlt hätte? (Prämie 14%, 2312,– DM Zinsen und Zinseszinsen)
   c) Wie viel % Gewinn hätte er beim Prämiensparvertrag erhalten?

4. Die Eltern wollen für Tiny 3000,– DM auf einem Sparkonto anlegen. Bei einem Konto mit gesetzlicher Kündigungsfrist zahlt die Bank jährlich 2% Zinsen, bei Festgeld auf 4 Jahre 3,5%. Berechnen Sie die Zinsen für beide Anlagemöglichkeiten nach einem Jahr.

5. Tante Berta, in Finanzdingen schon fast ein Genie, kauft für 2500,– DM Sparkassenbriefe. Bei vierjähriger Kündigungsfrist werden die Wertpapiere mit 6,25% verzinst. Wie viel Geld steht Tante Berta nach 4 Jahren (ohne Zinseszins) zur Verfügung?

	a)	b)	c)
monatliche Sparrate	50,– DM	150,– DM	200,– DM
Sparbeträge nach 6 Jahren	? DM	? DM	? DM
14% Prämie	? DM	? DM	? DM
Zinsen	382,– DM	687,– DM	1527,– DM
Kapital nach 7 Jahren	? DM	? DM	? DM

6. Ein Arbeitnehmer legt 6 Jahre lang im Monat 37,60 DM vermögenswirksam an. Nach Abschluss des 7. Jahres beträgt sein Gesamtguthaben 7118,10 DM.
   a) Wie viel DM hat er selbst angespart?
   b) Wie viel Prozent des gesamten Sparguthabens betragen Prämien, Arbeitnehmer-Sparzulage, tarifliche Leistungen des Arbeitgebers, Zinsen und Zinseszinsen?

7. Sie können Ihr Geld Gewinn bringend in Wertpapieren anlegen, denn Vermögensbildung geht auch ohne vermögenswirksame Leistungen. Banken verkaufen z. B. Kassenobligationen zu einem Kurspreis von 99,80 DM. Der Nennwert, d. h. der eigentliche Wert, beträgt 100,– DM. Sie müssen die Wertpapiere 1 Jahr lang behalten und bekommen danach 6% Zinsen auf den Nennwert. Bei der Auszahlung behält die Bank 7,50 DM Abwicklungs- und

8,– DM Depotgebühr ein. Sie legen 3000,– DM an.

a) Wie viel Obligationen bekommen Sie dafür?
b) Wie viel DM müssen Sie dafür bezahlen?
c) Wie viel DM erhalten Sie nach 1 Jahr zurück?
d) Berechnen Sie den Gewinn.

8. Tiny spart für den Führerschein. Sie will 4 Jahre lang einen bestimmten Monatsbetrag auf die „hohe Kante" legen. Auf der Bank rät man ihr zu einem Prämiensparvertrag. Sie rechnet folgende Sparbeträge durch. Helfen Sie ihr dabei.

Monatliche Sparrate DM	Sparbetrag nach 4 Jahren DM	5% Prämie DM	Zinsen DM	Kapital nach 4 Jahren DM
30,–			60,–	
50,–			100,–	
100,–			200,–	
150,–			299,–	
200,–			399,–	

9. Werden die vermögenswirksamen Leistungen (936,– DM) auf einen Bausparvertrag eingezahlt, zahlt der Staat bei Arbeitnehmern ohne Kinder, die weniger als 27000,– DM im Jahr verdienen, 10% Arbeitnehmersparzulage. Auf welchen Betrag erhöhen sich die 936,– DM nach einem Jahr ohne Berücksichtigung der Zinsen?

10. Als Arbeitnehmer können Sie nach dem 5. Vermögensbildungsgesetz jährlich bis zu 936,– DM sparen. Der monatliche Sparbetrag ist bis zu 78,– DM festgesetzt. Der Staat beteiligt sich mit einer monatlichen Sparzulage von 10% bei Bausparverträgen und 20% bei Anlage in Beteiligungswerten (z. B. Wertpapiere, Aktienfonds). Auch der Arbeitgeber trägt zu Ihrer Vermögensbildung bei, indem er die tariflich vereinbarten Leistungen monatlich zahlt (Berufsgruppe Friseur = 13,– DM). Beide Sparförderungen gelten für alleinstehende Personen, deren Jahreseinkommen 27000,– DM, bei Verheirateten 54000,– DM nicht überschreitet.

Ergänzen Sie die unten stehende Tabelle.

Monatlicher Sparbetrag	78,– DM
Arbeitgeberanteil	13,– DM
Eigener monatlicher Sparbetrag	? DM
20% Arbeitnehmersparzulage vom Staat	? DM
Eigener Sparbetrag nach 6 Jahren	? DM
Guthaben nach 6 Jahren (einschl. Arbeitgeberanteil und Sparzulage)	? DM
Gesamtguthaben (einschl. Zins, Zinseszins und aller Kapitalerträge) nach 7 Jahren	? DM
Gewinn nach 7 Jahren	? DM

10 Kalkulation

Tante Berta, in modischen Dingen immer der Zeit voraus, hört von einer Freundin wahre Wunderdinge über den neuen Friseur im Nachbarort. Alle rennen zu diesem Haarkünstler, die einen wegen der supergünstigen Preise, die anderen wegen seiner typgerechten Frisuren. Da Tante Berta wegen des Frühjahrsputzes nicht gleich aus dem Haus kann, macht sie sich nach 3 Wochen auf, um sich bei dem viel gepriesenen Meister eine neue Lockenpracht zaubern zu lassen. Doch sie steht vor verschlossener Tür und liest das Schild „Wegen Geschäftsaufgabe geschlossen" (**10**.1). Im Café erfährt sie, dass der Friseur zwar ein tüchtiger Haarkünstler war, dafür aber ein miserabler Kaufmann – er konnte nämlich nicht kalkulieren!

10.1 Tante Berta vor dem Friseurgeschäft

Kalkulation ist die Preisermittlung für Dienstleistungen und Verkaufswaren.

Die Preise entscheiden über Erfolg oder Misserfolg eines Betriebs. Sind sie zu hoch, gehen die Kunden zur Konkurrenz; sind sie zu niedrig, erzielt der Friseur keinen Gewinn und kann schlimmstenfalls nicht einmal seine Kosten decken. Ein guter Geschäftsmann erzielt Gewinne. Sie sind der Lohn für seine Arbeit, die Sicherheit gegen Verluste und das Kapital für Neuanschaffungen (Investitionen).

10.1 Kalkulation von Dienstleistungen

Die Dienstleistung ist die „wichtigste Ware", die ein Friseur verkauft. Da Dienstleistungen Arbeitszeit erfordern, entstehen Personalkosten.

Personalkosten. Berechnete man nur die zur Kundenbedienung nötige Arbeitszeit *(produktive Lohnkosten)*, müssten alle Angestellten ununterbrochen arbeiten, dürften keine Minute untätig herumstehen, nie Urlaub nehmen, nicht krank werden, und die Auszubildenden könnten nicht zur Berufsschule gehen. Dieser „Idealfall" kommt in keinem Betrieb vor. Immer entstehen dem Chef Kosten für Leerzeiten *(Personalgemeinkosten)*. Damit er nicht draufzahlt, muss er sie zu den produktiven Lohnkosten hinzurechnen und die Kunden mitbezahlen lassen.

Betriebskosten. Bei der Dienstleistung des Friseurs werden aber auch z. B. Präparate, Wasser, Strom und Gas verbraucht. Es wäre sehr umständlich, diese *direkten Betriebskosten* für jede Behandlung zu berechnen. Dazu brauchten alle Waschbecken Wasserzähler, alle Trockenhauben und Föhne Stromzähler, und sogar der Müll müsste genau abgemessen werden. Hinzu kommen Steuern, Haftpflichtversicherung, Werbekosten, Heizungskosten, Zinsen, Miete und Arbeitsgeräte. Auch der Stuhl, auf dem die Kundin sitzt, nutzt sich ab und muss einmal erneuert werden. Alle diese Kosten lassen sich nicht auf eine einzige Behandlung umlegen. Wir nennen sie *indirekte Betriebskosten* und müssen sie den direkten Betriebskosten zuschlagen. So erhalten wir die Betriebsgemeinkosten (**10.2**).

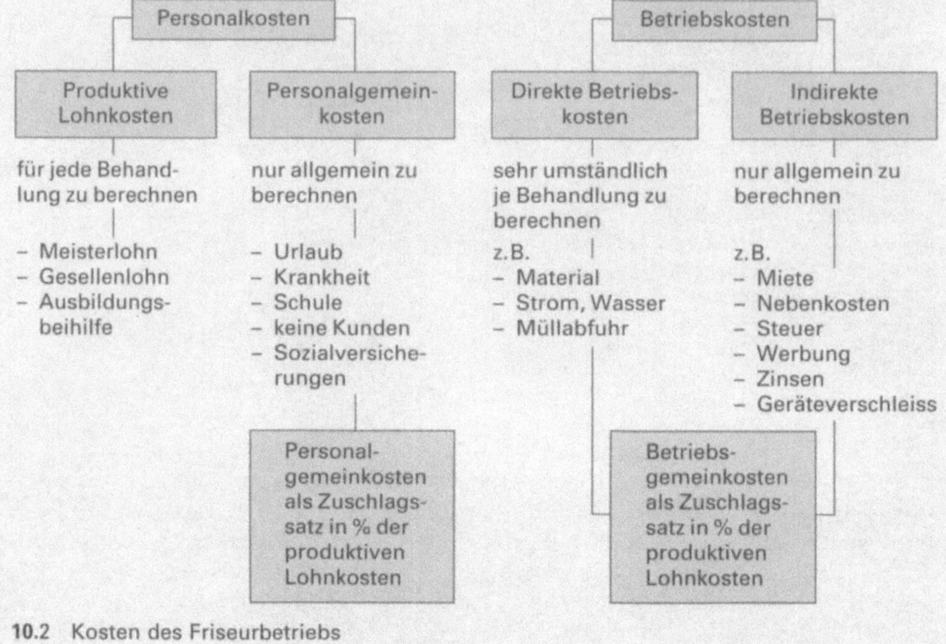

10.2 Kosten des Friseurbetriebs

Personalgemeinkosten und Betriebsgemeinkosten werden bei der Kalkulation als prozentualer Zuschlag auf die produktiven Lohnkosten berücksichtigt, weil diese im Dienstleistungsbereich am stärksten ins Gewicht fallen.

10.1.1 Ermitteln der Gemeinkosten

Um die Gemeinkostensätze zu ermitteln, erfasst der Meister ein Jahr, mindestens aber mehrere Monate lang sämtliche Gemeinkosten seines Betriebs. Dies wiederholt er in bestimmten Zeiträumen.

Ermitteln der Personalgemeinkosten. Hierzu gehört die Kapazitätsauslastung des Betriebs. Da nicht immer gleich viel Kunden zu bedienen sind (Weihnachtsgeschäft im Dezember, Flaute im Januar), wechselt die Auslastung von Monat zu Monat. Die Einnahmen eines Tages, an denen alle Mitarbeiter anwesend und vollbeschäftigt sind, multipliziert der Chef mit den Arbeitstagen des Monats. Dieser Betrag wäre bei vollständiger Auslastung seines Betriebs zu erzielen. Die tatsächlichen Monatseinnahmen in Prozent davon ergibt die Kapazitätsauslastung.

Eingerechnet in die Personalgemeinkosten werden die Lohnanteile für Zeiten, in denen keine Kunden zu bedienen sind (unproduktive Lohnkosten). Hinzu kommen personalbedingte Kosten des Chefs – die Personalnebenkosten. Dazu gehören die Beiträge des Arbeitgebers zur Sozialversicherung (Kranken-, Renten-, Arbeitslosen- und Pflegeversicherung) sowie der Beitrag zur Berufsgenossenschaft (Unfallversicherung). Zu berücksichtigen sind anteilmäßig auch die Weihnachts- und Urlaubsgelder (Jahressumme geteilt durch 12).

Beispiel Wir nehmen an, ein Betrieb mit 5 Mitarbeitern habe monatlich 5000,– DM Lohnkosten. Seine Kapazität ist in diesem Monat nur zu 70% ausgelastet gewesen. Dann erhalten wir folgende

produktive Lohnkosten: 100% ≙ 5000,– DM

$$1\% \triangleq \frac{5000}{100}\text{ DM}$$

$$70\% \triangleq \frac{50\not{0}\not{0}\cdot 70}{1\not{0}\not{0}} = 3500,\text{– DM}$$

Damit erhalten wir zugleich den Anteil der unproduktiven Lohnkosten mit 30% (5000 DM – 3500 DM)	= 1500,– DM
Hinzu kommen die Arbeitgeberanteile zur Krankenversicherung/Pflegeversicherung	
– Krankenversicherung 6% der Bruttolöhne $\frac{6\cdot 50\not{0}\not{0}}{1\not{0}\not{0}}$	= 300,– DM
– Rentenversicherung 9,6% der Bruttolöhne $\frac{9{,}6\cdot 50\not{0}\not{0}}{1\not{0}\not{0}}$	= 480,– DM
– Arbeitslosenversicherung 3,25% der Bruttolöhne $\frac{3{,}25\cdot 50\not{0}\not{0}}{1\not{0}\not{0}}$	= 162,50 DM
Beitrag zur Berufsgenossenschaft 3,2% der Lohnkosten	= 160,– DM
Urlaubs- und Weihnachtsgeld, Monatsanteil $\frac{5000}{12}$	= 416,67 DM
Personalgemeinkosten eines Monats	= 3019,17 DM

Daraus berechnen wir den Personalgemeinkostensatz:

$$3500,\text{– DM} \triangleq 100\%$$

$$1,\text{– DM} \triangleq \frac{100}{3500}$$

$$3019{,}17\text{ DM} \triangleq \frac{1\not{0}\not{0}\cdot 3019{,}17}{35\not{0}\not{0}} = \mathbf{86{,}262\%}$$

Der Personalgemeinkostensatz berücksichtigt in der Kalkulation alle personalabhängigen Kosten, die über die produktiven Lohnkosten hinaus entstehen.

$$\text{Personalgemeinkostensatz} = \frac{100\cdot\text{Personalgemeinkosten}}{\text{produktive Lohnkosten}} = \ldots\%$$

Übungsaufgaben

1. Ermitteln Sie die produktiven und unproduktiven Lohnkosten.

	Bruttolohn	Kapazitäts-auslastung
a)	6000,– DM	75%
b)	7200,– DM	68%
c)	2860,– DM	76%
d)	8422,– DM	82%
e)	3640,– DM	78%
f)	4280,– DM	76%

2. Berechnen Sie die Arbeitgeberanteile zur Sozial- und Pflegeversicherung (KV = 6,75%, PfV = 0,85%, AV = 3,25%, RV = 9,6% – Stand: Frühjahr 1996) nach den angegebenen Bruttolohnsummen.
   a) 4690,– DM, b) 6370,– DM,
   c) 2645,– DM, d) 3580,– DM,
   e) 5260,– DM, f) 8950,– DM

3. Berechnen Sie aus der Summe der Urlaubs- und Weihnachtsgelder den monatlichen Anteil.
   a) U 2850,– DM, W 3630,– DM
   b) U 3100,– DM, W 3620,– DM
   c) U 3580,– DM, W 3860,– DM

4. Berechnen Sie die produktiven Lohnkosten und den Personalgemeinkostensatz.

	a)	b)	c)
Bruttolöhne	6530,– DM	4790,– DM	5400,– DM
unproduktive Lohnkosten	1632,50 DM	1053,80 DM	1800,– DM
Personalgemeinkosten	3373,87 DM	2411,50 DM	2650,– DM

5. Geben Sie für folgende Betriebe a) die Personalgemeinkosten je Monat und b) den Personalgemeinkostensatz an.

	Salon Chic	Le Figaro	Die Locke
Bruttolöhne	7500,– DM	9200,– DM	6300,– DM
unproduktive Lohnkosten	2000,– DM	2600,– DM	1134,– DM
Kranken-/Pflegeversicherung	6,6%	6%	6,6%
Rentenversicherung	9,6%	9,6%	9,6%
Arbeitslosenversicherung	3,25%	3,25%	3,25%
Berufsgenossenschaft	3,2% der Bruttolöhne		
Weihnachts-/Urlaubsgeld im Jahr	7600,– DM	9000,– DM	6900,– DM

6. Geben Sie den Personalgemeinkostensatz an.

	a)	b)	c)
Bruttolöhne	14000,– DM	8300,– DM	7400,– DM
Kapazitätsauslastung	80%	76%	71%
produktive Lohnkosten	? DM	? DM	? DM
unproduktive Lohnkosten	? DM	? DM	? DM
Kranken-/Pflegeversicherung	6,2%	6,5%	6,0%
Rentenversicherung	9,6%	9,6%	9,6%
Arbeitslosenversicherung	3,25%	3,25%	3,25%
Berufsgenossenschaft	3,2% der Bruttolöhne		
Urlaubs-/Weihnachtsgeld im Jahr	12000,– DM	7800,– DM	6000,– DM
Personalgemeinkosten	? DM	? DM	? DM
Personalgemeinkostensatz	? %	? %	? %

7. Salon a) aus Aufgabe 6 erreicht im nächsten Jahr durchschnittlich eine 8%ige Produktivitätssteigerung. Berechnen Sie den Personalgemeinkostensatz mit der neuen Auslastung.

Zum Ermitteln der Betriebsgemeinkosten werden alle betrieblichen Kosten eines Monats addiert. Dazu zählen z.B. Miete, Energiekosten (Heizung, Strom, Gas), Steuern, Zinsen für investiertes Eigenkapital, Verschleiss von Arbeitsgeräten und Einrichtung (Abschreibung). Die Summe wird in einen Prozentsatz der produktiven Lohnkosten umgerechnet und geht damit in die Kalkulation ein.

Beispiel

Monatliche Miete	1450,– DM
Strom	350,– DM
Wasser	180,– DM
Heizungsumlage	150,– DM
Müllabfuhr	9,50 DM
Telefon	90,– DM
Gewerbesteuer (2% vom Umsatz)	333,– DM
Zinsen	360,– DM
Werbung	100,– DM
Abschreibung	200,– DM
Monatliche Betriebsgemeinkosten	3222,50 DM

Daraus berechnen wir den Betriebsgemeinkostensatz, indem wir die produktiven Lohnkosten aus Beispiel 1 zu Grunde legen:

$$3500,\text{– DM} \triangleq 100\%$$

$$1,\text{– DM} \triangleq \frac{100}{3500}\%$$

$$3222,50 \text{ DM} \triangleq \frac{100 \cdot 3222,50}{3500} = \mathbf{92,07\%}$$

Der Betriebsgemeinkostensatz berücksichtigt in der Kalkulation alle betrieblichen Kosten, die über die Personalkosten (produktive Lohnkosten und Personalgemeinkosten) hinaus entstehen.

$$\text{Betriebsgemeinkostensatz} = \frac{100 \cdot \text{Betriebsgemeinkosten}}{\text{produktive Lohnkosten}}$$

Übungsaufgaben

8. In einem Salon ist der Damensalon 4,50 m breit und 11,80 m lang, der Herrensalon ist 3 m breit und 4,80 m lang. Der Verkaufs- und Warteraum misst 4 m × 5,20 m, die Nebenräume sind zusammen 5,5 m^2 groß. Wie hoch ist die monatliche Miete bei einem m^2-Preis von 9,20 DM?

9. Ein Friseurmeister erhält in einem Jahr sechs Stromrechnungen mit einem Betrag von 355,40 DM, 428,10 DM, 380,60 DM, 410,50 DM, 420,90 DM sowie 390,50 DM.
Wie hoch sind die monatlichen Stromkosten?

10. Wasserkosten werden vierteljährlich abgerechnet. Wie hoch ist der monatliche Betrag bei folgenden Rechnungen: 540,– DM, 590,– DM, 610,– DM, 630,– DM?

11. Berechnen Sie die monatliche Gewerbesteuer (= 2% vom Umsatz) bei einem Jahresumsatz von
    a) 150000,– DM,
    b) 223500,– DM,
    c) 98860,– DM.

12. Schnell veraltende Geräte und Einrichtungen werden *degressiv* abgeschrieben. Dabei geht man davon aus, dass das Gerät bzw. die Einrichtung in der ersten Zeit der Nutzung am meisten Wert verliert. Der zu Anfang der Nutzung recht hohe Abschreibungssatz wird gegen Ende immer geringer (**10**.3).

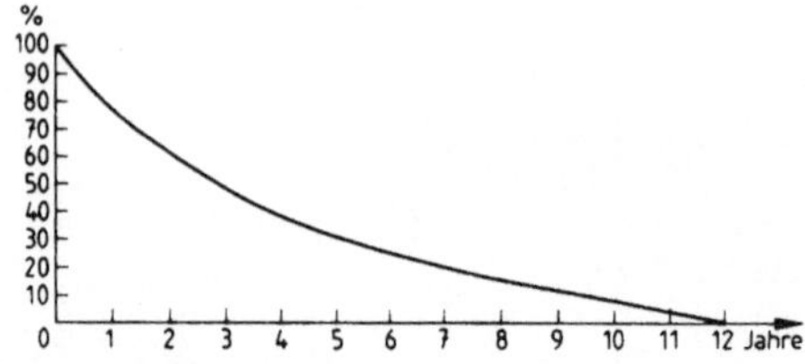

10.3 Kurvenverlauf für die 12-jährige Nutzung eines Friseurstuhls

Der Friseurstuhl hatte einen Neupreis von 1865,– DM. Nach einem Jahr hatte er nur noch einen Wert von 76%, nach zwei Jahren 62%, nach drei Jahren 47% des Neupreises. Geben Sie die Abschreibungssummen in DM an.

13. Die jährlichen Betriebsgemeinkosten eines Salons betragen 72688,– DM.
    a) Berechnen Sie den Betriebsgemeinkostensatz bei 69600,– DM produktiven Lohnkosten.
    b) Im Jahr darauf verringern sich die Betriebsgemeinkosten auf 70216,– DM. Wie hoch ist der Betriebsgemeinkostensatz bei gleich bleibenden produktiven Lohnkosten?

14. Sonja will sich einen Kleinwagen anschaffen. Ihr Freund schimpft, weil sie einen Neuwagen kaufen will. Er zeigt ihr die Liste mit den Gebrauchtwagenpreisen ihres Lieblingsmodells, das neu 26600,– DM kostet.

Preis nach	DM
1 Jahr	21500,– DM
2 Jahren	18800,– DM
3 Jahren	16800,– DM
4 Jahren	14700,– DM
5 Jahren	13100,– DM
6 Jahren	11600,– DM
7 Jahren	9800,– DM
8 Jahren	4000,– DM

    a) Wie viel DM spart sie bei einem Jahreswagen?
    b) Wie viel Prozent Wertverlust entstehen in den einzelnen Jahren?
    c) Wenn Sonja den Neuwagen kauft und nach 6 Jahren verkauft, muss sie mit einem monatlichen Wertverlust rechnen (lineare Abschreibung). Wie viel DM muss sie deshalb während der 6 Jahre auf ihr „Autowiederbeschaffungs-Konto" überweisen?

15. Nichts hält ewig! Einrichtungsgegenstände und Arbeitsgeräte verlieren mit der Zeit an Wert und müssen neu angeschafft werden, wenn sie unbrauchbar geworden sind. Diese Wertminderung wird beim Ermitteln der Betriebsgemeinkosten berücksichtigt durch die *Abschreibung*. Die Abschreibung ist sozusagen eine Rücklage für Ersatzbeschaffung. Die jährlichen Abschreibungsbeträge berechnet man durch Teilen des Beschaffungspreises durch die Nutzungsdauer (lineare Abschreibung).
    Berechnen Sie die monatliche Abschreibung für diese Geräte:

	Gerät	Anzahl	Anschaffungspreis	Nutzungsdauer
a)	Trockenhauben	8	1680,– DM	5 Jahre
b)	Lockenstäbe	10	39,– DM	3 Jahre
c)	Föhne	10	89,50 DM	3 Jahre

16. Beim Berechnen der Betriebsgemeinkosten werden auch die Zinsen für ein im Betrieb eingesetztes Kapital oder aufgenommenes Darlehen berücksichtigt. Berechnen Sie die monatlichen Zinsen, die ein Saloninhaber für 24000,– DM Eigenkapital bei z.B. 8% Verzinsung und für 46000,– DM Darlehen mit 11,5% Verzinsung mit einkalkuliert.

17. In einem 208 m² großen Salon wird die Miete von 15,60 DM auf 16,40 DM je m² angehoben. Berechnen Sie den alten und neuen Betriebsgemeinkostensatz nach nebenstehender Tabelle.

Betriebsgemeinkosten	?		?	
produktive Lohnkosten	9020,–	DM		
Miete	alt ?	DM	neu ?	DM
Strom	640,–	DM		
Wasser	310,80	DM		
Heizung	321,60	DM		
Müllabfuhr	20,80	DM		
Telefon	120,40	DM		
Gewerbesteuer	632,–	DM		
Zinsen	560,–	DM		
Werbung	176,80	DM		
Abschreibung	480,–	DM		

18. Berechnen Sie die Summe der Betriebsgemeinkosten eines Monats und den Betriebsgemeinkostensatz nach diesen Angaben:

Betriebsgemeinkosten	Salon A	Salon B
produktive Lohnkosten	3860,– DM	2480,– DM
Monatsmiete	1180,80 DM	845,– DM
Strom jährlich	4320,– DM	2940,– DM
Wasser vierteljährlich	740,– DM	560,40 DM
Heizungsumlage monatlich	185,– DM	112,– DM
Müllabfuhr monatlich	10,20 DM	9,80 DM
Telefon monatlich	100,90 DM	54,60 DM
Gewerbesteuer monatlich	416,– DM	276,50 DM
Zinsen monatlich	385,10 DM	216,40 DM
Werbung monatlich	198,40 DM	45,80 DM
Abschreibung monatlich	312,60 DM	256,20 DM

19. a) Welcher der folgenden vier Betriebe hat den niedrigsten Betriebsgemeinkostensatz?

b) Wie hoch ist der prozentuale Anteil des Strom- und Wasserverbrauchs an den Betriebsgemeinkosten der einzelnen Salons?

Betriebsgemeinkosten	Salon A	Salon B	Salon C	Salon D
produktive Lohnkosten	1840,– DM	2080,– DM	3860,– DM	1830,– DM
Miete	1120,– DM	980,– DM	1240,– DM	870,– DM
Strom	480,– DM	380,– DM	416,50 DM	345,90 DM
Wasser	291,60 DM	190,50 DM	210,45 DM	155,80 DM
Heizung	160,– DM	112,40 DM	180,– DM	96,30 DM
Telefon	76,80 DM	58,90 DM	60,55 DM	77,20 DM
Andere Nebenkosten	18,40 DM	12,40 DM	24,80 DM	8,80 DM
Gewerbesteuer	232,– DM	196,40 DM	486,40 DM	316,– DM
Zinsen	824,80 DM	304,10 DM	204,50 DM	240,10 DM
Abschreibung	616,– DM	298,50 DM	210,20 DM	300,40 DM

10.1.2 Kalkulation des Bedienungspreises

Nachdem Sie nun wissen, was Personal- und Betriebsgemeinkosten sind, wird Ihnen die Kalkulation des Bedienungspreises einfach erscheinen, denn dazu brauchen Sie nur die Grundrechenarten und das Prozentrechnen. Damit hatte selbst Tiny keine Schwierigkeiten!

Wir wollen Ihnen die Preisberechnung an einem Beispiel zeigen und anschließend daraus ein Schema ableiten, das Sie sich leicht merken können.

Beispiel Wasserwelle

Teilleistungen
Haarwäsche, Festiger, Föhnen, Haarspray

Arbeitszeit 45 Minuten
Durchschnittlicher Stundenlohn 7,20 DM

a) **Produktive Lohnkosten**

60 min = 7,20 DM

$1\text{ min} \triangleq \frac{7{,}20}{60}\text{ DM}$

$45\text{ min} \triangleq \frac{7{,}20 \cdot 45}{60} = 5{,}40\text{ DM}$ — 5,40 DM

b) **Personalgemeinkosten**
82,03% der produktiven Lohnkosten

$100\% \triangleq 5{,}40\text{ DM}$

$1\% \triangleq \frac{5{,}40}{100}\text{ DM}$

$82{,}03\% \triangleq \frac{5{,}40 \cdot 82{,}03}{100} = 4{,}43\text{ DM}$ — + 4,43 DM

c) **Betriebsgemeinkosten**
92,07% der produktiven Lohnkosten

$100\% \triangleq 5{,}40\text{ DM}$

$1\% \triangleq \frac{5{,}40}{100}\text{ DM}$

$92{,}07\% \triangleq \frac{5{,}40 \cdot 92{,}07}{100} = 4{,}97\text{ DM}$ — + 4,97 DM

Zwischensumme Selbstkosten der Bedienung — 14,80 DM

d) **Gewinnzuschlag**
30% des Selbstkostenpreises

$100\% \triangleq 14{,}80\text{ DM}$

$1\% \triangleq \frac{14{,}80}{100}\text{ DM}$

$30\% \triangleq \frac{14{,}80 \cdot 30}{100} = 4{,}44\text{ DM}$ — + 4,44 DM

Zwischensumme Nettobedienungspreis — 19,24 DM

Fortsetzung s. nächste Seite

Beispiel, Fortsetzung

e) **Mehrwertsteuer 15%**

$$100\% \triangleq 19{,}24 \text{ DM}$$

$$1\% \triangleq \frac{19{,}24}{100} \text{ DM}$$

$$15\% \triangleq \frac{19{,}24 \cdot 15}{100} = 2{,}89 \text{ DM} \qquad + 2{,}89 \text{ DM}$$

Zwischensumme Bruttobedienungspreis	22,13 DM

f) **Materialverbrauch** (Endpreise)

Shampoo	1,– DM	
Föhnfestiger	1,50 DM	
Haarspray	1,50 DM	
	4,– DM	+ 4,– DM

g) **Bedienungsendpreis**	**26,13 DM**

Daraus können wir leicht ein Kalkulationsschema bilden (**10**.4).

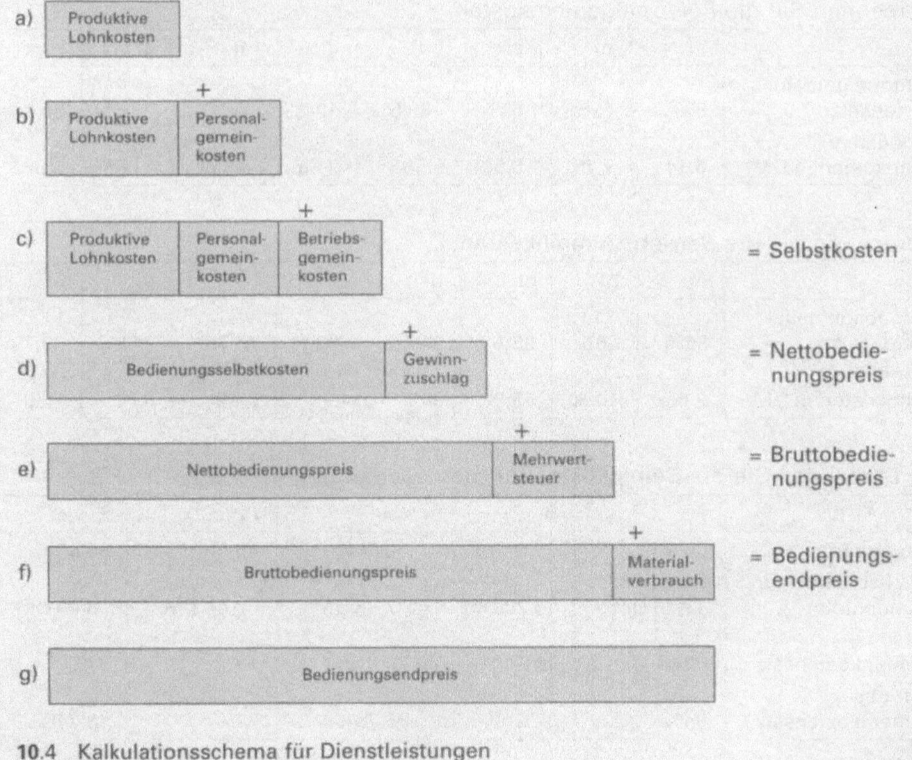

10.4 Kalkulationsschema für Dienstleistungen

Übungsaufgaben

20. a) Berechnen Sie den durchschnittlichen Stundenlohn in einem Salon mit 7 Beschäftigten.

    b) Wie hoch wäre der durchschnittliche Stundenlohn, wenn der Betriebsinhaber statt der vier Azubis eine Jungfriseurin mit 11,20 DM Stundenlohn beschäftigte?

	Stundenlohn
1 Auszubildende, 1. Ausbildungsjahr	3,20 DM
1 Auszubildender, 2. Ausbildungsjahr	4,50 DM
2 Auszubildende, 3. Ausbildungsjahr	je 5,20 DM
2 Gesellinnen	je 13,60 DM
1 Meister	21,40 DM

21. Berechnen Sie die produktiven Lohnkosten.

	a)	b)	c)	d)	e)	f)	g)	h)	i)
Arbeitszeit	45 Min.	36 Min.	$1^1/_2$ Std.	16 Min.	25 Min.	35 Min.	85 Min.	$^3/_4$ Std.	$1^1/_4$ Std.
Stundenlohn DM	6,85	7,10	8,70	6,95	6,64	14,80	15,20	11,80	13,60

22. Berechnen Sie die Personalgemeinkosten.

	a)	b)	c)	d)	e)	f)	g)	h)
Personalgemeinkostensatz	82%	79%	68%	89,5%	104%	94%	72,5%	80,05%
Produktive Lohnkosten in DM	5,14	7,20	8,50	7,95	9,65	13,60	11,68	8,86

23. Berechnen Sie die Betriebsgemeinkosten.

	a)	b)	c)	d)	e)	f)	g)	h)
Betriebsgemeinkostensatz	92%	86%	98%	112%	88,5%	76,75%	84,2%	69,79%
Produktive Lohnkosten in DM	9,60	14,80	13,90	9,45	4,25	8,65	6,80	7,30

24. a) Berechnen Sie die Selbstkosten für diese Bedienungen.

	A	B	C	D	E
Arbeitszeit	50 Min.	75 Min.	36 Min.	45 Min.	90 Min.
durchschnittlicher Stundenlohn	13,76 DM	14,20 DM	7,28 DM	7,44 DM	8,40 DM
Personalgemeinkostensatz	80%	76%	74,5%	68%	92%
Betriebsgemeinkostensatz	94%	92%	86,75%	72%	98,74%

    b) Stellen Sie die Nettobedienungspreise fest (Gewinnzuschlag = 33%).

25. Addieren Sie zu diesen Nettobedienungspreisen die Mehrwertsteuer von 15%. a) 39,– DM, b) 53,50 DM, c) 42,– DM, d) 68,40 DM, e) 85,– DM.

26. Bei der Kalkulation der Dienstleistungen beziehen viele Friseure die Kosten für verbrauchte Kabinettwaren in den Betriebsgemeinkostensatz ein. Dieses Verfahren spart Zeit. Nachteilig ist jedoch, dass hierbei z. B. für einen Kinderhaarschnitt, bei dem kaum Kabinettwaren verbraucht werden, die bei anderen Behandlungen (Dauerwelle, Färben, Blondieren) eingesetzten Präparate anteilig mitbezahlt werden müssen. Im Gegensatz dazu steht die genaue Einrechnung des Warenverbrauchs in die Kalkulation – ein zwar gerechtes, aber äußerst umständliches Verfahren.
Als vernünftiger Mittelweg bietet sich an, die Durchschnittspreise des Kabinettwareneinsatzes bei den wichtigsten Behandlungsarten zu berechnen. Diesen Weg wollen wir wählen und dabei auch die Häufigkeit der Behandlungsverfahren (z. B. Ansatz-/Neufärbung) einbeziehen.
a) Berechnen Sie anhand der Tabelle die durchschnittlichen Materialkosten einer Färbung.

	Kabinettwaren-verbrauch	Listenpreis mit Mehrwert-steuer	Mate-rial-kosten	Häufig-keits-verhält-nis	Material-preis mal Häufig-keitsver-hältnis
Hellerfärbung					
Neu-färbung	60 ml Haarfarbe 120 ml H_2O_2 9%	60 ml Haarfarbe = 12,– DM	? DM ? DM	2	? DM
Ansatz-färbung	30 ml Haarfarbe 60 ml H_2O_2 9%	1 l H_2O_2 9% = 17,20 DM	? DM ? DM	3	? DM
Färbung					
Neu-färbung	80 ml Haarfarbe 80 ml H_2O_2 9%	60 ml Haarfarbe = 12,– DM	? DM ? DM	2	? DM
Ansatz-färbung	45 ml Haarfarbe 45 ml H_2O_2 9%	1 l H_2O_2 9% = 17,20 DM	? DM ? DM	3	? DM

b) Ermitteln Sie die Durchschnittsmaterialkosten einer Blondierung.

	Kabinettwaren-verbrauch	Listenpreis mit Mehrwert-steuer	Mate-rial-kosten	Häufig-keits-verhält-nis	Material-preis mal Häufig-keitsver-hältnis
Neu-blondie-rung	40 g Blondier-pulver 120 ml H_2O_2 6%	1 Dose B. 400 g = 42,– DM 1 l H_2O_2 6% = 16,50 DM	? DM ? DM	1	? DM
Ansatz-blondie-rung	25 g Blondier-pulver 75 ml H_2O_2 6%		? DM ? DM	2	? DM
Sträh-nen	10 g Blondier-pulver 30 ml H_2O_2 9%	1 l H_2O_2 9% = 17,20 DM	? DM ? DM	8	? DM

c) Berechnen Sie die durchschnittlichen Materialkosten einer Dauerwelle.

	Kabinettwaren-verbrauch	Listenpreis mit Mehrwert-steuer	Mate-rial-kosten	Häufig-keits-verhält-nis	Material-preis mal Häufig-keitsver-hältnis
Standarddauerwelle					
Kurz-haar	60 ml Wellmittel 80 ml Fixierung	1 l Wellmittel = 52,– DM	? DM ? DM	5	? DM
Lang-haar	100 ml Wellmittel 140 ml Fixierung	1 l Fixierung = 24,– DM	? DM ? DM	2	? DM
Spezialdauerwelle					
Kurz-haar	60 ml Wellmittel 80 ml Fixierung	80 ml Wellmittel = 7,40 DM	? DM ? DM	3	? DM
Lang-haar	100 ml Wellmittel 80 ml Fixierung	80 ml Fixierung = 5,20 DM	? DM ? DM	2	? DM

27. Berechnen Sie den Bedienungsendpreis für eine Föhnfrisur nach folgenden Angaben:

a) Produktive Lohnkosten
Arbeitszeit 50 min, Durchschnittslohn 7,40 DM

b) + Personalgemeinkosten
Personalgemeinkostensatz 72%

c) + Betriebsgemeinkosten
Betriebsgemeinkostensatz 64%

= Selbstkosten

d) + Gewinnzuschlag 33%

= Nettobedienungspreis

e) + Mehrwertsteuer 15%

= Bruttobedienungspreis

f) + Materialverbrauch
Shampoo 1,– DM, Föhnfestiger 1,80 DM

= Endgültiger Bedienungspreis

28. Was kostet ein Herrenhaarschnitt mit Waschen und Föhnen in diesen drei Salons?

	Salon A	Salon B	Salon C
Arbeitszeit 40 min			
Durchschnittslohn	10,20 DM	13,60 DM	8,40 DM
Personalgemeinkostensatz	68%	70%	76%
Betriebsgemeinkostensatz	82%	64%	84%
Gewinnzuschlag	33%	30%	35%
Mehrwertsteuer	15%	15%	15%
Materialverbrauch (brutto)	1,– DM	0,50 DM	0,59 DM

29. Berechnen Sie den Endpreis für eine Haarfärbung mit Packung und Einlegen in diesen drei Salons.

	Salon A	Salon B	Salon C
Arbeitszeit 70 min			
Durchschnittslohn	9,80 DM	13,90 DM	12,– DM
Personalgemeinkostensatz	82%	78%	76,25%
Betriebsgemeinkostensatz	64%	72%	80%
Gewinnzuschlag	30%	40%	38%
Mehrwertsteuer	15%	15%	15%
Materialverbrauch (brutto)	12,– DM	12,40 DM	11,80 DM
	2,– DM	2,20 DM	2,20 DM
	9,– DM	8,60 DM	6,46 DM

30. In welchem dieser drei Salons ist die Dauerwelle am preiswertesten?

	Salon A	Salon B	Salon C
Arbeitszeit 115 min			
Durchschnittslohn	11,20 DM	9,– DM	7,10 DM
Personalgemeinkostensatz	72%	76,5%	84%
Betriebsgemeinkostensatz	66%	74%	68%
Gewinnzuschlag	40%	35%	30%
Mehrwertsteuer	15%	15%	15%
Materialverbrauch (brutto)	2,50 DM	2,75 DM	0,95 DM
	7,30 DM	7,30 DM	6,39 DM

31. a) Berechnen Sie den prozentualen Anteil der produktiven Lohnkosten an folgenden Bedienungsendpreisen.

	A	B	C	D
Bedienungsendpreis	55,80 DM	64,90 DM	48,– DM	24,80 DM
Produktive Lohnkosten	13,10 DM	16,05 DM	8,40 DM	6,20 DM

b) Nach den letzten Tarifverhandlungen steigen die Löhne durchschnittlich um 3,8%. Wie hoch sind nun die produktiven Lohnkosten?

32. Abendfrisuren mit einfrisierten Haarteilen und Make-up sind sehr Zeit aufwendig! Kalkulieren Sie diese Sonderleistung.

Arbeitszeit 115 min
Durchschnittslohn 7,90 DM
Personalgemeinkostensatz 64%
Betriebsgemeinkostensatz 58%
Gewinnzuschlag 33%
Mehrwertsteuer 15%
Materialverbrauch 8,59 DM

33. Strähnen im Langhaar werden im „Salon Kitty" mit der Dauerwelltechnik, im „Salon Schere" dagegen in Folientechnik durchgeführt. Wegen unterschiedlicher Arbeitszeiten ergeben sich andere Endpreise. Kalkulieren Sie beide Techniken mit den Angaben des Salons A aus Aufgabe 30 und diesen Vorgaben:

Salon Kitty: Arbeitszeit 120 min, Materialkosten 4,10 DM; Salon Schere: 95 min, 12,20 DM.

Ab und zu erweisen sich Lehrer und Prüfer als ganz gemeine Wesen, nämlich wenn sie braven Schülerinnen Aufgaben stellen, die von unten nach oben im Kalkulationsschema gerechnet werden müssen. Hierbei sollten Sie bedenken, dass mit erhöhtem Grundwert zu rechnen ist.

Beispiel Der Bruttobedienungspreis einer Dauerwelle beträgt 89,70 DM. Wie hoch war der Nettobedienungspreis bei 15% Mehrwertsteuer?

Produktive Lohnkosten		
+ Personalgemeinkosten		
= Selbstkosten		
+ Gewinnzuschlag		
= Nettobedienungspreis	?	≙ 100%
+ Mehrwertsteuer		15%
= Bruttobedienungspreis	89,70 DM	≙ 115%
+ Materialverbrauch		
= endgültiger Bedienungspreis		

Lösung 115% ≙ 89,70 DM

$$1\% \triangleq \frac{89{,}70 \cdot 100}{115} = \mathbf{78,\!- \ DM}$$

Aufgaben

34. Der Bruttobedienungspreis einer Dauerwelle beträgt 96,60 DM. Wie hoch ist der Nettobedienungspreis bei 15% Mehrwertsteuer?
35. Berechnen Sie die Selbstkosten einer Färbung bei 30% Gewinnzuschlag und einem Nettobedienungspreis von 71,50 DM.
36. Der Nettobedienungspreis für eine Färbung ist 86,97 DM. Wie hoch sind die Selbstkosten bei einem 30%igen Gewinnzuschlag?

10.1.3 Kalkulation nach dem Minutenkostensatz

Dies ist eine weitere Möglichkeit, Dienstleistungen zu kalkulieren. Man braucht dazu die Selbstkosten und die Anzahl der produktiven Arbeitsstunden für einen bestimmten Zeitraum, meist für 1 Jahr.

Die *produktiven Arbeitsstunden* ergeben sich durch Abzug der Urlaubs-, Feier- und Krankheitstage sowie Leerlaufzeiten (keine Kunden) von der Gesamtarbeitszeit. Zu den *Selbstkosten* zählen produktive Löhne, Personalgemein- und Betriebsgemeinkosten.

Teilt man die Selbstkosten durch die produktiven Arbeitsstunden, erhält man den *Stundenkostensatz*. Der Stundenkostensatz geteilt durch 60 ergibt den *Minutenkostensatz*. Addieren wir zu den Minutenkosten den Gewinnzuschlag und die Mehrwertsteuer, erhalten wir einen Faktor, mit dem wir jeden Bedienungspreis durch Multiplizieren mit der Arbeitszeit berechnen können.

Beispiel

	Kaltwelle	Waschen/Legen	Herrenhaarschnitt
produktive Arbeitszeit	105 min	30 min	20 min
Faktor	1,1	1,1	1,1
Bedienungspreis	115,50 DM	33,– DM	22,– DM

Der Minutenkostensatz und der sich daraus ergebende Faktor ermöglichen eine schnelle und einfache Kalkulation der Dienstleistungen. Für den Geschäftsmann bzw. die Geschäftsfrau wird es interessant, wenn sie den Minutenkostensatz auf einzelne Mitarbeiter oder Lohngruppen beziehen. Dann zahlt eine Kundin genau nach Bedarf oder Wunsch die Meister-, Gesellen- oder Auszubildendenleistung, da für jede dieser Lohngruppen ein eigener Faktor berechnet wird. Führt eine Auszubildende eine Dauerwelle von der Haarwäsche bis zum Ausfrisieren selbstständig durch, kostet es die Kundin weniger, als wenn der Meister Teilarbeiten übernimmt.

Die vollständige Aufschlüsselung nach Lohngruppen führen bisher nur wenige Betriebe durch. Üblich ist allerdings durchaus ein „Juniorsalon", in dem die Azubis selbstständig arbeiten und das Preisniveau entsprechend niedrig liegt.

Rechnen wir einige Beispiele mit Minutenkostenfaktoren durch!

Beispiel 1 Ausbildungsbeihilfe 660,– DM · 12 Monate = 7920,– DM.
220 produktive Arbeitstage im Jahr, 1760 produktive Arbeitsstunden jährlich.

Rechnung

7920,–	DM	Ausbildungsbeihilfe im Jahr
+ 6494,40	DM	Personalgemeinkosten (82%)
+ 7286,40	DM	Betriebsgemeinkosten (92%)
21700,80	DM	Selbstkosten

$$\text{Stundenkostensatz} = \frac{\text{Selbstkosten}}{\text{produktive Arbeitsstunden}} = \frac{21700{,}80\ \text{DM}}{1760} = 12{,}33\ \text{DM}$$

Um vom Minutenkostensatz auf den Minutenkostenfaktor zu kommen, rechnen wir Gewinnzuschlag und Mehrwertsteuer hinzu.

0,21	DM	
+ 0,063	DM	Gewinn (30%)
= 0,273	DM	
+ 0,0410	DM	Mehrwertsteuer (15%)
= 0,314	DM	Minutenkostenfaktor

Die Kosten für eine Dauerwelle, die ein Azubi durchführt, betragen demnach Minutenkostenfaktor · Behandlungszeit = 0,314 DM · 150 Minuten = **47,10 DM**.

Beispiel 2 Monatsbruttolohn einer Gesellin im 2. Gesellenjahr 1680,– DM · 12 Monate = 20160,– DM, 260 produktive Arbeitstage im Jahr, 2080 produktive Arbeitsstunden im Jahr.

Beispiel 2, Fortsetzung

Rechnung

20160,–	DM	Jahresbruttolohn
+ 16531,20	DM	Personalgemeinkosten (82%)
+ 18547,20	DM	Betriebsgemeinkosten (92%)
= 55238,40	DM	Selbstkosten

$$\frac{55\,238{,}40 \text{ DM}}{2800} = 26{,}56 \text{ DM Stundenkostensatz}$$

$$\frac{26{,}56 \text{ DM}}{60} = 0{,}44 \text{ DM Minutenkostensatz}$$

0,44	DM	
+ 0,132	DM	Gewinn (30%)
= 0,572	DM	
+ 0,086	DM	Mehrwertsteuer (15%)
= 0,658	DM	Minutenkostenfaktor

Waschen/Legen kosten bei einer Gesellin danach 0,658 DM · 30 Minuten = **19,74 DM**.

Beispiel 3 Monatsbruttolohn einer Meisterin 2800,– DM · 12 Monate = 33600,– DM, 220 produktive Arbeitstage jährlich, 1760 produktive Arbeitsstunden jährlich.

Rechnung

33600,–	DM	Jahresbruttolohn
+ 27552,–	DM	Personalgemeinkosten (82%)
+ 30912,–	DM	Betriebsgemeinkosten (92%)
= 92064,–	DM	Selbstkosten

$$\frac{92\,064 \text{ DM}}{1760} = 52{,}31 \text{ DM Stundenkostensatz}$$

$$\frac{52{,}31 \text{ DM}}{60} = 0{,}87 \text{ DM Minutenkostensatz}$$

0,87	DM	
+ 0,261	DM	Gewinn (30%)
= 1,131	DM	
+ 0,170	DM	Mehrwertsteuer (15%)
= 1,301	DM	Minutenkostenfaktor

Herrenhaarschnitt, vom Meister ausgeführt: 1,301 DM · 20 Minuten = **26,02 DM**.

Aufgaben

1. a) Berechnen Sie die Selbstkosten.
   Monatsbruttolohn = 1820,– DM
   Jahresbruttolohn = ?
   produktive Arbeitstage im Jahr = 218
   produktive Arbeitsstunden im Jahr (8 Std. täglich) = ?
   Personalgemeinkosten = 79%
   Betriebsgemeinkosten = 82%
   b) Wie hoch ist der Stundenkostensatz?
   c) Wie hoch ist der Minutenkostensatz?
2. a) Wie hoch ist der Minutenkostensatz für einen Gesellen in diesen drei Friseursalons?

	Anita	Haarscharf	Struwelpeter
Monatsbruttolohn	1600,– DM	1750,– DM	3000,– DM
produktive Arbeitstage im Jahr	220	219	220
Personalgemeinkosten	81%	78%	89%
Betriebsgemeinkosten	75%	80%	85%

b) Berechnen Sie den Minutenkostenfaktor bei 35% Gewinn im Salon Anita, 32% Gewinn im Salon Haarscharf und 40% Gewinn im Struwelpeter jeweils mit 15% Mehrwertsteuer.

3. Berechnen Sie die Preise für folgende Behandlungen:

	a)	b)	c)	d)	e)	f)
Minutenkostenfaktor	0,54 DM	0,63 DM	0,86 DM	1,04 DM	0,74 DM	0,79 DM
Arbeitszeit	35 min	75 min	115 min	95 min	60 min	125 min

4. Eine Friseurmeisterin lässt die Haarwäsche grundsätzlich von einer Auszubildenden durchführen und rechnet mit einem durchschnittlichen Kostenfaktor von 0,45 DM. Für ihre ausgelernte Friseurin hat sie einen Kostenfaktor von 0,68 DM berechnet. Ihre eigene Arbeit bewertet sie mit 0,85 DM je Minute. Kalkulieren Sie folgende Behandlungen:
   a) Haarwäsche, 12 min
      Haarschnitt, Meisterin, 25 min
      Frisurenformung, Friseurin, 20 min
   b) Haarwäsche Kurzhaar, 8 min
      Strähnen, Gesellin, 16 min
      Haarschnitt, Meisterin, 35 min
      Frisurenformung, Gesellin, 14 min
   c) Haarwäsche Langhaar, 15 min
      Tönung, Gesellin, 10 min
      Haarschnitt, Gesellin, 40 min
      Frisurenformung, Meisterin, 35 min
5. Ein Betrieb rechnet wegen verschiedener Betriebsgemeinkosten in seinen 3 Salons mit unterschiedlichen Minutenkostenfaktoren. Im Hauptgeschäft in der Innenstadt muss mit einem Minutenkostenfaktor von 1,02 DM gerechnet werden, während in den Filialen nur mit 0,82 DM bzw. 0,68 DM kalkuliert wird. Berechnen Sie die Preise für eine Dauerwelle mit Schnitt und Tönung (2 Std. 5 min) in den drei Betrieben.
6. Eine Kundin legt Wert auf die gesamte Behandlung durch die Meisterin. Sie erhält nach der Wäsche (9 min) einen Haarschnitt (35 min) und eine Föhnfrisur (25 min).
   a) Was muss sie bezahlen, wenn für die Arbeit der Meisterin ein Minutenkostenfaktor von 1,20 DM zugrunde gelegt wird?
   b) Wie viel DM hätte sie gespart, wenn eine Auszubildende (Minutenkostenfaktor 0,48 DM) gewaschen und geföhnt hätte?
7. Nach den Tarifverhandlungen und einer Mieterhöhung ändert sich der Minutenkostenfaktor von 0,68 DM auf 0,72 DM. Berechnen Sie die neuen Preise.

	Alter Preis
Herrenhaarschnitt	20,40 DM
Waschen/Legen	23,80 DM
Teildauerwelle	37,40 DM
Dauerwelle	69,36 DM
Neufärbung	48,96 DM
Tönung	21,76 DM
Kammsträhnen	24,48 DM

8. Ein Friseur arbeitet mit einer Friseurin und zwei Auszubildenden. Er rechnet mit einem durchschnittlichen Minutenkostenfaktor von 0,62 DM. Während die Friseurin Urlaub hat, werden die Kundinnen ausschließlich von den Auszubildenden bedient (Minutenkostenfaktor 0,48 DM). Wie viel DM verdient der Friseur zusätzlich am Tag, wenn beide Azubis im Durchschnitt $6^3/_4$ Stunden ununterbrochen arbeiten?

10.2 Kalkulation von Verkaufswaren

Beim Kalkulieren von Dienstleistungen sind die Löhne die wichtigste Kostengröße, weil die Arbeitszeit die Hauptkosten verursacht. Verkaufswaren werden anders kalkuliert.

Beim Verkauf im Friseurgeschäft spielt die Arbeitszeit nur eine geringe Rolle, denn das Beratungsgespräch findet fast immer während der Behandlung statt. Darum wäre es nicht sinnvoll, den Lohn zur Kalkulationsgrundlage zu machen. Entscheidend ist hier vielmehr der Preis, den der Friseur selbst für die Waren bezahlt – der *Einkaufspreis*. Gäbe er seine Waren zum Einkaufspreis ab, bliebe er ohne Gewinn und könnte nicht einmal seine Kosten decken. Zu diesen Kosten zählen u.a. Miete und Einrichtung des Verkaufsraums und Lagers, Strom und Zinsen. Die Summe dieser Kosten nennt man *Geschäftskosten*.

Der Friseur will jedoch auch an den Verkaufswaren verdienen. Deshalb müssen wir den Einkauf und den Verkauf kalkulieren. Bild **10.5** zeigt, wie beide Kalkulationen zusammenhängen.

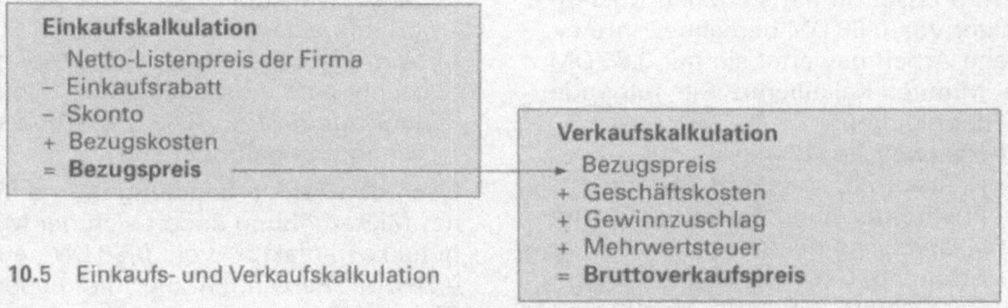

10.5 Einkaufs- und Verkaufskalkulation

Einkaufspreise. Den *Netto-Listenpreis* gibt die Lieferfirma vor. Ist der Chef ein guter Kunde, gewährt sie ihm einen Einkaufsrabatt. Dieser Einkaufsrabatt ist ein Prozentsatz und gilt meist für alle bei der Firma eingekauften Waren. Nach Abzug des Einkaufsrabatts vom Netto-Listenpreis erhalten wir den *Zieleinkaufspreis*. (Dieses Wort wird Ihnen fremd sein. Kaufleute gebrauchen es, um damit auch das Zahlungsziel anzugeben, bis zu dem der Käufer die Rechnung bezahlen muss.) Nach Möglichkeit bezahlt man innerhalb der Skontofrist, die auf der Rechnung steht und darf dann je nach den Lieferbedingungen Skonto abziehen. Der Überweisungsbetrag ist dann der *Bareinkaufspreis*. Bei kleineren Sendungen berechnet der Lieferant Bezugskosten (Porto, Fracht, Verpackung, evtl. auch Transportversicherung). Nach Addition der Bezugskosten zum Bareinkaufspreis erhalten wir die Endsumme der Einkaufskalkulation – den *Bezugspreis oder Einstandspreis*.

Verkaufspreise. Dieser Bezugspreis ist Ausgangspunkt der Verkaufskalkulation. Wie bei der Kalkulation von Dienstleistungen die Betriebsgemeinkosten eingerechnet werden, geschieht dies bei der Verkaufskalkulation mit den *Geschäftskosten*. Bezugspreis und Geschäftskosten ergeben zusammen den *Selbstkosten-*

preis – also den Preis, den die Verkaufsware den Chef kostet. Bisher hat die Ware nur Kosten verursacht. Da der Chef jedoch auch verdienen will, berechnet er einen *Gewinnzuschlag*. Die Summe aus Selbstkostenpreis und Gewinnzuschlag nennt man *Nettoverkaufspreis*. Bevor die Kundin die Ware bezahlt, verlangt das Finanzamt sein Recht: Die Mehrwertsteuer kommt dazu, und die Kundin zahlt schließlich den *Bruttoverkaufspreis*.

Beim Betrachten des Schemas **10**.5 fällt gewieften Schülern auf, dass die Mehrwertsteuer in der Einkaufskalkulation *nicht* auftaucht. Die Chefin muss allerdings an die Lieferfirma Mehrwertsteuer zahlen. Im Schema der Einkaufskalkulation wird diese Mehrwertsteuer nicht erfasst, da sie im Rahmen der monatlichen Umsatzsteuervoranmeldung als Vorsteuer abgezogen werden darf. Es handelt sich aber nur um einen durchlaufenden Posten, wenn die Ware nicht für den Eigenbedarf gekauft wird. Nimmt sie z. B. für sich selbst ein Shampoo oder eine Haarkur aus dem Regal, muss sie dafür die Mehrwertsteuer zahlen.

10.2.1 Einkaufskalkulation

Beispiel Eine Firma bietet Schaumtönungen zum Einzelpreis von 3,10 DM netto (ohne Mehrwertsteuer) in Kartons mit 6 Dosen an. Bei Abnahme von 10 Kartons werden 5% Rabatt gewährt, dazu 2% Skonto bei Zahlung innerhalb 10 Tagen. Für Porto und Verpackung berechnet die Firma bei 10 Kartons 12,80 DM Bezugskosten.

Der Bezugspreis lässt sich zwar für die einzelne Ware (hier jede Dose) berechnen, doch ist es bei größeren Mengen gleicher Waren sinnvoller, von der Gesamtmenge auszugehen. Rabatt, Mehrwertsteuer und Skonto müssen nämlich beim Umrechnen vom Prozentsatz zum Prozentwert (DM) auf- oder abgerundet werden. Teilt man die Gesamtmenge erst zum Schluss der Kalkulation durch die Stückzahl, verringert man die durch Auf- und Abrunden entstehenden Ungenauigkeiten. Oft handelt es sich nur um geringe Beträge, doch können sie sich auch summieren. Wenn es ganz genau sein muss, rechnet man mit mindestens drei Stellen nach dem Komma. In unserem Beispiel wollen wir beide Kalkulationsarten gegenüberstellen und vergleichen.

		für 1 Dose	**für die Gesamtmenge**	
a)	Listenpreis netto	3,10 DM	10 · 6 Dosen je 3,10 DM	= 186,– DM
	– 5% Rabatt	– 0,16 DM		– 9,30 DM
		2,94 DM		176,70 DM
b)	Zieleinkaufspreis			
	– 2% Skonto	– 0,06 DM		– 3,53 DM
c)	Bareinkaufspreis	2,88 DM		173,17 DM
	+ Bezugskosten			
	12,80 : 60 =	+ 0,21 DM		+ 12,80 DM
d)	Bezugspreis	**3,09 DM**		185,97 DM
			185,97 : 60	= **3,10 DM**

Übungsaufgaben

1. Eine Haarkosmetikfirma verkauft Haarspray in Kartons mit 20 Dosen zum Einzelpreis von 8,95 DM. Der Inhaber des „Haarstudios Susanne" bestellt 3 Kartons. Die Firma gewährt 5% Rabatt, 3% Skonto bei Zahlung innerhalb 8 Tagen und berechnet 18,40 DM Porto. Ermitteln Sie den Bezugspreis
   a) auf der Grundlage der gesamten Lieferung,
   b) auf der Grundlage 1 Dose.

2. Vor der Urlaubszeit bietet ein Lieferant Reiseföhne zum besonders günstigen Listenpreis von 16,60 DM an. In diesem Sonderpreis ist der Rabatt schon enthalten. Wie hoch ist der Bezugspreis für 12 Föhne bei 2,5% Skonto? An Bezugskosten berechnet die Firma pauschal 1,8% des Listenpreises.

3. Ein Friseur gibt die folgende Bestellung auf. Er bekommt 20% Rabatt und darf bei Zahlung innerhalb 8 Tagen 2% Skonto abziehen. Bei Bestellungen über 500,– DM berechnet die Firma keine Bezugskosten. Wie hoch ist der Bezugspreis der gesamten Lieferung?

4. 1 l 9%iges H_2O_2 kostet bei der Firma A 19,20 DM, bei Firma B nur 19,05 DM. A gewährt 5% Rabatt, B 3%. Welches Angebot ist günstiger?

5. Ein Pflegeset (Shampoo, Festiger und Haarkur) hat einen Listenpreis von 19,80 DM. Bei Abnahme von 20 Sets gewährt die Firma 5% Rabatt, bei Zahlung innerhalb 10 Tagen 3% Skonto. 22,40 DM Bezugskosten sind einzurechnen. Wie hoch ist der Bezugspreis für 40 Sets?

6. Ein Hersteller von Haarprodukten bietet eine neu entwickelte Festigerserie zur Einführung besonders günstig an. Der Einzelpreis für eine Portion „Fix Lotion" Strong, Extra Strong, LF und SF beträgt 4,10 DM. Bei Abnahme von 50 Portionen gewährt die Firma 3% Rabatt, bei 100 Portionen 5% und bei 200 Portionen 12%. 2% Skonto können bei Zahlung binnen 12 Tagen abgezogen werden. Hinzu kommen 7,50 DM Bezugskosten.
   a) Berechnen Sie die Bezugspreise der Gesamtmengen 50, 100 und 200 Portionen.
   b) Berechnen Sie daraus die Einzelpreise.

Bestellung

Menge	Artikel	Einzelpreis
10 Portionsflaschen	Wellmittel „soft"	4,85 DM
10 Portionsflaschen	Wellmittel „medium"	4,85 DM
3 × 1 l	Wellmittel	34,80 DM
5 × 1 l	Fixieremulsion	24,– DM
30 Tuben	Haarfarbe	8,20 DM
60	Schaumtönungen	6,20 DM
40 Beutel	Blondiermittel	2,50 DM
3 × 1 l	H_2O_2 6%	19,20 DM
2 × 1 l	H_2O_2 9%	20,20 DM
1 × 1 l	H_2O_2 12%	22,20 DM
100 Portionen	Festiger „forte"	2,85 DM
150 Portionen	Föhnfestiger	2,55 DM
4 × 1 l	Kurspülung	24,– DM
1 Kanister	Shampoo	68,– DM

10.2.2 Verkaufskalkulation

Beispiel Kalkulieren wir unser Einkaufsbeispiel weiter, das einen Bezugspreis von 3,09 bzw. 3,10 DM ergab. Der Friseur rechnet mit einem Geschäftskostensatz von 18% und 80% Gewinnzuschlag. 15% Mehrwertsteuer müssen berücksichtigt werden. Da die Kundin nur kleine Mengen (Einzeldosen) kauft, basiert die Verkaufskalkulation auf dem Einzelpreis.

e) Bezugspreis	3,10 DM
+ 18% Geschäftskosten	= 0,56 DM
f) Selbstkosten	3,66 DM
+ 80% Gewinnzuschlag	+ 2,93 DM
g) Nettoverkaufspreis	6,59 DM
+ 15% Mehrwertsteuer	+ 0,99 DM
h) Bruttoverkaufspreis	**7,58 DM**

Übungsaufgaben

7. Berechnen Sie den Bruttoverkaufspreis einer Haarkur. Bezugspreis 5,92 DM, Geschäftskosten 22%, Gewinnzuschlag 76%, Mehrwertsteuer 15%.

8. Der Bezugspreis für 100 ml Rasierwasser „Mark II“ beträgt 8,40 DM. Ermitteln Sie den Bruttoverkaufspreis in den drei folgenden Salons.

	Salon A	Salon B	Salon C
Bezugspreis	8,40 DM	8,40 DM	8,40 DM
Geschäftskosten	25%	20%	19%
Gewinnzuschlag	80%	85%	80%
Mehrwertsteuer	15%	15%	15%

9. Ein Saloninhaber hat sich verkalkuliert und 50 Fläschchen Parfüm zu viel eingekauft. Der Bezugspreis je Stück war 14,95 DM. Er will auf die Hälfte des 80%igen Gewinnzuschlags verzichten, seine Geschäftskosten von 25% jedoch aufschlagen.
   a) Zu welchem Preis bietet er das Sonderangebot einschließlich 15% Mehrwertsteuer an?
   b) Wie hoch war der alte Preis?

10. Für die Junior-Ecke des Salons kauft der Chef 40 Ohrstecker zum Bezugspreis von 3,80 DM ein. Die Geschäftskosten betragen 24%, der Gewinnzuschlag 100%.
    a) Berechnen sie den Bruttoverkaufspreis (Mehrwertsteuer 15%).
    b) Wie hoch war die Lieferantenrechnung?

11. Kalkulieren Sie den Bruttoverkaufspreis für eine Lidschattenkassette zum Bezugspreis von 9,86 DM. Zu berücksichtigen sind 24% Geschäftskosten, 75% Gewinnzuschlag und 15% Mehrwertsteuer.

12. Der Salon „Die Schere“ bestellt 30 100-ml-Flaschen Kopfwasser zum Einzelpreis von 4,10 DM.
    a) Kalkulieren Sie den Bezugspreis für 1 Flasche und für die gesamte Lieferung.

Kalkulationsschema

	Listenpreis 1 Flasche 4,10 DM
−	Rabatt 4%
=	Zieleinkaufspreis
−	Skonto 3%
=	Bareinkaufspreis
+	Bezugskosten ges. Lieferung 6,80 DM
=	Bezugspreis
+	Geschäftskosten 28%
=	Selbstkostenpreis
+	Gewinnzuschlag 55%
=	Nettoverkaufspreis
+	Mehrwertsteuer 15%
=	Bruttoverkaufspreis

b) Rechnen Sie mit dem Bezugspreis aus der gesamten Lieferung weiter und ermitteln Sie den Bruttoverkaufspreis.

13. Ein Anti-Schuppen-Shampoo wird zum Bezugspreis von 1,95 DM eingekauft. Die Geschäftskosten sind mit 25% einzurechnen, der Gewinn mit 70%, die Mehrwertsteuer mit 15%. Wie hoch ist der Bruttoverkaufspreis?

14. Folgende Verkaufswaren wurden bei einer Firma zu den angegebenen Listenpreisen bestellt:

20 Flaschen AF-Shampoo	4,95 DM
20 Flaschen AS-Shampoo	3,45 DM
50 Flaschen Festiger	1,55 DM
40 Flaschen Haarkuren	2,50 DM
10 Dosen Haarspray	5,55 DM

Die Firma gewährt neben 5% Rabatt 3% Skonto. Der Friseur berechnet 28% Geschäftskosten, 70% Gewinnzuschlag und 15% Mehrwertsteuer.

a) Wie viel DM muss der Friseur überweisen, wenn er das Skontoangebot (Zahlung binnen 8 Tagen) ausnutzt?

b) Berechnen Sie die Bruttoverkaufspreise der einzelnen Waren.

15. Eine Friseurin hat 50 Schmuckhaarkämmchen zum Listenpreis von 1,55 DM bestellt. Sie vergisst, innerhalb von 10 Tagen zu zahlen, und kann deshalb nicht die 3% Skonto abziehen.

a) Kalkulieren sie den Verkaufspreis (Einzelkalkulation) eines Kämmchens, wenn 2,80 DM Bezugskosten, 15% Geschäftskosten, 75% Gewinnzuschlag und 15% Mehrwertsteuer eingerechnet werden müssen.

b) Wie hoch wäre der Verkaufspreis, wenn die Friseurin rechtzeitig bezahlt hätte?

16. Eine Firma liefert in drei Salons je 10 Parfümgeschenkpackungen zum Listenpreis von 25,80 DM. Es werden 4,5% Rabatt und 2% Skonto bei Zahlung binnen 10 Tagen gewährt. Bezugskosten werden nicht berechnet. Ermitteln Sie die Bruttoverkaufspreise in den drei Salons (MwSt 15%).

Friseur A rechnet mit 18% Geschäftskosten und 70% Gewinn,

Friseur B rechnet mit 20% Geschäftskosten und 65% Gewinn,

Friseur C rechnet mit 25% Geschäftskosten und 60% Gewinn.

17. Auf einem Kosmetikseminar werden die neuen Nagellackfarben vorgestellt. Tiny hilft ihrem Chef beim Aussuchen. Sie bestellen 50 Pearllacke zum Einzelpreis von 3,65 DM und 40 Cremelacke zu je 3,20 DM. Die Lieferfirma gewährt einen Sonderrabatt von 6%, und 2% Skonto bei Zahlung innerhalb 8 Tagen. Ermitteln Sie die Bruttoverkaufspreise bei 26% Geschäftskosten, 85% Gewinnzuschlag und 15% Mehrwertsteuer. Bezugskosten entfallen, weil Tinys Chef die Ware gleich mitnimmt.

18. Schaumbad und passende Body-Lotion werden im Set zum Listenpreis von 22,80 DM angeboten. Der Lieferant gewährt bei Abnahme von 10 Sets 3% Rabatt und 2% Skonto bei Zahlung innerhalb 10 Tagen. Ein Friseur bestellt 20 Sets und kalkuliert mit 16% Geschäftskosten sowie 78% Gewinnzuschlag. Berechnen Sie den Bruttoverkaufspreis bei 15% MwSt und 8,60 DM Bezugskosten.

10.2.3 Kalkulationszuschlag, Kalkulationsfaktor, Handelsspanne

Onkel Heinrich hat es einfach. Die komplizierte Verkaufskalkulation braucht er nur für weiße und braune Eier durchzuführen. Schlimmer erginge es Ihrem Chef – Feierabende und Wochenende wären hinüber! Schätzen Sie spaßeshalber die Anzahl der Verkaufswaren Ihres Ausbildungsbetriebs! Dann merken Sie, dass die ausführliche Kalkulation bei den vielen verschiedenen Artikeln zu umständlich und mühsam wäre. Deshalb haben sich die Kaufleute den Kalkulationszuschlag oder -faktor einfallen lassen. Damit werden einzelne Stufen der Verkaufskalkulation zu einer Größe zusammengefasst, die für möglichst viele Waren gilt.

> Kalkulationszuschlag und Kalkulationsfaktor fassen die Geschäftskosten und den Gewinnzuschlag zusammen.

Diese Zusammenfassung ist nur möglich, weil beide Größen vom Chef selbst bestimmt werden, also unabhängig von den Lieferbedingungen der Firmen sind. Die Einkaufskalkulation lässt sich nicht verkürzen, weil man Waren von verschiedenen Firmen bezieht, die unterschiedliche Rabatte und Skonti gewähren und keine einheitlichen Bezugskosten berechnen.

Kalkulationszuschlag. Grundlage ist der Bezugspreis. Durch Zusammenfassen von Geschäftskosten und Gewinnzuschlag kommen wir gleich zum Nettoverkaufspreis. Die Mehrwertsteuer wird weiterhin getrennt aufgeführt, weil sie nicht vom Chef, sondern vom Staat festgelegt wird.
Warum mussten wir überhaupt erst die ausführliche Verkaufskalkulation lernen? Bestimmt nicht „aus Schikane", sondern weil wir ja mindestens *eine* ausführliche Berechnung brauchen, um Geschäftskosten und Gewinnzuschlag zu ermitteln. Erst die berechneten Summen dieser Größen können wir zusammenfassen.
Gehen wir zurück zu unserem Kalkulationsbeispiel.

Beispiel 1

Bezugspreis	3,50 DM
+ Geschäftskosten	+ 0,63 DM
+ Gewinnzuschlag	+ 3,31 DM
Nettoverkaufspreis	7,44 DM

Summe = 3,94 DM umgerechnet in Prozent des Bezugspreises:

$3{,}50\text{ DM} \mathrel{\hat{=}} 100\%$

$1{,}\text{– DM} \mathrel{\hat{=}} \frac{100}{3{,}50}\%$

$3{,}94\text{ DM} \mathrel{\hat{=}} \frac{100 \cdot 3{,}94}{3{,}50}$

= **Kalkulationszuschlag 112,57%**

> Kalkulationszuschlag = Summe der Geschäftskosten und des Gewinnzuschlags in Prozent des Bezugspreises.

Diesen Kalkulationszuschlag kann der Chef auf die Bezugspreise aller Waren aufschlagen und erhält so gleich die Nettoverkaufspreise. Erst wenn er die Prozentsätze beider Größen ändert, muss er den Kalkulationszuschlag wieder neu berechnen.

Zwischenfrage für schlaue Füchse: Warum können wir nicht einfach den Geschäftskostenprozentsatz und den Gewinnzuschlagsatz addieren?

Weil die 18% Geschäftskosten vom Bezugspreis berechnet werden, die 80% Gewinnzuschlag dagegen von den Selbstkosten – sie haben also verschiedene Grundwerte.

Stellen wir die beiden Kalkulationsarten einmal gegenüber!

Beispiel 2 Der Bezugspreis einer Gesichtsmilch beträgt 6,– DM. Der Inhaber rechnet mit 25% Geschäftskosten und 75% Gewinnzuschlag. Der Kalkulationszuschlag wurde schon mit 118,9% ermittelt. Wie hoch ist der Nettoverkaufspreis?

Ausführliche Kalkulation

Bezugspreis	6,– DM
+ Geschäftskosten	+ 1,50 DM
Selbstkostenpreis	7,50 DM
+ 75% Gewinnzuschlag	+ 5,63 DM
Nettoverkaufspreis	**13,13 DM**

Zuschlagskalkulation

Bezugspreis	6,– DM
+ 118,9% Kalkulationszuschlag	+ 7,13 DM
Nettoverkaufspreis	**13,13 DM**

Übungsaufgaben

19. Wie hoch ist der Kalkulationszuschlag bei einem Bezugspreis von 4,20 DM, 20% Geschäftskosten und 60% Gewinnzuschlag? (Sie sehen, dass wir die ausführliche Verkaufskalkulation durchaus brauchen!)

20. Zum Wochenanfang ist wenig Kundschaft im Salon. Deshalb soll Tiny eine Lieferung Verkaufswaren auszeichnen. Die Bezugspreise entnimmt sie der beiliegenden Liste. 124% Kalkulationszuschlag und 15% Mehrwertsteuer muss sie einrechnen. Wie zeichnet sie diese Waren aus?

	Artikel	Bezugspreis
a)	Festiger	1,45 DM
b)	Föhnlotion	1,25 DM
c)	Haarkur	3,15 DM
d)	Shampoo	2,95 DM
e)	Haargel	3,08 DM

21. Ergänzen Sie diese Tabelle.

	a)	b)	c)	d)	e)	f)
Bezugspreis	4,80 DM	2,10 DM	5,20 DM	24,75 DM	16,40 DM	3,95 DM
Kalkulationszuschlag	98%	120%	116%	112%	96,75%	98,5%
Nettoverkaufspreis	? DM	? DM	? DM	? DM	? DM	? DM
Mehrwertsteuer	15%	15%	15%	15%	15%	15%
Bruttoverkaufspreis	? DM	? DM	? DM	? DM	? DM	? DM

22. Ein Friseur rechnet im Hauptgeschäft in der Innenstadt mit einem Kalkulationszuschlag von 130%, in der Stadtrandfiliale mit 114%. Was kostet eine Nährpackung mit dem Bezugspreis von 2,60 DM in beiden Geschäften, wenn die Mehrwertsteuer eingerechnet und die Bruttoverkaufspreise auf volle Zehnpfennig gerundet werden?

23. Für das Weihnachtsgeschäft bestellt der Chef Geschenkartikel. Er rechnet bei der Verkaufskalkulation mit 126% Kalkulationszuschlag. Die Lieferfirma gewährt 4% Rabatt auf die Listenpreise und 3% Skonto. Bezugskosten werden nicht berechnet. Ermitteln Sie a) die Bruttoverkaufspreise und geben Sie b) den Bezugspreis der gesamten Sendung an.

	Stck.	Geschenkpackung	Listenpreis
A)	25	Eau de Toilette	19,80 DM
B)	20	Eau de Parfum	22,40 DM
C)	10	Parfum	34,90 DM
D)	30	Eau de Toilette und Seife	16,40 DM
E)	25	Herrenserie	36,85 DM

Kalkulationsfaktor. Teilen wir den Kalkulationszuschlag durch 100, erhalten wir den Kalkulationsfaktor und ersparen uns damit den Dreisatz. Also ist der Kalkulationsfaktor eine Vereinfachung.

$$\text{Kalkulationsfaktor} = \frac{\text{Kalkulationszuschlag}}{100}$$

Gehen wir wieder zu unserem Einführungsbeispiel zurück!

Beispiel 1

Bezugspreis	3,50 DM
+ Kalkulationszuschlag 112,57%	+ 3,94 DM
Nettoverkaufspreis	**7,44 DM**

Bezugspreis · Kalkulationsfaktor = Kalkulationszuschlag in DM
3,50 DM · 1,1257 = 3,939 ≈ 3,94 DM

Kalkulationszuschlag in DM + Bezugspreis = Nettoverkaufspreis
3,94 DM + 3,50 DM = **7,44 DM**

Bezugspreis · Kalkulationsfaktor + Bezugspreis = Nettoverkaufspreis

Beispiel 2 Bezugspreis der Gesichtsmilch 6,– DM, Kalkulationszuschlag 118,9%, Kalkulationsfaktor 1,189. Wie hoch ist der Nettoverkaufspreis?

Zuschlagskalkulation

Bezugspreis 6,– DM
+ Kalkulationszuschlag 118,9%

100% ≙ 6,– DM

$1\% \triangleq \frac{6}{100}$ DM

$118{,}9\% \triangleq \frac{6 \cdot 118{,}9}{100} =$ 7,13 DM

13,13 DM

Faktorkalkulation

Bezugspreis 6,– DM
Kalkulationsfaktor 1,189
6 · 1,189 + 6 = **13,13 DM**

Übungsaufgaben

24. Berechnen Sie die Nettoverkaufspreise.

	a)	b)	c)	d)	e)	f)
Bezugspreis	2,20 DM	3,15 DM	4,65 DM	5,18 DM	6,48 DM	7,12 DM
Kalkulationsfaktor	1,34	1,284	1,198	1,214	1,329	1,24

25. Wie hoch sind die Bruttoverkaufspreise bei 15% Mehrwertsteuer?

	a)	b)	c)	d)	e)	f)
Bezugspreis	1,98 DM	2,04 DM	3,40 DM	4,80 DM	8,35 DM	9,20 DM
Kalkulationsfaktor	1,12	1,16	0,985	1,201	1,025	1,004

26. Gesichtswasser F und T werden zum Bezugspreis von 6,90 DM geliefert. Der Betrieb rechnet mit einem Kalkulationszuschlag von 102%.
    a) Geben Sie den Kalkulationsfaktor an.
    b) Berechnen Sie mit seiner Hilfe den Bruttoverkaufspreis. (MwSt 15%)

27. Berechnen Sie den Bruttoverkaufspreis einer Feuchtigkeitsemulsion mit dem Listenpreis von 3,15 DM. Der Lieferant gewährt 4,5% Rabatt und 2% Skonto bei Zahlung innerhalb 8 Tagen. Die Chefin rechnet mit dem Kalkulationsfaktor 1,129, die Mehrwertsteuer beträgt 15%.

28. Wie hoch sind die Bruttoverkaufspreise von 250 ml Anti-Spliss-Shampoo in den drei Salons? (Bezugspreis 4,85 DM, Mehrwertsteuer 15%) Kalkulationsfaktor Salon A 1,291, Salon B 1,083 und Salon C 0,998.

Handelsspanne. Auch sie fasst Geschäftskosten und Gewinnzuschlag zusammen. Während jedoch beim Kalkulationszuschlag der Bezugspreis als Grundwert = 100% gesetzt wird, hat die Handelsspanne den Nettoverkaufspreis als Grundwert = 100%.

> Handelsspanne = Summe der Geschäftskosten und des Gewinnzuschlags in Prozent des Nettoverkaufspreises

Mit Recht werden Sie fragen, wozu das gut ist. Die Frage klärt sich, wenn Sie mal zum Innungsstammtisch des Chefs hinüberlauschen. Hier ist die Handelsspanne oft Thema Nummer eins. Sie ermöglicht es nämlich, die geschäftliche Lage der Betriebe zu vergleichen, ohne die ganze Kalkulation zu verraten – denn wie sich die Handelsspanne auf Geschäftskosten und Gewinn verteilt, bleibt Geheimnis des Chefs. Damit nicht genug. Manchmal kann der Chef nicht allein über den Preis entscheiden. Die Konkurrenz mischt mit, oder ein Richtpreis (unverbindlicher Verkaufspreis) wird vom Lieferanten empfohlen. Dies trifft häufig auf den Kosmetikverkauf zu. Hielte sich der Chef nicht an diese Preise, sondern forderte mehr als die Konkurrenz, blieben seine Waren im Regal stehen.

Zieht man vom Nettoverkaufspreis (unverbindlicher Verkaufspreis, Konkurrenzpreis) die Handelsspanne ab, erhält man den Bezugspreis, den man für diese Ware *höchstens* zahlen darf, wenn man die Geschäftskosten decken und den Gewinn retten will. Der Chef muss also einen Lieferanten finden, der zu diesem Bezugspreis anbietet oder einen entsprechenden Rabatt gewährt. Gelingt ihm dies nicht, ist der Verkauf dieser Waren uninteressant. Durch solche Überlegungen sind Zahncremes, Zahnbürsten, Kämme und vieles andere schon aus unseren Warensortimenten verschwunden!

Die Handelsspanne dient dazu, bei festen Verkaufspreisen herauszufinden, zu welchem Bezugspreis die Ware höchstens eingekauft werden darf bzw. ob diese Ware überhaupt noch mit Gewinn zu verkaufen ist.

Beispiel 1

Nettoverkaufspreis (100%)		= 7,44 DM
Gewinnzuschlag	3,31 DM	
+ Geschäftskosten	0,63 DM	
Kalkulationszuschlag	3,94 DM	

$$7{,}44 \text{ DM} \mathrel{\hat=} 100\%$$

$$1{,}\!- \text{ DM} \mathrel{\hat=} \frac{100}{7{,}44}$$

$$3{,}94 \text{ DM} \mathrel{\hat=} \frac{100 \cdot 3{,}94}{7{,}44}$$

= **Handelsspanne 52,96%**

Zweite Zwischenfrage für schlaue Füchse: Im gleichen Beispiel ergab sich vorher ein Kalkulationszuschlag von 112,57%. Trotz gleicher DM-Beträge kommt die Handelsspanne aber nur auf 52,96%. Wie ist das möglich?

Weil beide Rechenwege andere Grundwerte haben. Da die Handelsspanne den größeren Grundwert hat, ist sie kleiner als der Kalkulationszuschlag.

Beispiel 2 Wie hoch darf der Bezugspreis eines Gesichtswassers mit einem Nettoverkaufspreis von 17,50 DM höchstens sein? Die Handelsspanne beträgt 54,29%.

$$100\% \mathrel{\hat=} 17{,}50 \text{ DM}$$

$$1\% \mathrel{\hat=} \frac{17{,}50}{100}$$

$$54{,}29\% \mathrel{\hat=} \frac{17{,}50 \cdot 54{,}29}{100} = 9{,}50 \text{ DM}$$

Nettoverkaufspreis	17,50 DM
– Handelsspanne	9,50 DM
Bezugspreis	**8,– DM**

Übungsaufgaben

29. Berechnen Sie die Handelsspanne.

	a)	b)	c)	d)	e)	f)
Nettoverkaufspreis	18,60 DM	16,45 DM	9,60 DM	1,20 DM	3,80 DM	2,68 DM
Kalkulationszuschlag	9,98 DM	8,95 DM	5,10 DM	0,78 DM	1,95 DM	1,44 DM

30.

	a)	b)	c)	d)	e)	f)
Nettoverkaufspreis	7,45 DM	14,80 DM	17,20 DM	4,80 DM	3,95 DM	6,65 DM
Bezugspreis	3,20 DM	8,10 DM	7,95 DM	1,84 DM	1,85 DM	3,14 DM

Welche Handelsspanne (in %) und Kalkulationszuschläge (in DM) enthalten diese Nettoverkaufspreise?

31. Ein Friseurbetrieb hat eine Handelsspanne von 52,95%. Eine Kosmetikfirma arbeitet mit unverbindlichen Richtpreisen (ohne Mehrwertsteuer). Bis zu welchen Bezugspreisen ist die Aufnahme der Serie ins Sortiment rentabel, wenn der Friseur nicht von seiner Kalkulation abweichen will?

	Artikel	empf. Verkaufspreis
a)	Reinigungsmilch	21,20 DM
b)	Gesichtswasser	33,40 DM
c)	Tagescreme	33,60 DM
d)	Nachtcreme	48,80 DM
e)	Augengel	19,80 DM

32. Während eines Sonderverkaufs bietet eine Firma dekorative Kosmetikprodukte 12% unter dem bisherigen Bezugspreis an. Die empfohlenen Verkaufspreise will der Chef einhalten. Ist die Aufnahme der Produkte für ihn interessant, wenn er mit einer Handelsspanne von 46% kalkuliert?

		bisheriger Bezugspreis	empf. Verkaufspreis (o. MwSt.)
a)	Lippenstift	5,20 DM	10,60 DM
b)	Lidschatten	4,70 DM	9,50 DM
c)	Kajal	6,80 DM	10,60 DM
d)	Mascara	5,70 DM	10,80 DM
e)	Cremerouge	4,60 DM	8,20 DM
f)	Puderrouge	9,30 DM	16,20 DM

33. Berechnen Sie die Bezugspreise für die folgende Waren

Nettoverkaufspreis	Handelsspanne
a) 15,20 DM	40%
b) 28,40 DM	38%
c) 35,80 DM	52%
d) 48,90 DM	55%

10.3 Kalkulation von Haararbeiten

Onkel Hugo hat im Spiegel die ersten Anzeichen einer Glatze entdeckt und will diesen Schönheitsfehler vor seinen Freunden verbergen. Er sucht deshalb Sebastian Stocklocke, seines Zeichens Friseur, auf und lässt sich einen Kostenvoranschlag für ein eingewebtes Toupet machen.

Bei Haararbeiten spielt das Material die Hauptrolle. Deshalb bildet der Materialverbrauch die Grundlage der Kalkulation. Zusätzlich ist die Arbeitszeit zu berücksichtigen. Dabei brauchen wir allerdings nicht zwischen produktiven und unproduktiven Löhnen zu unterscheiden, weil diese Arbeit unabhängig von der Anwesenheit der Kunden ist und darum in flauen Geschäftszeiten durchgeführt werden kann. So verringert sich der Personalgemeinkostensatz. Betriebsgemeinkosten, Gewinnzuschlag und Mehrwertsteuer müssen dagegen wie üblich eingerechnet werden.

> Grundlage der Kalkulation selbst erstellter Waren (Haararbeiten) ist das Material.

Beispiel

Materialverbrauch 100 g Eurohaar	130,– DM
1 kg = 1000 g ≙ 1300,– DM	
1 g ≙ $\frac{1300}{1000}$ DM	
100 g ≙ $\frac{1300 \cdot 100}{1000}$ = 130,– DM	
+ Arbeitsmaterial (Folie, Gipsbinden, Bespannungsstoffe, Montierstifte, Bänder, Federn, Nähseide)	+ 25,– DM
Materialkosten	155,– DM
+ 92,07% Betriebsgemeinkosten	+ 142,71 DM
Materialbezogene Herstellungskosten	**297,71 DM**
+ Arbeitslohn	+ 280,80 DM
1 Stunde = 7,20 DM, Arbeitszeit 39 Std.	
39 · 7,20 DM = 280,80 DM	
+ 27,42% Personalgemeinkosten	+ 77,– DM
Personalbezogene Herstellungskosten	**357,80 DM**
Selbstkosten	**655,51 DM**
+ 30% Gewinnzuschlag	+ 196,65 DM
Nettoverkaufspreis	852,16 DM
+ 15% Mehrwertsteuer	+ 127,82 DM
Bruttoverkaufspreis	**979,98 DM**

Ohne die Zwischensummen sieht das Kalkulationsscheme so aus:

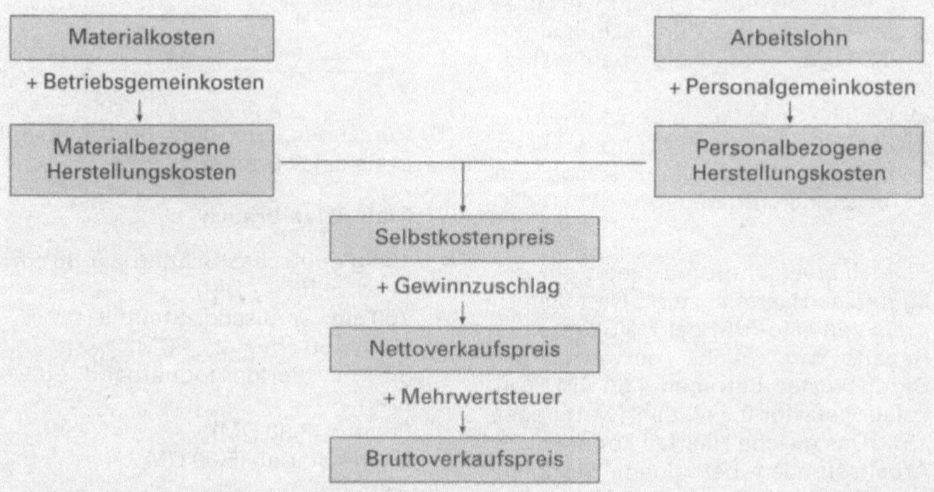

10.6 Kalkulation von Haararbeiten (Um die Darstellung nicht zu komplizieren, gehen wir auch hier auf das Problem des Vorsteuerabzugs nicht ein.)

Übungsaufgaben

1. Für ein Haarteil sind folgende Zutaten erforderlich:

   60 cm Montierband (1 m = 0,60 DM)
   60 Montierstifte (500 Stück = 2,90 DM)
   3 Federn (Stück 0,70 DM)
   30 cm Federband (1 m = 1,20 DM)
   12 × 15 cm Nylontüll (100 × 60 cm = 23,– DM)
   12 × 4 cm Seidengaze (1 m² = 115,– DM)
   Kleinmaterial (15% des Preises für Haare)
   80 g Haare nach Farbprobe
   (40 g = 46,– DM)

   a) Berechnen Sie die Materialkosten.
   b) Wie hoch sind die materialbezogenen Herstellungskosten bei 86% Betriebsgemeinkostensatz?

2. Für ein Haarteil werden 60 g Eurohaar (1 kg = 1200,– DM) und für 10,50 DM Kleinmaterial gebraucht.

   a) Berechnen Sie die materialbezogenen Herstellungskosten bei einem Betriebsgemeinkostensatz von 92%.
   b) Wie hoch sind die personalbezogenen Herstellungskosten? (Arbeitszeit 36 Stunden, Durchschnittslohn 6,80 DM, Personalgemeinkostensatz 66%)
   c) Welche Selbstkosten entstehen?
   d) Berechnen Sie den Bruttoverkaufspreis bei 30% Gewinnzuschlag und 15% Mehrwertsteuer.

3. Eine Haarversandfirma bietet ein geknüpftes Haarteil zum Nettolistenpreis von 465,– DM bei 2% Skonto an. Rabatt wird nicht gewährt, die Bezugskosten betragen 4,80 DM, Kalkulationsfaktor 0,547, Mehrwertsteuer 15%. Das gleiche Haarteil könnte in 26 Arbeitsstunden bei einem Stundenlohn-Durchschnitt von 6,80 DM im Betrieb hergestellt werden. Die Materialkosten werden mit 220,– DM, die Betriebsgemeinkosten mit 22% veranschlagt. Der Betrieb kalkuliert mit einem Gewinnzuschlag von 30%.
   a) Geben Sie den Bezugspreis des geknüpften Haarteils an.
   b) Berechnen Sie den Bruttoverkaufspreis des geknüpften Haarteils.
   c) Auf welchen Bruttoverkaufspreis kommen Sie, wenn das Haarteil im Betrieb hergestellt wird?
   d) Wie hoch ist der Preisunterschied in DM?

4. Das Kleinmaterial für ein Toupet kostet 32,80 DM, für die Haare sind 128,– DM zu zahlen. Berechnen Sie den Bruttoverkaufspreis mit diesen Kalkulationsgrößen:

	a)	b)
Betriebsgemeinkosten	40%	55%
Arbeitszeit	32 Std.	32 Std.
Durchschnittslohn	7,25 DM	7,40 DM
Personalgemeinkosten	69%	64%
Gewinnzuschlag	30%	33%
Mehrwertsteuer	15%	15%

5. Berechnen Sie den Bruttoverkaufspreis einer Damenperücke.

   Materialverbrauch

   180 g deutsches Schnitthaar 30 cm
   (1 kg = 1600,– DM)
   750 cm² englischer Steiftüll
   (100 × 60 cm = 23,– DM)
   3,50 m Perlonmontierband 0,5 cm breit
   (10 m = 3,80 DM)
   Kleinmaterial 15,80 DM

   Betriebsgemeinkosten 78%, Personalgemeinkosten 23%, Arbeitszeit 42 Stunden je 6,70 DM, Gewinnzuschlag 30%, Mehrwertsteuer 15%.

Übersicht über die Kalkulationsarten

Dienstleistungen	Verkaufswaren	Haararbeiten
Produktive Lohnkosten + Personalgemeinkosten + Betriebsgemeinkosten **Selbstkosten** + Gewinnzuschlag **Nettobedienungspreis** + Mehrwertsteuer **Bruttobedienungspreis** + Materialverbrauch **Bedienungsendpreis**	Listenpreis netto − Rabatt **Zieleinkaufspreis** − Skonto **Bareinkaufspreis** + Bezugskosten **Bezugspreis** + Geschäftskosten **Selbstkostenpreis** + Gewinnzuschlag **Nettoverkaufspreis** + Mehrwertsteuer **Bruttoverkaufspreis**	Materialkosten + Betriebsgemeinkosten **Materialbezogene Herstellungskosten** Lohnkosten + Personalgemeinkosten **Personalbezogene Herstellungskosten** Materialbezogene Herstellungskosten + Personalbezogene Herstellungskosten **Selbstkosten** + Gewinnzuschlag **Nettoverkaufspreis** + Mehrwertsteuer **Bruttoverkaufspreis**

10.4 Vermischte Übungsaufgaben

1. Berechnen Sie den Bedienungspreis für eine Frisur mit den Werten:

	a)	b)
Arbeitszeit	50 min	45 min
Durchschnittslohn	7,60 DM	7,48 DM
Personalgemeinkosten	66%	72%
Betriebsgemeinkosten	72%	74,5%
Gewinnzuschlag	30%	36%
Mehrwertsteuer	15%	15%
Materialverbrauch	9,60 DM	11,30 DM

2. Wie hoch sind die Bruttoverkaufspreise dieser Artikel? (LP = Listenpreis)
   a) Shampoo (LP 2,80 DM)
   b) Haarkur (LP 1,65 DM)
   c) Schaumfestiger (LP 4,85 DM)

   Rabatt 5%, Skonto 2%, Bezugskosten keine, Geschäftskosten 33%, Gewinnzuschlag 25%, MwSt 15%.

3. Wie hoch sind die Bezugspreise dieser Kosmetika?

	Artikel	Nettoverkaufspreis	Handelsspanne
a)	Lidschatten	9,80 DM	52,04%
b)	Lippenstift	12,20 DM	55%
c)	Rouge	8,95 DM	49,98%
d)	Konturenstift	6,75 DM	56%
e)	Nagellack	5,80 DM	53,25%
f)	Augenbrauenstift	5,65 DM	54,3%
g)	Gesichtspuder	9,90 DM	46,95%

4. Wegen unterschiedlicher Kundenkreise kalkuliert ein Betriebsinhaber mehrere Geschäfte mit verschiedenen Werten.

   Was kostet eine Dauerwelle (Langhaar) bei 140 Minuten Arbeitszeit und 6,50 DM Materialkosten in den drei Geschäften?

	Haupt-geschäft	Filiale A	Filiale B
Produktive Löhne in DM	7,65	7,20	7,40
Personalgemeinkosten	78,5%	82%	74%
Betriebsgemeinkosten	70,25%	72,5%	68%
Gewinnzuschlag	40%	35%	30%
Mehrwertsteuer	15%	15%	15%

5. Berechnen Sie die Bruttoverkaufspreise bei einem Kalkulationsfaktor von 1,32 und 15% Mehrwertsteuer.

	Artikel	Bezugspreis
a)	Tagescreme	7,80 DM
b)	Vitamincreme	8,55 DM
c)	Körperlotion	8,54 DM
d)	Creme-Packung	6,80 DM
e)	Sonnenmilch	9,24 DM
f)	Hautfunktionsöl	11,52 DM

6. Damit die Kunden die neuen Auszubildenden schneller kennenlernen, lässt der Chef die „Neuen" eine Maniküre zum Sonderpreis ausführen. Deshalb kalkuliert er bewusst knapp. Wie teuer wird die Maniküre bei 30 Minuten Arbeitszeit, 2,60 DM Durchschnittslohn, 60% Personalgemeinkosten, 82% Betriebsgemeinkosten, 15% Gewinnzuschlag, 15% MwSt und 0,85 DM Materialverbrauch?

7. Tiny zeichnet Waren aus. Die Chefin nennt ihr die Bezugspreise, den Kalkulationszuschlag (120%) und die Mehrwertsteuer (15%). Wie lauten ihre Preise, wenn sie auf volle Zehnpfennig auf- oder abrunden soll? Bezugspreise:

a)	Transparent-Make-up	6,80 DM
b)	Bräunungscreme	9,90 DM
c)	Schaumbad	7,30 DM
d)	Deo-Spray	5,40 DM
e)	Deo-Roller	4,80 DM
f)	Körperlotion	7,40 DM

8. Vergleichen Sie die Bezugspreise dieser Lieferanten. Welcher ist der preisgünstigste?

	Listenpreis A	B	C	D
10 l Shampoo	62,– DM	63,– DM	58,– DM	56,80 DM
Rabatt	3%	5%	5%	4%
Skonto	2%	2,5%	2%	3%

9. Nach intensiver Schulung seiner Mitarbeiter bietet Tinys Chef Tages- und Abend-Make-up an.
Berechnen Sie die Bedienungsendpreise bei folgenden Größen:

Arbeitszeit 15 bzw. 20 Minuten
Durchschnittslohn 7,20 DM
Personalgemeinkosten 64%
Betriebsgemeinkosten 76%
Gewinnzuschlag 30%
Mehrwertsteuer 15%
Materialverbrauch 0,60 bzw. 0,95 DM

10. Wie hoch sind die Handelsspannen dieser Betriebe?

	Betrieb	Nettoverkaufspreis	Bezugspreis
a)	Salon Schere	18,40 DM	9,80 DM
b)	Salon Madame	16,55 DM	11,95 DM
c)	Frisierstübchen	22,60 DM	9,24 DM
d)	Salon Chic	6,05 DM	2,84 DM
e)	Coiffeur Walter	14,48 DM	8,25 DM
f)	Studio Susann	17,80 DM	9,45 DM

11 Übungsaufgaben zu fachkundlichen Themen

Mit diesen Aufgaben aus der Berufspraxis können Sie das in den einzelnen Abschnitten der Fachkunde erlernte Wissen üben und festigen. Um es Ihnen leicht zu machen, stimmen die Abschnittsnummern überein. So finden Sie die Frisurenumformung z.B. in Abschnitt 5 der Fachkunde und in Abschnitt 11.5 dieses Rechenbuchs.

Die Buchstaben unter den Aufgabennummern sagen Ihnen, um welche Rechenart es sich handelt. Damit verhindern wir, dass Sie sich an Aufgaben heranmachen, die Sie im Rechnen noch nicht behandelt haben.

B	Bruchrechnen	G	Grundrechenarten	P	Prozentrechnen
D	Dreisatzrechnen	M	Mischungsrechnen	Z	Grafische Darstellungen

11.1 Aufgaben zur Berufssituation

1. Friseur ist nach wie vor ein Frauenberuf! 1996 gab es in Kassel insgesamt 1212 Ausbildungsverhältnisse im Friseurberuf. Davon waren 1137 weibliche Auszubildende.
   G a) Wie viel sind männlich?
   P b) Wie viel Prozent der Auszubildenden sind weiblich?

2. P Von den 1212 Auszubildenden in Kassel waren 388 im 1. Ausbildungsjahr, 414 im 2. und 410 im 3. Wie viel Prozent sind das jeweils?

3. P Im Handwerkskammerbezirk Kassel sind insgesamt 14213 Auszubildende in Handwerksberufen beschäftigt, davon 3705 weibliche.
   a) Wie viel Prozent der Mädchen lernen einen Handwerksberuf?
   b) Wie stark ist der prozentuale Anteil der Friseure? (Azubis im Friseurhandwerk = 1212)

4. G Die 593 Ausbildungsbetriebe im Bezirk Kassel haben unterschiedlich viele Auszubildende. Berechnen Sie den Durchschnitt bei einer Gesamtzahl von 1212 Auszubildenden.

5. 1994 zahlte die für Friseure zuständige Berufsgenossenschaft Entschädigungen für: 2520 Arbeitsunfälle, 1743 Wegeunfälle, 4064 Berufskrankheiten.
   G a) Wie viel Versicherungsunfälle wurden insgesamt gemeldet?
   P b) Wie viel Prozent entfallen auf Berufskrankheiten?

6. G 1993 zahlte die Berufsgenossenschaft Versicherungsleistungen in Höhe von 83843367,– DM. Davon wurden 52688091,– DM für Berufshilfe (z.B. Umschulungen) ausgegeben. Wie viel DM wurden für Renten und Heilbehandlungen gezahlt?

7. P Hauterkrankungen beginnen langsam! Erste Vorboten können Missempfindungen bei der Berührung mit Shampoo sein. Danach folgt meist ein Spannungsgefühl an der Haut der Hände, schließlich tritt Juckreiz auf. Wie viel untersuchte Azubis klagten über die verschiedenen Merkmale?

	a)	b)	c)
Missempfindungen	24,8%	34,0%	57,6%
Spannungsgefühl	14,8%	25,2%	48,6%
Juckreiz	20,0%	29,0%	42,9%
Zahl der Azubis	302	297	292

Da die Prozentsätze gerundet sind, müssen Sie ebenfalls auf ganze Personen ab- und aufrunden!

8. [P] In den letzten Jahren traten bei Friseuren in verstärktem Maße Nickelallergien auf. Die Sensibilisierung geschieht häufig durch nickelhaltigen Modeschmuck, vor allem Ohrringe. Von 204 untersuchten Berufsanfängern trugen ≈ 87,7% häufig solchen Modeschmuck. Bei rund 31,3% davon wurde gleichzeitig eine „Jeansknopfunverträglichkeit“, also eine Nickelallergie, festgestellt. Wie viel Auszubildende hatten eine Nickelallergie?
Also Vorsicht, denn auch Haarschneidescheren enthalten Nickel! Notfalls können Sie die Griffe Ihrer Werkzeuge mit Klebeband „unschädlich“ machen oder gleich Kunststoffgriffe benutzen!

9. [P] Tiny hat's immer noch nicht kapiert! Trotz mehrfacher Mahnungen hat sie bei ihren durchschnittlich 50 Kundinnen pro Woche nur in 58% der Fälle beim Waschen Handschuhe getragen. In wie viel Fällen hat sie ohne Handschuhe gewaschen?

10. [P] Von 284 Azubis im 1. Ausbildungsjahr klagen 85 über gelegentliche Hautprobleme. Von 304 im 2. Ausbildungsjahr sind es 98 und im 3. Ausbildungsjahr von 276 schon 167. Berechnen Sie die Prozentzahlen in den Ausbildungsjahren und geben Sie den durchschnittlichen Prozentsatz an.

11. [P] Von 210 nach der Probezeit befragten Auszubildenden cremten ≈ 12,9% während der Arbeit die Hände nicht ein. Wie viel Auszubildende waren Pflegemuffel?

12. [G] 1993 waren 224008 Friseure bei der Berufsgenossenschaft versichert. Wie viel DM Beiträge wurden monatlich gezahlt? (monatlicher Beitrag = 65,– DM)

11.2 Hygiene

1. [P] Es gibt rund 200000 Pilzarten. Davon sind 75 für den Menschen krankheitserregend. Wie viel Prozent sind das?

2. [M] Wie viel 4,5%ige Jodlösung zur Hautdesinfektion erhalten Sie aus 50 ml 45%igem Konzentrat?

3. [B] Eine Bakterie ist etwa 1/1000 mm groß, ein Virus 1/300000000 mm klein. Die wievielfache Größe hat die Bakterie?

4. [G] Unter günstigen Wachstumsbedingungen (37 °C, genügend Nahrung) teilen sich Bakterien alle 20 Minuten. Wie viel Bakterien sind nach 8 Stunden aus einer einzigen entstanden?

5. [P] Kinderkrankheiten gehören zu den häufigsten Infektionen. 95% der Bevölkerung hatten Masern, 70% Keuchhusten, 40% Scharlach, 1% Kinderlähmung. Geben Sie an, wie viel Personen einer Kleinstadt mit 15000 Einwohnern jeweils erkrankt waren.

6. [M] Zur Wäschedesinfektion sind 50 l 4%ige Desinfektionslösung erforderlich. Zur Verfügung steht ein 100%iges Konzentrat.
   a) Wie viel l Konzentrat und Wasser brauchen Sie?
   b) Das gleiche Desinfektionsmittel wird bei Hautpilzerkrankungen 1,5%ig angewendet. Wie viel Wasser und Konzentrat braucht man für ein 5-l-Fußbad?

7. 1926 erkrankten in Hannover 4000 Einwohner an Durchfall. Nach 14 Tagen stellte man bei 250 von ihnen Typhus fest. Ursache war eine Trinkwasserverunreinigung. Wie viel Prozent der an Durchfall Erkrankten hatten Typhus? [P]

8. In den letzten 100 Jahren erkrankten in Mitteleuropa nur noch 1000 Personen an Typhus. Wie viel waren das im Monatsdurchschnitt? [D]

9. Die Blutmenge beträgt etwa 8% des Körpergewichts.

[P] a) Geben Sie die Blutmenge folgender Personen an.

Person	Gewicht
Tante Berta	115 kg
Onkel Heinrich	75 kg
Tiny	52 kg
Tommy	65 kg
Tommys kleiner Bruder	46 kg

[P] b) Berechnen Sie Ihre eigene Blutmenge.

[D] c) In 1 ml Blut sind 700000 Leukozyten enthalten. Wie viel Leukozyten haben die fünf Personen?

[D] d) Wie viel Leukozyten haben Sie?

11.3 Anatomie und Physiologie

11.3.1 Allgemeine Anatomie und Physiologie

1. Die Zellen unseres Körpers sind aus folgenden chemischen Elementen aufgebaut: [P]

Sauerstoff	76%
Wasserstoff	10%
Kohlenstoff	10,5%
Stickstoff	2,5%
Calcium, Natrium, Chlor u. a.	1%

Berechnen Sie die Anteile der einzelnen Elemente an Ihrem Körpergewicht in kg.

2. Der menschliche Körper besteht zu etwa 65% aus Wasser. Drei Viertel davon sind in den Zellen gebunden, ein Viertel des Wassers liegt außerhalb der Zellen und bildet das Blutplasma und die zwischenzellige Flüssigkeit. Berechnen Sie für eine Person von 60 kg Gewicht die Wasseranteile inner- und außerhalb der Zellen in kg. [P] [B]

3. 15% Wasserverlust führen zum Tod (Verdunstungstod). Bei welcher Menge Wasserverlust stirbt ein Mensch, der 50 kg wiegt? (Wassergehalt des Körpers 65%) [P]

4. Um den Wasserhaushalt des Körpers aufrechtzuerhalten, braucht der Mensch täglich mindestens 2,5 l Flüssigkeit. Wie viel ml muss er trinken, wenn 70% des Wassers mit der Nahrung (Suppe, Gemüse, Fleisch usw.) aufgenommen werden? [P]

5. Die Blutmenge eines Menschen beträgt etwa 6 l. Bei einem Verkehrsunfall hat ein Verletzter 20% Blut verloren. Der Notarzt gibt als Blutersatz 1 l 0,9%ige physiologische Kochsalzlösung. [M] [P]
   a) Wie viel ml Blut hat der Verletzte verloren?
   b) Wie viel g Kochsalz und wie viel ml Wasser enthält die Kochsalzinfusion?

6. Die Verteilung der vier Blutgruppen auf die Bevölkerung Mitteleuropas sieht so aus: [P]

0	38% der Bevölkerung
A	42% der Bevölkerung
B	13% der Bevölkerung
AB	7% der Bevölkerung

Wie viel Schüler der in der Aufgabe angeführten Schulzentren haben die jeweiligen Blutgruppen?

a) Käthe-Kollwitz-Schulzentrum: 2600 Schüler
b) Willy-Brandt-Schule: 4800 Schüler
c) BBS I: 1770 Schüler

7. P 8% des Körpergewichts sind Blut. Zu 45% besteht es aus Zellen (rote und weiße Blutkörperchen, Blutplättchen), 55% sind Plasma.
Ergänzen Sie:

	Körpergewicht	Blutmenge 8%	Zellenanteil 45%	Plasmaanteil 55%
a)	45 kg	? l	? l	? l
b)	50 kg	? l	? l	? l
c)	60 kg	? l	? l	? l
d)	62 kg	? l	? l	? l
e)	68 kg	? l	? l	? l

8. P Ein Blutverlust von 10% ist gut verträglich. Ab 30% wird es gefährlich, 50% sind tödlich. Berechnen Sie die gefährliche Menge Blutverlust für die in Aufgabe 7 angegebenen Körpergewichte.

9. D In 100 ml Blut sind 16 g des roten Blutfarbstoffs Hämoglobin enthalten. Wie viel g sind in 5,8 l Blut?

10. D Auf 1 mm³ Blut kommen 5000000 rote Blutkörperchen. Wie viel dieser Erythrozyten gehen bei einem Blutverlust von 1,4 cm³ durch eine Schnittwunde verloren?

11. B Ein Fünftel der gesamten Blutmenge bleibt als Depot in Lungen und Leber. Wie viel Blut wird bei einer Gesamt-Blutmenge von a) 6 l, b) 6,5 l, c) 8 l in diesen Organen gespeichert?

12. P Der menschliche Organismus enthält etwa 4,5 g Eisen. Davon sind 3 g im roten Blutfarbstoff Hämoglobin gebunden und 1,5 g im Knochenmark.
a) Geben Sie die Werte in Prozent an.
b) Mit der Nahrung nehmen wir täglich rund 12,5 g Eisen auf. Nur 9% sind für den Körper verwendbar. Wie viel g sind das?

13. G Ein Mensch hat ca. 400 Skelettmuskeln. Wie viel Muskeln kann eine Klasse mit 26 Schülern aufweisen?

14. P Untersuchungen haben ergeben, dass ein Mensch durchschnittlich 5 Bewegungen in 1 Sekunde ausführt. 80% aller Bewegungen betreffen den Schultergürtel, Arme, Hände und Finger. Wie viel Bewegungen sind das in einer Stunde?

15. D Die Darmwände bestehen aus Muskeln. Bei normaler Tätigkeit hat ein Erwachsener etwa zwölfmal in der Minute eine Muskelkontraktion des Darmes. Wie viel in 24 Stunden?

16. P 70 bis 75% des Muskels bestehen aus Wasser. Wie viel g Wasser enthält ein 1,2 kg schwerer Muskel?

17. D Die bei der Muskelkontraktion verbrauchte Energie wird zu 75% in Wärme umgesetzt; nur 25% können in mechanische Arbeit verwandelt werden. Beim einstündigen Waldlauf verbraucht man rund 628 kJ.
a) Wie viel kJ werden als Wärme abgegeben?
b) Wie viel kJ braucht der Läufer, um sich zu bewegen?

18. D Ein Stückchen Muskelgewebe von 1 mm³ enthält etwa 200 quergestreifte Muskelfasern und 700 Kapillaren. Der Bizeps eines angehenden Muskelprotzes hat ein Volumen von 480 cm³. Wie viel Muskelfasern und Kapillaren hat der „starke Mann" in seinem Bizeps?

19. D Die Nervenzellen des Gehirns verbrauchen täglich 80 g Traubenzucker. Das ist 16mal mehr als der jeweilige Zuckergehalt des gesamten Blutes. Wie viel g Zucker sind in 0,5 l Blut enthalten? (Gesamtblutmenge 6 l)

20. Die motorischen Nerven leiten einen
[D] Reiz mit einer Geschwindigkeit von 80 m je Sekunde zum Gehirn. Eine 1,60 m große Person tritt in einen Nagel. Wie lange dauert es, bis der Reiz im Gehirn ankommt?

21. Das menschliche Herz schlägt etwa
[D] 70mal in der Minute. Wie oft schlägt es in 24 Stunden?

22. Das Herz eines Erwachsenen schlägt
[P] 70mal in der Minute, das eines Kindes 90mal, das eines Neugeborenen 130mal. Um wie viel Prozent ist der Herzschlag a) bei Kindern, b) bei Neugeborenen erhöht?

23. Ein Zwanzigjähriger macht in der Mi-
[G] nute etwa 20 Atemzüge. Jeder enthält 0,5 l Luft.
   a) Wie viel Liter Luft atmet er in der Minute?
   b) Bei starker körperlicher Anstrengung kann sich die nötige Luftmenge bis auf das 11,25fache erhöhen. Wie viel Liter Luft braucht man dann mehr?

24. Der minimale Luftraum, den eine Per-
[P] son bei normaler Lufterneuerung in
[D] einer Stunde braucht, beträgt 5 m^3. Wünschenswert sind 15 m^3. Um wie viel Prozent liegt ein Klassenraum mit 10 m Länge, 7,20 m Breite und 2,50 Höhe über dem Minimum und unter dem wünschenswerten Maximum, wenn er für 30 Personen geplant ist?

25. In 24 Stunden durchfließen 1500 l Blut
[G] die Nieren. Wie oft müssen 6 l Blut dazu durchgeschleust werden?

26. Eine Spezialaufgabe für Schüler, die
[G] während des Unterrichts häufig für 5 Minuten verschwinden: Die Nieren produzieren in 24 Stunden bei normaler Flüssigkeitsaufnahme 1250 ml Urin. Die Harnblase nimmt durchschnittlich 300 ml Urin auf, bevor Harndrang einsetzt. Wie oft müssen Sie in 24 Stunden zur Toilette gehen?

27. Unsere Tabelle zeigt das Wachstum
[Z] eines Embryos vom 1. bis zum 9. Schwangerschaftsmonat. Zeichnen Sie dazu ein Diagramm im Maßstab 1 : 10.

Monat	1	2	3	4	5	6	7	8	9
Größe in cm	1	4	9	16	25	30	35	40	45

28. Das Sollgewicht eines Säuglings wird nach diesem Schema berechnet:
   – im 1. Halbjahr nach der Geburt = Geburtsgewicht + Anzahl der Monate · 500 g
   – im 2. Halbjahr nach der Geburt = Geburtsgewicht + Anzahl der Monate · 600 g

[G] a) Berechnen Sie das Gewicht zweier Säuglinge in den ersten 12 Monaten nach der Geburt. Säugling A (weiblich) hat ein Geburtsgewicht von 3200 g, Säugling B (männlich) von 3400 g.

[Z] b) Zeichnen Sie den Verlauf der Gewichtszunahme beider Säuglinge als Kurvendiagramm.

29. Stellen Sie aus der folgenden Tabelle
[G] drei verschiedene Frühstücke mit jeweils nicht mehr als 1674 kJ zusammen.

Nahrungsmittel	kJ
100 g Vollkornbrot	1004
100 g Graubrot	1046
1 Scheibe Weißbrot (25 g)	272
1 Scheibe Knäckebrot (10 g)	159
1 Tl. Butter (5 g)	155
1 Glas Buttermilch (150 ml)	222
1 Glas Vollmilch (150 ml)	402
2 El. Magerquark (50 g)	184
1 Ei (60 g)	368
1 El. Marmelade (20 g)	209
1 El. Cornflakes (5 g)	80
30 g Camembert 30%	280
1 Scheibe Käse 20% (20 g)	205
30 g Streichmettwurst	678
20 g Lachsschinken	117
1 Becher Magermilchjoghurt mit Frucht (175 g)	490
1 Glas Orangensaft (150 ml)	297

30. Unser Energiebedarf bei völliger Ruhe und Zimmertemperatur (Grundumsatz) beträgt etwa 6800 kJ am Tag. Bei leichter körperlicher Tätigkeit (Friseure) werden 10000 kJ, bei Schwerstarbeit 20000 kJ verbraucht. Wie viel Prozent mehr sind das jeweils?
[P]

31. Die Tabelle nennt uns die für den Grundumsatz eines Menschen notwendige tägliche Zufuhr der Ernährungsbestandteile Kohlehydrate, Fett und Eiweiß mit deren Energiegehalt. Berechnen Sie den Energiegehalt der drei Stoffe je Tag in kJ.
[G]

32. Das tägliche Eiweißminimum beträgt bei einer gesunden Ernährung 1 g Eiweiß je kg Körpergewicht. Wie viel Prozent des Eiweißminimums nehmen zwei Personen (A = 52 kg, B = 58,8 kg) bei diesen Zwischenmahlzeiten zu sich?
[P]

150 g Magerquark (17% Eiweiß)
50 g Nüsse (14% Eiweiß)
90 g Äpfel (0,3% Eiweiß)

Nährstoff	Kohlehydrate	Fett	Eiweiß
Energiewert je g	17 kJ	38 kJ	17 kJ
empfohlene tägliche Zufuhr	220 bis 250 g	45 bis 60 g	80 bis 100 g

11.3.2 Haut

1. Die Haut wiegt etwa ein Sechstel des gesamten Körpers. Berechnen Sie das Hautgewicht für
[B]
a) 54 kg, b) 59 kg, c) 61 kg, d) 64 kg, e) Ihr eigenes Körpergewicht.

2. a) Wie hoch ist das Körpergewicht bei 0,3 kg Epidermis, 1,8 kg Cutis und 8 kg Subcutis?
[B]
b) Wie viel Prozent des Hautgewichts entfallen auf die einzelnen Schichten?
[P]

3. Die Haut ist an den einzelnen Körperstellen unterschiedlich dick. Besonders dünn ist sie an den Augenlidern ($\approx$ 0,4 mm), besonders dick an den Handtellern und Fußsohlen ($\approx$ 3 mm). Berechnen Sie, wievielmal dicker die Haut der Handteller/Fußsohlen ist als die der Augenlider.
[G]

4. Bei einer mittelgroßen Frau wiegt die Epidermis 0,3 kg. Der durchschnittliche Wassergehalt der Epidermis beträgt 45%. Die Wasserverteilung innerhalb der Oberhaut ist ungleichmäßig: Die wasserreiche Stachelzellenschicht enthält 80%, die vollständig verhornten Zellen der Hornschicht enthalten nur noch 10% Wasser.
[P]
a) Wie viel g Wasser enthält die Epidermis insgesamt?
b) Wie viel Wasser entfällt auf die Stachelzellenschicht, wie viel auf die Hornschicht?
c) Wie viel g Wasser werden beim Verhornungsvorgang abgegeben?

5. Täglich werden 6 bis 10 g Haut durch Abschilferung der Hornschicht abgegeben. Berechnen Sie zunächst das Hautgewicht bei den Körpergewichten a) 50 kg, b) 53 kg, c) 60 kg, d) 62 kg. Ermitteln Sie dann, wie viel Prozent der Haut bei mindestens 6 g und bei höchstens 10 g abschilfern.
[P]

6. Der Körper gibt durch die Haut ständig Wasser ab, $^2/_3$ als Schweiß, $^1/_3$ als Verdunstung durch die Epidermiszellen. Die Menge der Wasserabgabe hängt von der Körper- und Raumtemperatur ab. Berechnen Sie die Schweißmenge bei einer Wasserabgabe von
[B]
a) 420 g (Kälte), b) 960 g (Raumtemperatur) und c) 3630 g (Hitze).

7. Der Mensch hat ungefähr 2000000 Schweißdrüsen in der Haut. Wie viel
[G]

sind das durchschnittlich je cm^2, wenn die Haut eine Ausdehnung von 1,5 bis 2 m^2 hat?

8. Zusammensetzung des Schweißes
[P] 99,02% Wasser
0,7% Kochsalz
0,28% organische Säuren und Harnstoff

Berechnen Sie die Anteile von Wasser und organischen Säuren/Harnstoff in ml bei einer Schweißmenge von a) 1,8 l, b) 2,2 l, c) 6 l.

9. Die 2 Millionen Schweißdrüsen geben
[G] im Durchschnitt täglich 2 l Schweiß ab. Wie viel ml sind das je Drüse?

10. Rauchen schadet auch der Haut! Die
[P] durchschnittliche Hauttemperatur liegt bei 33,5 °C. Eine Zigarette am Morgen senkt sie durch Verengung der Kapillargefäße um 1,2 °C. Wie viel Prozent sind das?

11. Die in der Basalzellenschicht liegenden Melanozyten sind in unterschiedlichen Mengen über den Körper verteilt:

Gesicht	2120	Melanozyten je mm^2 Haut
Arm	1160	
Bein	1130	
Rumpf	890	

[G] a) Wie viel Melanozyten liegen durchschnittlich in 1 cm^2 Basalzellenschicht?

[D] b) Wie viel Melanozyten enthält die Basalzellenschicht des Gesichts, wenn die Gesichtshaut 350 cm^2 groß ist?

12. In 1 cm^2 Haut sind etwa 15 Talgdrüsen
[G] eingelagert. Die gesamte Haut bedeckt eine Fläche von 1,5 bis 2 m^2. Berechnen Sie mit Hilfe dieser beiden Werte die Anzahl der Talgdrüsen in der gesamten Haut.

11.3.3 Haar

1. Das Kopfhaar eines Menschen wächst
[G] 1 bis 1,5 cm im Monat. Berechnen Sie das Längenwachstum für beide Werte a) an einem Tag, b) in einem Jahr.

2. Am dichtesten behaart ist die Kopf-
[P] haut am Hinterkopf mit durchschnittlich 139 Haaren je cm^2. Am Vorderkopf sind es nur 123 Haare je cm^2. Wie viel Prozent ist der Haarwuchs am Hinterkopf dichter?

3. Ein geduldiger Friseur hat mit dem
[P] Haarprüfgerät die 80000 Kopfhaare eines Kunden auf ihre Querschnittsform untersucht. Das Ergebnis:

Querschnittsform	Anzahl
sehr flache Haare (Bandhaare)	10400
flache Haare	43200
leicht abgeflachte Haare	23200
runde Haare	3200

Rechnen Sie die Angaben in Prozente um.

4. Der Anteil der Faserschicht an einem
[P] Haar beträgt 80%. Wie viel mm Faserschicht haben Haare mit einem Durchmesser von
a) 0,04 mm, b) 0,06 mm, c) 0,08 mm?

5. Das Haar besteht zu 80% aus Faser-
[P] schicht. Davon sind 40% amorphe Masse. Wie viel g amorphe Masse enthält ein 340 g schwerer Haarschopf?

6. 85% der Haare befinden sich normalerweise in der Wachstumsphase, 1% in der Übergangsphase und 14% in der Ruhephase.

[Z] a) Zeichnen Sie zur Veranschaulichung ein Kreisdiagramm.

[P] b) Geben Sie an, wie viel Haare bei einer Haarmenge von 120000 in den jeweiligen Phasen sind.

7. Eine Kundin mit 18 cm langen Haaren
[D] hat 4 Wochen nach der Dauerwelle einen 1,4 cm langen glatten Ansatz. Wie lange muss sie warten, bis die Dauer-

welle vollständig herausgewachsen ist, wenn die Gesamthaarlänge durch ständiges Nachschneiden immer 18 cm beträgt?

8. [P] Beim Abteilen eines 1 cm^2 großen Passées zählt Tiny 130 Haare. 26 davon sind weiß. Wie hoch ist der Grad der Ergrauung in Prozent?

9. [P] Zwei Haare mit einem Durchmesser von 0,6 mm werden in Wasser bzw. Wellmittel gelegt. Nach 10 min Einwirkzeit ist das in Wasser gequollene Haar 0,684 mm, das alkalisch behandelte dagegen 0,984 mm dick. Wie viel Prozent beträgt jeweils die Quellung?

10. [D] Ein unbehandeltes Haar mittlerer Stärke kann mit einem Gewicht von 60 g belastet werden, bevor es reißt.
   a) Wie viel kg könnten die 80000 Haare eines Schopfes maximal tragen?
   b) Ein Kleinwagen wiegt leer 685 kg. Wie viel davon kann man theoretisch an den Haaren hochziehen?
   c) Ein chemisch behandeltes Haar (Dauerwelle, Blondieren) kann nur $^1/_3$ des Gewichts tragen. Berechnen Sie das Gewicht, mit dem Haar und Schopf von 80000 Haaren belastet werden können.

11. [P] Ein trockenes unbehandeltes Haar wird während eines Dehnungsversuchs beobachtet. Bei 25 g Belastung ist das ursprünglich 12 cm lange Haar 12,6 cm, bei 45 g 15,6 cm und bei 50 g 16,32 cm lang. Wie viel Prozent der Ausgangslänge beträgt jeweils die Dehnung?

12. Das Keratin des Haares ist aus folgenden Elementen aufgebaut:

[P]

Element	Anteil
Kohlenstoff	49%
Sauerstoff	23%
Stickstoff	17%
Wasserstoff	7%
Schwefel	5%

Wie viel g der einzelnen Elemente enthält ein 400 g schwerer Schopf?

13. [P] Das menschliche Kopfhaar enthält etwa 11,9% der schwefelhaltigen Aminosäure Cystin. Berechnen Sie den Cystingehalt eines 300 g schweren Haarschopfs.

14. Durch den normalen Haarwechsel erneuert sich das Kopfhaar in etwa 5 Jahren. Wie viele Haare gehen im Tagesdurchschnitt aus, wenn der gesamte Haarschopf 98550 Haare hat?

11.4 Haarreinigung und Haarpflege

11.4.1 Haarreinigung

1. [P] 1995 gaben die Bundesbürger 28 Milliarden DM für Schönheit und Sauberkeit aus. 15,5 Milliarden DM entfielen auf Produkte zur Körperpflege. Wie viel Prozent sind das?

2. Jeden Abend kurz vor Geschäftsschluss werden in Tinys Salon die 1-l-Shampooflaschen aufgefüllt. Tiny schaut nach, wie viel von den vier verschiedenen Shampoos übrig geblieben ist:

   940 ml Shampoo für normales Haar
   930 ml Schuppenshampoo
   950 ml Shampoo gegen fettiges Haar
   880 ml Shampoo für angegriffenes Haar

   [D] a) Wie viele Kunden wurden mit den jeweiligen Shampoos behandelt, wenn man für eine Haarwäsche 10 ml Shampoo braucht?
   [G] b) Wie viel ml Shampoo wurden insgesamt verbraucht?

3. Ein Shampookonzentrat kostet je Liter 24,60 DM. Es wird im Verhältnis 1 : 5 verdünnt.
   [M] a) Wie viel l gebrauchsfertige Lösung bekommen Sie aus 500 ml Konzentrat?
   [D] b) Was kostet die Lösung für eine Haarwäsche (45 ml Lösung)?

4. [D] Die 300-ml-Flasche eines Spezialshampoos kostet 7,20 DM, die 25-ml-Portionsflasche 0,80 DM. Wie viel DM ist das Shampoo aus der großen Flasche je Behandlung preiswerter?

5. [B] In einem Salon mit 6 Vorwärts- und 3 Rückwärts-Waschbecken ergeben sich an den Rückwärtsbecken häufig Wartezeiten. Vor einem Umbau lässt der Chef seine Mitarbeiter die Benutzungshäufigkeit notieren. Ergebnis: Von 1050 Behandlungen im Monat werden 700 an den Rückwärtsbecken und 350 an den Vorwärtsbecken durchgeführt. Berechnen Sie, wie viel Vorwärts-Waschplätze umgewandelt werden müssten.

6. [G] Auf einem Seminar für Verkaufsförderung lernt Tiny, dass jeder Kundin die bis zum nächsten Friseurtermin nötigen Heimpflegepräparate individuell verkauft werden sollen. Wie viel ml Shampoo muss sie den beiden Kundinnen mitgeben, die einmal im Monat kommen?
   a) Kundin mit kurzen Haaren. Tägliche Haarwäsche ohne Vorwäsche, Verbrauch je Wäsche 10 ml.
   b) Kundin mit kinnlangen Haaren. 2 × wöchentlich Haarwäsche mit Vorwäsche, Verbrauch je Wäsche 30 ml.

7. [M] 200 ml eines Shampoos enthalten 45 ml einer 60%igen WAS-Mischung. Wie hoch ist die prozentuale WAS-Konzentration der Lösung?

8. [M] 30 ml eines Haarbads enthalten 18% einer 100%igen WAS-Mischung. Wie viel ml WAS sind darin? KM = ?

9. Während einer Werbewoche für kleine und kleinste Kunden arbeiten die Friseurinnen nicht nur in Micky-Maus-Schürzen, sondern schenken den Jüngsten auch eine Portionsflasche (30 ml) Kindershampoo. Erfolg: 46 Kinderhaarschnitte statt der üblichen 9!

   [G] a) Wie viel ml Shampoo wurden verschenkt?

   [G] b) Wie hoch waren die Kosten der Werbewoche, wenn die Schürzen zusammen 60,– DM, die Zeitungsanzeigen 70,– DM, das Shampoo 0,18 DM je Portionsflasche kosteten und der Chef zusätzlich 12 Kinderbücher für je 19,80 DM angeschafft hat?

   [P] c) Berechnen Sie den Zuwachs an Kinderbedienungen in Prozent.

   [P] d) Von den 46 Kindern erhielten 17 nur einen Trockenhaarschnitt. Wie viel Prozent der Kinder erhielten auch eine Haarwäsche?

10. [P] 300 ml eines Kurshampoos enthalten 16,8 ml Pflegestoffe. Auf dem Etikett eines anderen Präparats liest Tiny: Dieses Shampoo enthält 5% Pflegestoffe. Welches Shampoo hat mehr pflegende Zusätze?

11. [P] Erwin Sparbrötchen beschwert sich bei seinem Friseur, dass er für den Haarschnitt den gleichen Preis bezahlen soll wie seine Geschlechtsgenossen mit voller Lockenpracht, obwohl nur noch die restlichen 40% seiner Kopfhaut einen spärlichen Haarwuchs aufweisen. Der Friseur erklärt, dass der Preis von 22,– DM gerechtfertigt sei, da die 60% für das Polieren der Glatze berechnet werden. Wie viel wollte das Sparbrötchen bezahlen?

12. [D] Was kostet eine Haarwäsche mit den folgenden Shampoos, wenn dafür 5 ml verbraucht werden?

Shampoo	Inhalt	Preis
A	200 ml	4,95 DM
B	10 l	63,– DM
C	250 ml	7,35 DM
D	1 l	14,95 DM

11.4.2 Haarpflege

1. Eine 200-ml-Flasche Spülung reicht für 12 Anwendungen.
   [G] a) Wie viel ml werden je Anwendung verbraucht?
   [B] b) Wie lange reicht die Flasche, wenn die Kundin dreimal in der Woche die Haare wäscht, aber nur bei jeder zweiten Haarwäsche die Spülung benutzt?

2. [P] Etwa 60% der Kundinnen eines Salons haben Haar- und Kopfhautprobleme, die sich durch Packungen bessern lassen. Bei durchschnittlich 26 Kundinnen am Tag werden nur 8 Packungen durchgeführt. Wie viel Prozent der Damen lässt die Haare nicht optimal pflegen?

3. [P] 250 Patienten, die an kreisrundem Haarausfall erkrankt waren, wurden medizinisch mit einem Spezialwirkstoff behandelt. Bei 88% wurde ein dauerhafter Erfolg erzielt, die Haare wuchsen nach. Wie viel Personen konnten geheilt werden?

4. [M] Ein Dufthaarwasser hat einen Alkoholgehalt von 49%. Wie viel ml des 90%igen Konzentrats befinden sich in einer 25-ml-Portionsflasche?

5. [P] Für eine Packung werden im Salon 10,60 DM berechnet, im Verkauf 7,60 DM. Wie viel Prozent spart die Kundin, wenn sie die Packung selbst macht?

6. [P] Die Untersuchung von 2300 Personen, die unter schuppiger Kopfhaut litten, ergab folgende Ursachen: 68% hatten normale Kopfschuppen, 10% eine entzündete Kopfhaut, 13% Schuppenflechte. Bei 9% wurden keine erkennbaren Ursachen gefunden. Geben Sie jeweils die Anzahl der Personen an.

7. [M] Eine Literflasche Spülung kostet 19,80 DM. Vor der Anwendung wird das Mittel 1 : 1 verdünnt. Was kostet die Menge für 25 ml gebrauchsfertiger Lösung?

8. [P] Wie viel ml der einzelnen Inhaltsstoffe sind in einer 35-ml-Portionspackung Haarkur?

   17,0% Fette
   6,0% Wachse
   3,0% Glycerin
   5,0% Emulgator
   0,5% Milchsäure
   0,3% Parfüm
   0,2% Konservierungsmittel
   68,0% destilliertes Wasser

9. [P] Statt des Monatsdurchschnitts von 140 Haarkuren werden während einer Werbeaktion 245 verkauft. Wie viel Prozent entspricht die Steigerung?

11.5 Frisurenumformung

1. [P] Eine 500 ml große Haarspraydose enthält 98% umweltfreundliches Treibgas-Alkohol-Gemisch, 1,65% Haarlack, 0,15% Weichmacher und 0,2% Parfüm. Wie viel ml sind das jeweils?

2. [P] Der Chef braucht für einen Damenhaarschnitt 22 Minuten, Tiny dagegen 34 Minuten. Um wie viel Prozent muss sie ihre Arbeitsgeschwindigkeit steigern, damit sie die Leistung des Chefs erreicht?

3. [G] Die handgelegte Wasserwelle ist eine gefürchtete Aufgabe der 1. Zwischenprüfung. Damit es nicht schief geht, lässt der Chef die Auszubildenden an 3 Arbeitstagen der Woche 45 Minuten am Übungskopf Wellen legen. Wie viel Übungsstunden hatten die Auszubildenden, wenn sie im ersten Jahr die Technik in 46 Wochen systematisch übten?

4. Eine Friseurartikelfirma bietet Anfang [P] August ein „Anfängerset“ mit folgendem Inhalt zum Sonderpreis von 150,– DM an.

	normaler Preis
5 Kämme	20,– DM
5 Bürsten	27,80 DM
1 Föhn	69,– DM
1 Haarschneideschere	38,50 DM
1 Effilierer mit Ersatzklingen	28,90 DM
	184,20 DM

Wie viel Prozent sparen Sie beim Kauf?

5. a) 1872 erfand Marcel Grateau die [G] Ondulation. Papillotten wurden schon um 1750 angefertigt. Wie viel Jahre älter ist die Papillotiertechnik?
   b) 1949 erfand Georg Kramer Lockwellwickler als Hilfsmittel zum Papillotieren und trug so zu einer entscheidenden Verbesserung dieser Technik bei. Wie viel Jahre dauerte es von der Erfindung der Papilloten bis zur Arbeitsweise mit Lockwell?

6. Zum Einlegen einer Frisur mit Flachwellwicklern braucht das Salonteam durchschnittlich 9 Minuten und 30 Sekunden. Würde der gesamte Kopf mit Lockwell eingelegt, brauchte es 15 Minuten und 12 Sekunden.
   [P] a) Wie viel Prozent schneller geht das Wickeln mit Flachwellwicklern?
   [B] b) Welche Arbeitszeit ergibt sich, wenn $^2/_3$ des Kopfes mit Flachwellwicklern und $^1/_3$ mit Lockwell eingelegt werden?

7. a) Stellen Sie aus einem 75%igen [M] Desinfektionskonzentrat 2 Liter einer 3%igen Lösung zur Desinfektion von Kämmen und Bürsten her.
   [D] b) Wie teuer ist das Konzentrat für die Lösung, wenn 1 l Desinfektionsmittel 18,40 DM kosten?

8. Das Salonschusselchen hat über Nacht Holzbürsten mit geklebten Borsten in der Waschlösung liegen gelassen.
   [G] a) Wie hoch ist der Schaden, wenn zwei Bürsten zu 6,80 DM, zwei zu 7,25 DM und eine zu 4,85 DM unbrauchbar geworden sind?
   [P] b) Nach Übereinkunft der Mitarbeiter muss der Schuldige 20% des angerichteten Schadens in die gemeinsame Trinkgeldkasse spenden. Was zahlt Schusselchen?

9. Eine Kundin will einen neuen [D] Schaumfestiger ausprobieren. Die Vorratsdose für 6 Behandlungen kostet 6,30 DM, die Portionsflasche 1,50 DM. Wie viel DM spart die Kundin, wenn sie statt der Portionsflasche die Vorratsdose kauft und sich gleich daraus bedienen lässt?

10. Eine 150-ml-Flasche Normalfestiger [P] enthält 16,5 ml Filmbildner, 45 ml Isopropylalkohol, 88,2 ml destilliertes Wasser, 0,3 ml Parfüm. Geben Sie die Anteile in Prozent an.

11. Nach dem Verdampfen des Wassers [P] und Abbrennen des Alkohols bleiben bei 30 ml eines Festigers 2,7 ml filmbildende Substanzen zurück, bei der gleichen Menge eines extra starken Festigers dagegen 3,6 ml. Wie viel Prozent Wirkstoffkonzentrat enthalten die Festiger?

12. Bei mittellangem Haar reicht eine Vor- [B] ratsflasche Haarfestiger für 12 Anwendungen. Eine Kundin mit kurzem Haar braucht nur $^1/_3$ der angegebenen Menge. Wie lange reicht ihr die Flasche?

13. Ein Föhn mit insgesamt 1200 Watt [D] Leistung verbraucht auf Stufe 1 600 Watt, auf Stufe 2 800 Watt und auf Stufe 3 1200 Watt je Stunde. Für eine Föhnfrisur läuft der Föhn 8 Minuten auf Stufe 3, 9 Minuten auf Stufe 2 und 5 Minuten auf Stufe 1. Eine Kilowattstunde kostet 24 Pfennig. Wie viel Pfennig Strom kostet die Föhnfrisur?

11.6 Chemie

1. [P] Auszubildende des Friseurhandwerks in Hessen erhalten in der Berufsschule jedes Ausbildungsjahr 280 Stunden Fachkundeunterricht. Davon sind in der Unterstufe 60 Stunden Chemieunterricht, in der Mittelstufe 80 Stunden, während der Chemieunterricht in der Oberstufe zur Freude vieler wegfällt.
   a) Wie viel % des Fachkundeunterrichts nimmt die Chemie jeweils in Unter- und Mittelstufe ein?
   b) Wie viel % der gesamten Unterrichtszeit entfallen auf die Chemie?

2. [P] Von den 44 Elementen der Hauptgruppen des Periodensystems sind 21 Metalle, 5 Halbmetalle, der Rest Nichtmetalle. Berechnen Sie die prozentualen Anteile.

3. [P] 25% der 44 Hauptgruppenelemente sind gasförmig. Wie viel sind das?

4. [G] Aus einem Eiswürfel mit 8,6 mm Kantenlänge wird bei Erhitzen 1 l Wasserdampf. Berechnen Sie das Volumen des Eiswürfels.

5. [G] Trockene Luft enthält 20,95% Sauerstoff, 78,08% Stickstoff, 0,94% Edelgase und 0,03% Kohlendioxid. Berechnen Sie a) den Sauerstoffgehalt und b) den Stickstoffgehalt in m^3 eines Klassenraums von 72 m^2 Grundfläche und 2,50 m Höhe.

6. Die Erdrinde setzt sich aus folgenden Elementen zusammen:

[Z]

49,5%	Sauerstoff (O)	25,8%	Silicium (Si)
7,6%	Aluminium (Al)	4,7%	Eisen (Fe)
3,4%	Calcium (Ca)	2,6%	Natrium (Na)
2,4%	Kalium (K)	1,9%	Magnesium (Mg)
0,9%	Wasserstoff (H)	0,1%	Kohlenstoff (C)
1,1%	andere Elemente		

Zeichnen Sie ein Säulendiagramm.

7. 1 l Mineralöl verseucht 50 000 m^3 Grundwasser!
   [G] a) Wie viel l Grundwasser sind das?
   [D] b) Welchen Schaden richtet ein Umweltsünder an, der nach einem Ölwechsel 3,75 l Altöl nicht zur Tankstelle bringt, sondern einfach in den nächsten Gully schüttet? Geben Sie die Verseuchung in m^3 und l an.

8. [G] Wie viel Grad Temperaturunterschied liegen bei diesen Stoffen zwischen Schmelz- und Siedepunkt?

Stoff	Schmelzpunkt	Siedepunkt
a) Sauerstoff	– 218,8 °C	– 138 °C
b) Stickstoff	– 210 °C	– 195,8 °C
c) Ethanol	– 144,4 °C	78,3 °C
d) Eisen	1537 °C	2730 °C
e) Natriumchlorid	800 °C	1465 °C

9. [G] Geben Sie die Anzahl der an den folgenden Verbindungen beteiligten Atome an:
   a) Natriumchlorid
   b) Wasser
   c) Wasserstoffperoxid
   d) Schwefelsäure
   e) Magnesiumhydroxid
   f) Aluminiumhydroxid
   g) Ammoniumhydroxid
   h) Essigsäure
   i) Calciumcarbonat
   j) Magnesiumchlorid
   k) Schwefeldioxid

10. [P] Die Ente Wastl nimmt Schwimmunterricht und verschluckt während der ersten Schwimmstunde $^3/_4$ l Meerwasser. Wie viel Salz hat der arme Kerl bei 3,34% Salzgehalt des Meerwassers zu sich genommen?

11. Die folgende Tabelle zeigt die Löslichkeit von NaCl (Kochsalz) in 100 g Wasser bei steigender Temperatur. Zeichnen Sie dazu ein Kurvendiagramm.
Z

Temperatur in °C	20	40	60	80	100
NaCl in g	35,9	36,4	37,1	38,1	39,2

12. Der Ausdruck pH-Wert ist eine Abkürzung für das Gewicht des Wasserstoffs in 1 l Lösung. In 1 l Wasser z. B. sind 1/10 000 000 g Wasserstoffionen enthalten, weil sich einige H_2O-Moleküle in $H^{\oplus}$ und $OH^{\ominus}$ aufspalten. Diese 1 Zehnmillionstel Gramm Wasserstoffionen kürzt man als „ph 7" ab – die Zahl 7 entspricht den Nullen unterm Bruchstrich.
G
Wie viel Gramm $H^{\oplus}$-Ionen sind in Lösungen mit folgenden pH-Werten enthalten?

Lösung	A	B	C	D	E	F
ph-Wert	1	3	7	9	12	5

13. In Abhängigkeit vom Alter besteht durchschnittlich folgender täglicher Wasserbedarf:

Alter in Jahren	Wasserbedarf je kg Körpergewicht in ml/kg	durchschnittl. Körpergewicht in kg
2 bis 4	75	15
5 bis 7	67	25
8 bis 10	57	35
11 bis 14	43	40
15 bis 18	32	52
Erwachsene	35 bis 45	65

G a) Ergänzen Sie die Tabelle um den Gesamtwasserbedarf der Personengruppen.

Z b) Zeichnen Sie den Gesamtwasserbedarf als Säulendiagramm.

14. Für ein Wannenbad braucht man 180 bis 250 l Wasser, für die Dusche nur 40 bis 80 l. Wie viel Prozent Wasser spart man beim Duschen? (Rechnen Sie jeweils beide angegebenen Werte aus und ziehen Sie daraus den Durchschnittswert.)

11.7 Dauerhafte Haarumformung

1. Schon um 1650 wurden abgeschnittene Haare mit Holzstäbchen, Boraxwasser und Hitze dauerhaft gekraust. 1906 trat Karl Nessler mit seiner Heißwelle an die Öffentlichkeit. 1924 stellte Josef Mayer die verbesserte Flachwicklung vor. 1934 schließlich erfand eine deutsche Firma ein Kaltwellmittel.
G
   a) Wie lange dauerte die Entwicklung von den ersten Dauerwellversuchen bis zur Entdeckung des Kaltwellmittels?
   b) Wie viel Jahre brauchte Josef Mayer, um Nesslers Spiralwicklung zu verbessern?

2. Die Behandlung mit Karl Nesslers Heißwellapparat dauerte etwa 5 Stunden. Heutzutage braucht eine Friseurin durchschnittlich $1^1/_2$ Stunden für eine komplette Dauerwelle. Um wie viel Prozent hat sich die Behandlungszeit im Lauf der Zeit verkürzt?
P

3. Tinys Chef will neue Dauerwellwickler anschaffen. Die Stückzahl soll reichen, um 3 Dauerwellen mehr ausführen zu können. Er rechnet je Dauerwelle und Kopf 60 Wickler, von denen einer 65 Pfennig kostet. Dazu bestellt er noch 150 Stück Gummilaschen je 19 Pfennig. Was muss er bezahlen, wenn auf den Betrag noch 15% Mehrwertsteuer kommen?
P G

4. Eine Portionsflasche Wellmittel mit 80 ml Inhalt kostet im Einkauf

3,55 DM. Für die 1-l-Flasche des selben Wellmittels müssen 24,40 DM bezahlt werden.

D a) Wie viel DM je Behandlung spart der Chef, wenn er die Literflasche statt der Portionsflasche einkauft und je Dauerwelle 80 ml Wellflüssigkeit verbraucht?

P b) Geben Sie den gesparten Betrag in Prozent an.

5. Für eine Schemawicklung braucht Tinys Kollegin bei normalem Arbeitstempo etwa 28 Minuten.
P
a) Eine Kranzwicklung kostet sie 80% = ? Minuten mehr Zeit.
b) Für eine In-Form-Wicklung dagegen braucht sie 12% = ? Minuten mehr Zeit.

6. In Tinys Salon läuft seit 2 Wochen eine Werbeaktion „Ihre Feriendauerwelle – für Sommer, Sonne, Wind und Wasser". Der Komplettpreis einschließlich Waschen, Schneiden und Föhnen beträgt 72,– DM.

G Wie viel Geld spart man, wenn sich der Preis sonst aus diesen Behandlungen zusammensetzt: Dauerwelle 43,– DM, Waschen und Föhnen 24,50 DM, Nachschneiden 18,– DM?

7. Ein alkalisches Wellmittel enthält

80 ml Thioglykolsäure
780 ml Wasser
100 ml Ammoniak
10 ml Netzmittel
5 ml Parfümöle
15 ml Schutzstoffe

D a) Wie viel ml jedes Stoffes sind in einer 60 ml großen Portionsflasche enthalten?

M b) Welche Thioglykolsäure-Konzentration (in Prozent) entsteht bei einer Verdünnung des Wellmittels im Verhältnis 1 : 1 für gefärbtes und 1 : 2 für blondiertes Haar?

8. Im Damensalon sind etwa 18% der Bedienungen Dauerwellen.

P a) Berechnen Sie die in einem Monat durchgeführten Dauerwellen bei 400 Kundinnen insgesamt.
b) Während des gleichen Zeitraums wurden im Herrensalon 280 Kunden bedient und dabei 7 Dauerwellen durchgeführt. Wie hoch ist hier der Prozentsatz der Dauerwellen?

9. Eine Fixierung enthält 28 ml 6%iges
M H_2O_2, 55,5 ml Wasser, 15 ml Weinsäure, 1,5 ml Netzmittel und 10 ml eines Pflegestoffgemisches. Wie viel Prozent H_2O_2 enthält die Lösung?

10. Eine Heimdauerwelle darf im Thiogly-
M kolsäure-Gehalt nicht höher als 7,5% liegen. Ist folgendes Wellmittel zur Selbstbehandlung genehmigt?

8 ml 76%ige Thioglykolsäure
10 ml Ammoniak
3 ml Zusätze
59 ml Wasser
80 ml

11. Um Tante Berta eine perfekte Dauer-
P welle zu machen, kauft Tiny im Großhandel das nötige Arbeitsmaterial.

Dauerwellhaube	6,55 DM
Fixierschwamm	1,30 DM
Spitzenpapier	3,05 DM
60 Wickler je	0,65 DM
Wellmittel, Fixierung und Haarkur	7,20 DM

Was muss sie bezahlen, wenn 15% Mehrwertsteuer hinzugerechnet werden?

12. Bei einer Kundin mit langem Haar
G feuchtet die Friseurin felderweise vor.
a) Wie lang ist die wirkliche Einwirkzeit für das erste Feld, wenn das Wickeln selbst 28 Minuten dauert und die Einwirkzeit 12 Minuten beträgt?
b) Die wievielfache Einwirkzeit ergibt sich für die zuerst gewickelte Partie?

11.8 Farbbehandlung des Haares

1. M Die meisten Haarfarben werden 1 : 1 mit H_2O_2 gemischt. Berechnen Sie für folgende Mischungen die H_2O_2-Konzentration des Färbebreis:
   a) 60 ml Farbe + 60 ml 6%iges H_2O_2 (leichte Aufhellung),
   b) 60 ml Farbe + 60 ml 9%iges H_2O_2 (Hellerfärbung, 2 Töne)
   c) 60 ml Farbe + 60 ml 12%iges H_2O_2 (Hellerfärbung, 3 Töne)

2. M Für eine Hellerfärbung werden 80 ml Farbcreme mit 40 ml 9%igem H_2O_2 und 20 ml Wasser gemischt. Wie stark ist die Lösung?

3. M Zum Vorpigmentieren wird die Farbe im Verhältnis 1 : 3 mit warmem Wasser gemischt. Wie viel Farbe und wie viel Wasser brauchen Sie für 60 ml Lösung?

4. M Zur Desinfektion von Kämmen sind 900 ml 4,5%ige Desinfektionslösung erforderlich. Wie viel Wasser und Konzentrat müssen Sie mischen?

5. M Zur Strähnenblondierung werden 10 g Blondiergel mit 3 Teilen 6%igem H_2O_2 verrührt.
   a) Wie viel H_2O_2 brauchen Sie?
   b) Wie stark ist die Lösung?

6. G Zum Vergleich sollen Sie die Materialkosten und die Arbeitszeit beim Tönen und Färben für einen Zeitraum von 3 Monaten berechnen. Die durchschnittliche Haltbarkeit von Schaumtönungen beträgt 3 Wochen, bei Färbungen muss jeweils nach 4 Wochen nachgefärbt werden.

7. M Tonspülungen sind beliebte Mittel zur leichten Farbkorrektur. Man rechnet zwischen 5 und 20 ml Farbstofflösung auf 100 ml Wasser. Berechnen Sie die Farbstoffkonzentration der Lösung von a) 5 ml, b) 10 ml, c) 15 ml, d) 20 ml in 500 ml Wasser.

8. Tinys Chef bestellt:

Mittel		Anzahl	Stückpreis
Haarfarbe		30	10,40 DM
Schaumtönung		24	6,20 DM
Tönungsbalsam		10	6,60 DM
Tonspülung		4	24,– DM
Blondierpulver		2	22,60 DM
Farbfestiger		60	2,10 DM
Pinsel		3	2,95 DM
Einmal-Handschuhe		3	5,95 DM
Färbeschalen		3	3,40 DM
H_2O_2	6%ig	6	19,20 DM
	9%ig	3	20,20 DM
	12%ig	2	22,20 DM

G a) Rechnen Sie den Gesamtpreis aus.
P b) Zum Gesamtpreis kommen noch 15% MwSt. Wie viel DM sind das?
P c) Da Tinys Chef sofort bezahlt, kann er 3% Skonto abziehen. Was muss er bezahlen?

9. Eine Kundin beginnt im 35. Lebensjahr ihre Haare zu färben.
G a) Wie viel Färbungen erhält sie bis zu ihrem 70. Lebensjahr, wenn alle 4 Wochen nachgefärbt wird?
D b) Zur 300. Färbung bekommt sie einen Blumenstrauß vom Chef. Wie alt ist sie zu diesem Zeitpunkt?

	Schaumtönung	Färbung	
Material	1 Dose = 6,40 DM	1 Tube Haarfarbe	= 11,90 DM
		1 l H_2O_2	= 16,40 DM
		Neufärbung:	1 Tube + 60 ml H_2O_2
		Ansatzfärbung	1/2 Tube + 30 ml H_2O_2
Arbeitszeit	maximal 10 min	Neufärbung:	maximal 20 min
		Ansatzfärbung:	maximal 15 min

10. a) Vergleichen Sie die Häufigkeit farbverändernder Haarbehandlungen in zwei Salons, indem Sie sie in Prozent angeben.
[P]

Kunden	Färbungen	Tönungen	Blondieren/ Strähnen
A: 480	66	28	5
B: 680	64	56	18

b) Wie viel Prozent der Kunden jedes Salons verändern ihre Haarfarbe?

11. Tommys Großvater hat sich vorgenommen, seine Konkurrenten bei der Jahresausstellung des Schweinezüchterverbands auszustechen und mit seinen lieben Tierchen den Schönheitspreis zu gewinnen. Dazu tönt er ihnen das Fell mit „Spezial-Rosa-Schaumtönung".

[G] a) Wie viel Dosen braucht er für die 5 Schweine, wenn er für eins 8 Dosen verarbeitet?

[P] b) Was kostet ihn der Spaß, wenn der Dorffriseur Stocklocke 2,80 DM je Dose berechnet und 5% Mengenrabatt gewährt?

12. Zur Blondierwäsche werden 20 ml Blondiergel (1 l = 42,50 DM), 30 ml 9%iges H_2O_2 (1 l = 20,20 DM), 10 ml Shampoo (200 ml = 5,90 DM) und 60 ml Wasser gemischt.

[M] a) Wie stark ist die Mischung?

[P] b) Wie hoch ist der Materialpreis mit und ohne Mehrwertsteuer?

13. Ein Oxidationshaarfärbemittel enthält 2,8% Farbbildner und 1,5% Alkalisierungsmittel.

[P] a) Geben Sie die Prozentanteile der Trägermasse und der Zusätze an.

[G] b) Berechnen Sie die Mengen der einzelnen Stoffe für eine 60-ml-Tube Haarfarbe.

14. Von den 27500 Einwohnerinnen einer
[P] Stadt lassen sich 4950 regelmäßig die Haare färben, blondieren oder tönen. Wie viel Prozent sind das?

11.9 Kosmetik

11.9.1 Allgemeine Kosmetik

1. Die kosmetische Behandlung hat sich
[P] im Zeitraum von 1986 bis 1996 um 38,5% verteuert. Der Durchschnittspreis lag 1986 bei 32,80 DM. Berechnen Sie den Durchschnittspreis für 1996.

2. Eine Kundin ist in eine teurere Woh-
[G] nung gezogen und muss sparen. Statt monatlich geht sie nur noch 2mal im Vierteljahr zur Kosmetikerin. Wie viel Geld spart sie im Jahr bei einem Behandlungspreis von 65,80 DM?

3. Eine Feuchtigkeitspackung für extra trockene Haut wird als 30-ml-Tube zu 13,40 DM und in der 250-ml-Dose zu 61,10 DM angeboten.

[D] a) Berechnen Sie den Preis für je 10 ml.

[P] b) Um wie viel Prozent ist die kleinere Packung teurer?

4. Vor den Sommerferien werden 100 ml Sonnengel (17,– DM), 200 ml After-Sun-Creme (19,80 DM) und dazu 200 ml Sonnenmilch (19,80 DM)

im Urlaubsset für 45,– DM angeboten.

G a) Wie viel DM kann man sparen?

P b) Wie viel Prozent Rabatt entspricht das Angebot?

5. Eine Kundin benutzt Feuchtigkeitscreme und Make-up, eine andere nimmt nur eine getönte Tagescreme. Berechnen Sie den Preisunterschied je Tag.

D

Feuchtigkeitscreme	50 ml	9,90 DM,
Verbrauch täglich	1,5 ml	
Make-up	30 ml	12,20 DM,
Verbrauch täglich	1 ml	
Getönte Tagescreme	30 ml	8,80 DM,
Verbrauch täglich	1 ml	

6. Ein Friseur bietet die kleine Pflegeserie für fettige Haut mit 30% Rabatt an. Was kostet die gesamte Serie, wenn bisher folgende Einzelpreise verlangt wurden?

P

Reinigungsmilch	16,40 DM
Gesichtswasser	18,20 DM
Tagescreme	19,30 DM
Abdeckstift	8,90 DM

7. 50 ml Feuchtigkeitscreme enthalten 12 ml Fette und Öle. 100 ml Nachtcreme enthalten 45 ml Fettstoffe. Um wie viel Prozent ist die Nachtcreme fetthaltiger?

P

8. Um ihre täglichen Make-up-Kosten zu berechnen, schreibt Tiny den Verbrauch an dekorativer Kosmetik während eines Jahres auf. Mit der Liste geht sie in ein Kaufhaus und notiert sich die Preise einer Juniorserie, um eine Vergleichsmöglichkeit zu haben. Ihre Aufstellung:

G

a) Berechnen Sie jeweils die Gesamtkosten.

b) Was kostet jeweils ein Make-up, wenn die Präparate im Jahr für etwa 400 Anwendungen reichen?

9. 200 ml Schaumbad kosten 12,80 DM. Für ein Bad wird eine Verschlusskappe mit 15 ml abgemessen. Was kostet das Badevergnügen?

D

10. Ein Gesichtswasser enthält 20%igen Ethylalkohol. Wie viel ml Alkohol sind in

P

a) 50 ml, b) 2,5 ml (1 Behandlung)?

11. Ein Schaumbad enthält 24% einer Mischung aus anionaktiven und amphoteren WAS. Wie stark ist ein Vollbad aus 15 ml Konzentrat und 74 l Wasser?

M

12. Ein Adstringens enthält 10% Ethylalkohol, 0,8% organische Säuren und 0,15% etherische Öle. Wie viel ml dieser Stoffe sind in einer 250 ml großen Flasche enthalten?

P

13. Eine Ö/W-Emulsion zur Handpflege hat 22% Fettstoffe.

P a) Mit wie viel ml Fetten werden die Hände bei einem täglichen Verbrauch von 3 ml gepflegt?

G b) Wie lange reicht eine 150-ml-Flasche bei 3 ml Tagesverbrauch?

14. Eine Pflegecreme enthält

P

22%	Emulgator
8,4%	Fette und Fettsäuren
4%	Isopropylmyristat (Wachs)
2,5%	Glycerin (3-wertiger Alkohol)
0,2%	Konservierungsmittel
0,3%	Parfümöle
62,6%	Wasser

	Tinys Jahreskosten		Preiswerte Juniorserie	
Teint-Grundierung	4mal	12,20 DM	4mal	6,80 DM
Lippenstift	3mal	9,30 DM	3mal	4,95 DM
Lidschatten	4mal	8,50 DM	4mal	3,60 DM
Mascara	2mal	10,40 DM	2mal	7,45 DM
Cremerouge	2mal	8,30 DM	2mal	5,50 DM
Lip Gloss	6mal	6,20 DM	6mal	4,80 DM
Gesichtspuder	1mal	16,40 DM	1mal	8,20 DM
High-Lighter	2mal	10,50 DM	2mal	4,65 DM

Nach dieser Rezeptur sollen Sie 450 ml Creme herstellen. Wie viel ml der einzelnen Stoffe müssen Sie abmessen?

15. [G] 12 Lidschattenfarben kosten in der Kassette 36,– DM. Einzeln werden für Lidschattenpudersteine 3,95 DM verlangt. Tiny kann aus der Kassette nur 9 Farben gebrauchen. Soll sie die Kassette oder die einzelnen Farben kaufen?

16. [D] 80 Eye Make-up Remover Pads kosten 9,95 DM. 50 ml Augen Make-up-Entferner 6,20 DM, 50 Wattepads 1,99 DM. Ist das Entfernen des Augen-Make-ups mit Pads oder mit dem flüssigen Entferner preiswerter, wenn für eine Anwendung 1 Remover Pad oder 1 ml Entferner und 1 Wattepad verbraucht werden?

17. [D] Ein Creme-Rouge kostet 8,30 DM, die gleiche Farbe als Puderrouge 17,10 DM. Das Puderrouge reicht 39 Wochen, das Creme-Rouge nur 26 Wochen. Welches ist preiswerter?

18. Körperlotionen sind als teure Luxusartikel mit traumhafter Parfümierung wie auch als preiswerte Ö/W-Emulsion im Handel.

[D] a) Berechnen Sie die Preise für je 10 ml dieser Präparate:

250 ml zu 46,20 DM
500 ml zu 22,60 DM
300 ml zu 29,90 DM
250 ml zu 34,80 DM
500 ml zu 12,95 DM

[G] b) Wie viel DM Unterschied besteht zwischen der preiswertesten und teuersten Körpermilch?

11.9.2 Handpflege

1. [D] Das durchschnittliche Wachstum eines Nagels beträgt 0,8 mm in der Woche. Durch Lufteinschlüsse entstandene weiße Flecken befinden sich in etwa 4 mm Abstand von der Nagelhaut. Wie lange dauert es, bis sie bei einer Gesamtnagellänge von 1,5 cm herausgewachsen sind?

2. [M] Zur Herstellung von 200 ml eines 1%igen Nagelbads müssen wir außer Wasser 3 ml Shampoo zugeben. Zur Verfügung steht eine 6%ige H_2O_2-Lösung. Wie viel ml H_2O_2 und Wasser mischen Sie?

3. [P] Nagelhautentferner enthalten 2 bis 5% Natron- oder Kalilauge. Wie viel ml Lauge sind a) mindestens, b) höchstens in einer Flasche mit 40 ml?

4. Nagellack hat folgende Bestandteile:

15%	filmbildende Stoffe (Nitrocellulose)
10%	Kunstharze
5%	Weichmacher
0,5%	Farbstoff bei Transparentlack
2,5%	Farbstoff bei Cremelack
?	Lösungsmittel

[P] a) Geben Sie den Prozentanteil der Lösungsmittel für Transparent- und Cremelacke an.

b) Wie viel ml Farbstoffe sind in einem 25-ml-Fläschchen Cremelack enthalten?

5. [G] Während der 35minütigen Trockenzeit führt Tiny bei einer Kundin eine Maniküre durch. Für die einzelnen Arbeitsgänge braucht sie folgende Zeiten:

Nagellack entfernen	30 Sek.
Nägel feilen	2 Min.
Nagelöl auftragen und einmassieren	30 Sek.
Nagelbad	–
Nagelhaut zurückschieben	3 Min.
Handmassage	6 Min.
Unterlack auftragen	4 Min.
Trockenzeit	3 Min.
Nagellack auftragen, 1. Schicht	4 Min.
Trockenzeit	3 Min.
Nagellack auftragen, 2. Schicht	4 Min.

Wird Tiny rechtzeitig fertig?

11.10 Haararbeiten

1. Zum Waschen einer Echthaarperücke
M füllt Tiny 30 ml Spezialshampoo (100%) auf 4 l Lösung.
   a) Wie viel Wasser wurde zugegeben?
   b) Wie stark ist die Waschlösung?

2. Eine Pflegeemulsion für Echthaarteile
M enthält 45% Fettstoffe. Wie viel Prozent Fette sind in 3 l Lösung, die 25 ml der Emulsion enthalten?

3. Zur Farbkorrektur eines Zopfteils mit
M flüssigem Tönungsmittel ergibt die Farbskala eine Mischungsverhältnis von 1 : 24.
   a) Wie viel ml Tönungsmittel müssen Sie zu 3 l Wasser geben?
   b) Wie viel Prozent Tönungsmittel enthält die Färbelösung?

4. Zum Einfärben eines Haarteils werden
M 40 ml Farbgel mit 40 ml 6%igem H_2O_2 und 200 ml Wasser gemischt.
   a) Wie stark ist die Lösung?
   b) Wie stark wäre die Lösung, wenn man kein Wasser zugäbe?

5. Nach der Umformung eines Haarteils
M mit einem Wellmittel für poröses Haar wird das Teil in ein Fixierbad aus 40 ml 9%igem H_2O_2 und 320 ml Wasser gelegt. Wie stark ist die Fixierlösung?

6. Ein Herrenfriseur führt in 20 Minuten
D einen Haarschnitt aus und nimmt dafür 22,– DM. Wie viel muss ein Kunde für das Anpassen eines Toupets bezahlen, wenn der Friseur 45 Minuten dazu braucht?

7. Ein Haarteil aus europäischem Haar
P kostet 270,– DM, das gleiche Modell aus indischem Haar nur 210,– DM und aus Chinahaar 148,– DM. Wie viel Prozent spart man jeweils beim Kauf der günstigeren Haarqualität?

8. Eine 20 cm lange Pagenkopfperücke
P kostet 625,– DM, die Perücke mit 30 cm Haarlänge 865,– DM. Wie viel Prozent Aufpreis müssen für die längeren Haare bezahlt werden?

9. Für 1 m × 1 m Seidengaze bezahlt
D man 115,50 DM. Einfache Gaze kostet nur 35,– DM.
Wie viel DM müssen Sie für ein 12 × 4 cm großes Stück Seidengaze mehr bezahlen?

10. Um Toupets gleicher Haarqualität preislich vergleichen zu können, sollen die Kosten für je 1 cm² des fertigen Haarersatzes berechnet werden.

Größe in cm	Preis in DM
10 × 12	628,–
9 × 10,5	564,–
12 × 15	945,–
12 × 16	898,–
15 × 20	1220,–

D a) Ergänzen Sie die Tabelle um Grundfläche in cm² und Preis für 1 cm².
P b) Wie viel Prozent liegen zwischen dem günstigsten und dem höchsten Preis für 1 cm²?

11. Bei der Inventur entdeckt Tinys Chef einen ganzen Kasten mit alten Perücken. Da sich die Ladenhüter nicht mehr verkaufen lassen, beschließt er, alle in knalligen Farben zu tönen und zum Fasching an seine Kunden auszuleihen. Bei der Aktion verbraucht er 25 Tuben Tönungsmittel je 5,90 DM. Für den Verleih nimmt er 20,– DM je Abend und 15,– DM für das Frisieren nach Wunsch der Kundin. Die Perücken werden insgesamt 54mal verliehen und frisiert.
G a) Was kostet ihn das Einfärben der Perücken?
G b) Wie viel DM nimmt er durch den Verleih und das Frisieren ein?

12. Für das Berichtsheft des 1. Ausbil-
D dungsjahrs bietet eine Firma sechs 4 cm breite Tressen zu 9,20 DM an. Was kostet 1 cm Tresse?

13. Zur Herstellung eines Zopfes sind diese Haarlängen erforderlich:

	Haarkosten je kg	
	indisches Haar	deutsches Schnitthaar
5 g 50 cm langes Haar	1000,– DM	2000,– DM
5 g 45 cm langes Haar	950,– DM	1900,– DM
8 g 40 cm langes Haar	900,– DM	1800,– DM
12 g 35 cm langes Haar	850,– DM	1700,– DM
5 g 30 cm langes Haar	750,– DM	1600,– DM

[D] a) Berechnen Sie die reinen Haarkosten mit indischem und deutschem Schnitthaar.

[P] b) Um wie viel Prozent ist die Verarbeitung mit indischem Haar billiger?

14. Eine Haarteilfirma bietet Restbestände mit 30% Rabatt an. Was kosten folgende Haararbeiten, wenn Sie die 15% Mehrwertsteuer hinzurechnen? (Rechengang: − 30% = neuer Preis + 15% = Endpreis)
[P]

Damen-Modeperücken	a)	345,– DM
	b)	420,– DM
	c)	1045,– DM
Haarteile	d)	222,– DM
	e)	183,– DM
	f)	305,– DM

15. Im 2. Ausbildungsjahr werden für das Berichtsheft Materialien für Tressen und Knüpfproben gebraucht. Das gesamte Material kostet mit ungefärbten indischen Haaren 34,– DM, mit deutschem Schnitthaar 44,– DM. Um wie viel Prozent ist das deutsche teurer?
[P]

11.11 Organische Chemie, Waren- und Verkaufskunde

1. Es gibt rund 100 000 anorganische und 4 000 000 organische Verbindungen.

[G] a) Die wievielfache Menge organischer Verbindungen gibt es?

[P] b) Wie viel Prozent der gesamten chemischen Verbindungen sind anorganisch?

2. $^3/_4$ l 96%iger Spiritus soll zur Desinfektion auf 70% herabgesetzt werden. Wie viel Wasser müssen Sie zugeben?
[M]

3. Lanolin kann bis zu 185% des Eigengewichts an Wasser aufnehmen. Wie viel Wasser können a) 50 g, b) 35 g, c) 90 g Lanolin emulgieren?
[P]

4. Ein 250 g schwerer Schopf enthält folgende vier für den Haaraufbau besonders wichtige Aminosäuren:
[P]

14,1% Glutaminsäure
11,9% Cystinsäure
11,3% Isoleucinsäure
10,3% Serinsäure

a) Wie viel Gramm sind das jeweils?

b) Wie viel Prozent und Gramm entfallen auf die restlichen 16 Aminosäuren des Keratins?

5. Das Wollfett Lanolin besteht aus 96% Wachsen (neutrale Ester), 0,4% Fettsäuren, 2,6% Fettalkoholen, 0,9% Kohlenwasserstoffen. Ein 5 g schwerer Lippenstift enthält etwa 8% Lanolin. Wie viel Gramm Wachs zum Schutz gegen Witterung hat er?
[P]

6.

Menge	Parfümart	Duftstoffanteil
10 ml	Parfüm	20%
25 ml	Eau de Parfum	9%
50 ml	Eau de Toilette	6,5%

[P] Wie viel ml Duftstoffkonzentrat enthalten die Parfümarten?

7. Bilden Sie mit Hilfe der allgemeinen
G Formel C_nH_{2n+2} die Summenformeln für die Kohlenwasserstoffe mit 17, 24, 34 und 60 C-Atomen.

8. 500 ml Hand- und Body-Lotion kosten
D 13,95 DM. Die gleiche Lotion bekommt man in der 400-ml-Spenderflasche für 19,95 DM. Welcher Preisaufschlag wird für die praktische Spenderflasche berechnet?

9. In Parfüms werden nur noch etwa 300
P natürliche, aber schon 5000 synthetische Riechstoffe eingesetzt. Berechnen Sie den prozentualen Anteil der natürlichen.

10. 1 l Jasminöl kostet 17000,– DM. Ein
D Parfüm enthält 0,04% davon. Was kostet der Anteil in 15 ml des Parfüms?

11. Ein Rasierwasser enthält 0,005% einer
M 25%igen Tensidlösung. Wie viel ml Tensid befinden sich in 115 ml?

12. Natürliche Öle sind keine einheitli-
P chen Stoffe, sondern bestehen aus mehreren Fettsäuren. Die Zusammensetzung von Oliven- und Kokosöl zeigt unsere Tabelle.

Olivenöl	**Kokosöl**
15% Linolsäure	48% Laurinäure
1% Myristinsäure	18% Myristinsäure
16% Palmitinsäure	8,5% Palmitinsäure
3% Stearinsäure	3,5% Stearinsäure
65% Ölsäure	7% Ölsäure
	1% Capronsäure
	6% Caprylsäure
	8% Caprinsäure

Berechnen Sie den Anteil der einzelnen Fettsäuren für jeweils 125 ml der beiden Öle.

13. 7 Stück Gästeseife je 9 g in Rosenform
D sind in einem Glas verpackt und kosten 12,50 DM. Die gleiche Firma bietet dieselbe Seife in Muschelform je 39 g mit 10 Stück für 30,95 DM an. Die Verkäuferin behauptet, die Seife in Muschelform sei um das $2^1/_2$fache preiswerter. Stimmt das?

12 Grundlagen des Computerrechnens

Der Computer ist ein aus den beruflichen und privaten Bereichen nicht mehr wegzudenkendes Allroundtalent: Textverarbeitung, Datenverwaltung (z. B. Kundenkartei, Lagerhaltung) und Kalkulationen bewältigt er Zeit sparend und zuverlässig.

Die „War Games" (Kriegsspiele) im Kinderzimmer des *Privathaushalts* haben viele zu Computerfeinden gemacht. Doch auch diese Feinde gehören zu den Computerfans – oft ohne es zu merken, z. B. wenn sie an der elektronisch gesteuerten Nähmaschine die Knopflochautomatik drücken und ein gleichmäßiges Knopfloch in die Bluse zaubern. Oder wenn sie die Wäsche bügelfeucht oder schranktrocken aus dem Wäschetrockner ziehen.

Im *Einzelhandel* haben sich die Freitagabendschlangen in den Lebensmittelabteilungen durch die computergesteuerten Scannerkassen (EAN = Europäische Artikelnummerierung, Strichcode, **12**.1) verkürzt und die Nachbestellungen vereinfacht.

Selbst das geliebte Auto ist vom Computer betroffen, z. B. im *Verkehr* durch die Ampelsteuerung (Verkehrsrechner) oder in der Verkehrssicherheit durch das Antiblockiersystem (ABS) – leider auch durch computererstellte Bußgeldbescheide!

Der *Dienstleistungbereich* setzt die Computertechnik schon seit langem ein: Geldautomaten bei Banken und Sparkassen, Rechnungserstellung für Telefon, Strom und Wasser, Fahrkartenautomaten bei öffentlichen Verkehrsmitteln, Kommunikation durch Bildschirmtext (BTX, T-Online).

12.1 Strichcode

Sie sehen: Ob Fan oder Feind, unser Alltag ist massiv vom Computer betroffen. Das hat Auswirkungen. Einerseits baut der Computer Arbeitsplätze ab, andererseits schafft er neue, denn auch die Rechenanlagen müssen hergestellt, programmiert und gewartet werden. Allerdings erfordern die neuen Arbeitsplätze andere, meist höhere berufliche Qualifikationen, auf die sich die Arbeitnehmer einstellen müssen.

Der Datenschutz ist ein weiteres Problem. Innerhalb kürzester Zeit können Daten zwischen vernetzten Computern und Datenbanken über das Fernsprechnetz ausgetauscht werden. Z. B. könnte ein zukünftiger Arbeitgeber vom Computer der Krankenkasse Informationen über den Gesundheitszustand und die Krankheitsdauer seiner Bewerber erhalten. Hier schiebt der Gesetzgeber einen Riegel vor. Das bereits 1977 erlassene Bundesdatenschutzgesetz (BDSG) schützt personenbezogene Daten wie Namen, Anschrift, persönliche Daten und sachliche Verhältnisse des Bürgers.

Wir wollen Sie weder in spielabhängige Computerfreaks noch zu Computerfeinden machen, sondern auf den möglicherweise notwendigen Umgang mit dem Rechner vorbereiten, indem wir Sie mit den wichtigsten Grundlagen vertraut machen.

12.1 Der Computer denkt nicht

Der Rechner befolgt nur Anweisungen (Befehle) des Benutzers. Diese Anweisungen führt er allerdings in atemberaubender Geschwindigkeit aus. Mehrere nacheinander gegebene Befehle nennt man *Programm*. Erst ein Programm veranlasst den Rechner, Daten nach einer bestimmten Reihenfolge zu ordnen und nach vorgegebenen Rechenvorschriften (z. B. Formeln) zu verarbeiten. Programme und Daten bezeichnet man als *Software* (weiche Ware).

EVA-Prinzip. Hinter der Arbeitsweise des Computers steht immer das gleiche Prinzip: **E**ingabe – **V**erarbeitung – **A**usgabe. Vergleichen wir es mit der Bearbeitung einer Rechenaufgabe, entspricht die Eingabe dem Zuhören und evtl. Aufschreiben des Aufgabentexts. Bei der Verarbeitung wird durch Rechnen das Gehirn strapaziert, und die Ausgabe entspricht der mündlichen oder schriftlichen Antwort. Diese Dreiteilung finden wir im technischen Aufbau einer Rechenanlage wieder.

E	Eingabe	→ z. B. Tastatur
V	Verarbeitung	→ Mikroprozessor
A	Ausgabe	→ z. B. Bildschirm, Drucker

12.2 Computer mit Bildschirm und Tastatur

Binärsystem. Der Computer versteht unsere Sprache nicht. Darum müssen wir die Befehle erst in „seine" Sprache übersetzen. Wir verständigen uns z. B. durch Buchstaben, Zahlen, Wörter und Sätze, Zeichen und Gesten. Der Computer verfügt nur über zwei Zeichen – seine elektrischen Schalter kennen nur die Stellung EIN oder AUS (Binärsystem = Zweiersystem).

Die kleinste Informationseinheit in diesem Zeichensystem aus Symbolen (Binärsystem) ist das Bit.

Ein Bit vermittelt entweder die Information 1 (EIN) oder 0 (AUS). 8 Bit bilden 1 Byte mit $2^8 = 256$ Informationsmöglichkeiten. Damit lassen sich alle Buchstaben, Rechenzeichen, Zahlen und Symbole darstellen. Zum internationalen Datenaustausch hat man eine einheitliche Verschlüsselung festgelegt: den ASCII-Code (**A**merican **S**tandard **C**ode for **I**nformation **I**nterchange).

Beispiel Der Name „Anne" wird durch eine Folge von 0 und 1 ausgedrückt, da jedem Buchstaben eine achtstellige Kombination zugeordnet ist.

A = 0 1 0 0 0 0 0 1
N = 0 1 0 0 1 1 1 0
N = 0 1 0 0 1 1 1 0
E = 0 1 0 0 1 0 0 1

Wichtige Begriffe

Programm	Folge von nacheinander gegebenen Befehlen an den Computer
Daten	Zeichen (z. B. Zahlen oder Buchstaben), deren Information weiterverarbeitet wird
Software	Sammelbegriff für Programme und Daten
EVA	Eingabe – Verarbeitung – Ausgabe, Grundprinzip der Datenverarbeitung
Binärsystem	Zahlensystem aus 1 und 0
Bit	kleinste Informationseinheit im Binärsystem
Byte	Folge von 8 Bit
ASCII-Code	international genormter Code zur Datenübertragung

12.2 Aufbau des Computersystems

Die mechanischen elektrischen Bauteile des Computersystems sind die *Hardware* („harte Ware"). Dazu gehören:

- Systemeinheit mit Zentraleinheit, Hauptspeicher, Eingabe- und Ausgabeeinheit,
- Eingabe- und Ausgabegeräte,
- externe Speicher (**12**.3)

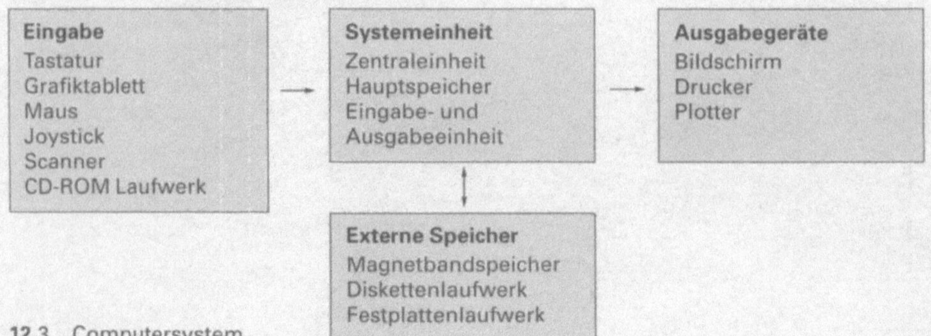

12.3 Computersystem

Die Zentraleinheit besteht aus einem Mikroprozessor, auf dessen Siliciumplättchen (Chips) das Steuerwerk, Rechenwerk und Register untergebracht sind. Das *Steuerwerk* ist die Zentrale des Computers. Hier werden alle Funktionen gesteuert und kontrolliert. Das *Rechenwerk* führt die erforderlichen Rechnungen durch. Das *Register* besteht aus Speichereinheiten zur kurzfristigen Datenaufnahme.

Hauptspeicher. Die Zentraleinheit kann nur arbeiten, wenn ihr Daten zur Verfügung stehen. Diese lagern im Hauptspeicher, den wir mit einem von Aktenordnern vollgestopften Schrank vergleichen können. Jeder Ordner entspricht einer Speicherzelle, in der sich bestimmte Daten oder Informationen befinden.

Man unterscheidet verschiedene Speichertypen. Der *Schreib-Lese-Speicher (RAM)* ist so gebaut, dass seine Informationen geändert werden können. Der *Nur-Lese-Speicher (ROM)* dagegen ist mit einem Buch vergleichbar: Man kann zwar darin lesen, jedoch nichts ändern. Beim Abschalten des Computers wird der Inhalt des RAM gelöscht. Braucht man die Daten wieder, muss man sie vor dem Abschalten auf ein Magnetband oder eine Diskette abspeichern. Der Speicherinhalt des ROM bleibt dagegen auch ohne Stromversorgung erhalten – der Benutzer kann ihn nicht löschen. Der Cache ist ein zusätzlicher Hintergrundspeicher, den man auch Pufferspeicher nennt.

Über die Eingabe- und Ausgabeeinheit wird der Datenaustausch zwischen der Zentraleinheit und den angeschlossenen Geräten (Peripherie) abgewickelt. Meist dienen die Tastatur zur Eingabe und der Bildschirm (Monitor) zur Ausgabe. Außerdem werden externe Speicher gesteuert, z. B. das Diskettenlaufwerk.

Eingabegeräte

Die Tastatur dient zur Eingabe von Zahlen, Buchstaben und Steuerbefehlen. Früher war sie meist mit der Systemeinheit fest verbunden. Das ergab für den Benutzer eine ungünstige Arbeitshöhe. Die heutige bewegliche Tastatur vermeidet krumme und lahme Arme, weil man sie in die richtige Arbeitslage bringen kann.

Die (mechanische) Maus besteht aus einer beweglich gelagerten Kugel, die in einem handlichen Gehäuse mit zwei oder drei Tasten eingebaut ist (**12**.4). Bewegt man die Maus auf einer Unterlage, dreht sich die Kugel in eine bestimmte Richtung. Auf den Bildschirm vollzieht ein kleiner Pfeil diese Bewegungen nach. Dadurch kann der Benutzer alle Punkte auf dem Monitor erreichen und bestimmte Rechenoperationen veranlassen. Die Maus erspart ihm also die langsamere Tastaturbedienung. Durch Tastendruck werden die Befehle ausgelöst.

12.4 Maus

Das Grafiktablett dient zum computerunterstützten Zeichnen (CAD) und ist somit das elektronische Zeichenbrett für technische Berufe. Der elektronische Stift (Digitizer) überträgt die auf dem Tablett ausgeführten Bewegungen, so dass sie als Bild auf dem Monitor erscheinen und abgespeichert werden können.

Der Steuerknüppel (Joystick) ist Ihnen sicher nicht neu. Ein ähnliches Gerät haben Sie als Kind benutzt, um Ihr Spielzeugauto vor- oder zurückfahren zu lassen. Bei Computerspielen werden die „Spielzeugautos" mit dem Joystick auf dem Bildschirm bewegt. Er ist also ein Eingabegerät für Computerspiele.

Scanner heißt einfach übersetzt nichts anderes als „Abtaster". Beim Einkaufen müssen Sie oft die Rechnung bezahlen, die der Strich-Code-Scanner erstellt hat. Außerdem gibt es Lichtstifte oder Lichtpistolen, mit denen die Verkäuferin über das Etikett des Pullovers streicht und damit die Zahlen in die Kasse einliest. Gleichzeitig speichert die Computerkasse die Verkaufsdaten, die für die Erstellung von Verkaufsstatistiken notwendig sind oder eine Aktualisierung der Lagerbestandsdaten ermöglichen.

Ein Flachbettscanner sieht aus wie ein kleiner Tischkopierer. Zum Einlesen muss man den Text oder das Foto auf die Glasplatte legen. Ein Lichtstrahl tastet die Vorlage ab, liest sie und bildet sie durch die zugehörige Software als Kopie auf dem Monitor ab.

Ausgabegeräte

Der Bildschirm (Monitor) macht die Daten als Texte oder Grafiken sichtbar. Die heutzutage gebräuchlichen Farbschirme können über 250 000 Farbtöne wiedergeben und sind daher besonders für grafische Darstellungen interessant.

Drucker. Die Informationen auf dem Bildschirm kann man nicht mitnehmen oder verschicken. Auch aus dem Computer braucht man die Informationen „schwarz auf weiß". Dafür ist der Drucker zuständig, meist ein Tintenstrahldrucker.

Weitere Druckertypen sind Nadel-, Typenrad- und Thermodrucker. Der technisch leistungsfähigste ist der Laserdrucker. Er erzeugt ein fabelhaftes Schriftbild, und das bis über 10 Seiten in der Minute!

Plotter sind computergesteuerte Zeichenmaschinen für ein- oder mehrfarbige Abbildungen. Der Zeichenstift bewegt sich entsprechend den Befehlen hin und her. Bei farbigen Zeichnungen wechselt der Plotter selbständig die Farbstifte.

Inbetriebnahme des Druckers

- Überzeugen Sie sich, dass der Drucker ordnungsgemäß mit dem Computer verbunden ist.
- Sehen Sie nach, ob sich Papier im Drucker befindet.
- Endlospapier muss so eingespannt sein, dass die waagerechte feine Lochung gerade über dem Druckkopf sichtbar ist. So beginnt man bei der Druckausgabe mit einer neuen Seite.

Diese Arbeiten müssen Sie v o r Inbetriebnahme des Druckers verrichten.

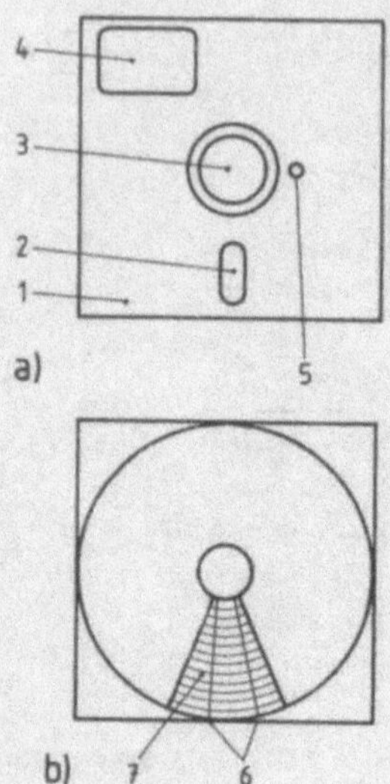

12.5 Diskette
a) Ansicht, b) Prinzip des Datenspeichers
1 Hülle
2 Leseöffnung
3 Antriebsöffnung
4 Beschriftungsetikett
5 Indexloch (markiert Spuranfang)
6 Sektor für Datenfeld
7 Datenspuren

Externe Speicher

Der interne Schreib-Lese-Speicher (RAM) lässt sich mit einem Kurzzeitgedächtnis vergleichen. Werden die Informationen nicht mehr gebraucht, können sie aus dem Gedächtnis verschwinden und durch neue ersetzt werden. Um Daten langfristig verfügbar zu haben, muss man sie auch langfristig speichern. Dazu dienen Magnetbandspeicher (ähnlich dem Kassettenrecorder), Diskettenlaufwerke mit wechselbaren Disketten oder Festplattenlaufwerke.

Beim Diskettenlaufwerk werden die Daten mit Hilfe eines beweglichen Schreib-Lese-Kopfes gespeichert oder abgenommen. Ein Motor versetzt die Diskette in schnelle Drehung. Disketten sind dünne Kunststoffscheiben mit einer magnetisierbaren Oberfläche (**12**.5). Eine Hülle schützt sie vor Verschmutzungen und gibt ihnen die nötige Festigkeit. Der Schreib-Lese-Kopf bringt die Daten in spiralförmigen Spuren auf die Diskette. Auf doppelseitig beschreibbaren Disketten lassen sich viele hundert Schreibmaschinenseiten unterbringen! Die Lebensdauer der Diskette ist begrenzt (Abrieb beim häufigen Gebrauch). Damit Daten nicht verloren gehen, legt man „Sicherungskopien" an. Auch unsachgemäßer Umgang kann zu Datenverlust führen. Beachten Sie deshalb die Herstellerhinweise.

Handhabung von Disketten

- Weder der Sonne noch hohen Temperaturen aussetzen.
- Magnetische Einflüsse vermeiden (z.B. Nähe von Fernsehern).
- Möglichst staubfrei lagern.

Sie sehen, der ausschließliche Gebrauch von Disketten ist kein Benutzertraum. Sie sind empfindlich und haben eine recht begrenzte Speicherkapazität. Besser ist das Festplattenlaufwerk.

Das Festplattenlaufwerk gehört inzwischen zur Grundausstattung eines Computers, wenn man seine Möglichkeiten voll ausschöpfen will. Vergleicht man die Diskette mit einem Buch, ist das Festplattenlaufwerk eine ganze Bibliothek. Gegenüber der Diskette hat es drei entscheidende Vorteile:

- Es verschleißt nur wenig, ist also haltbarer.
- Es ist staubsicher verkapselt, kann daher nicht einfach herausgenommen, also auch nicht durch unsachgemäße Behandlung beschädigt werden.
- Es kann weitaus mehr Daten speichern.

CD-ROM-Laufwerk. Hiermit werden die Daten von CD-ROMs abgelesen (Compact-Disc-Read-Only-Memory/Nur-Lese-CD). Eine CD-ROM ist eine optische Speicherplatte für Programme und Daten, die ähnlich wie eine Audio-CD hergestellt wird. CD-ROMs haben im Vergleich zu Disketten eine enorm hohe Speicherkapazität. Leider ist es zur Zeit erst schwer möglich, selbst Daten auf CD-ROMs abzulegen.

Wichtige Begriffe

Hardware	„harte Ware", alle Bauteile des Computers
Zentraleinheit	überwacht und steuert den Computer, enthält Steuerwerk, Rechenwerk und Register
Mikroprozessor	aus dünnen Siliciumplättchen (Chips) bestehende Rechenzentrale des Computers mit Hunderttausenden von Schaltelementen
Hauptspeicher	Teil der Systemeinheit zum Speichern von Informationen
RAM	Hauptspeicher, dessen Daten gelesen und geschrieben werden können, jedoch beim Abschalten des Computers verloren gehen.
ROM	Hauptspeicher, Nur-Lese-Speicher, dessen Daten nicht geändert oder gelöscht werden können
Eingabe- und Ausgabeeinheit	verbindet die Peripheriegeräte mit der Zentraleinheit
Peripheriegeräte	Geräte zur Dateneingabe, externen Speicherung und Datenausgabe
Tastatur	schreibmaschinenähnliche Tastenreihen, über die dem Computer Befehle erteilt werden
Grafiktablett	elektronisches Zeichenbrett
CAD	computerunterstütztes Zeichnen
Digitizer	überträgt Bilder auf den Computer
Maus	Eingabegerät mit Rollkugel
Matrixdrucker	Nadeldrucker zur Datenausgabe
Plotter	computergesteuertes Zeichengerät
Diskettenlaufwerk	Gerät zum Lesen und Schreiben von Daten auf Disketten
Diskette	biegsame, magnetisch beschichtete Kunststoffscheibe (Datenträger)
Festplattenlaufwerk	Gerät zum Lesen und Speichern von Daten auf fest installierten Platten
Scanner	„Abtaster"-Gerät zum Einlesen von Text oder Zahlen
CD-ROM	Compact-Disk-Read-Only-Memory Eine bespielte Platte, die nur gelesen werden kann

12.3 Bedienen des Computers

12.3.1 Datenarten

Damit es Ihnen nicht so geht wie dem armen Teufel im Bild **12**.6, wollen wir vor der Bedienungsanleitung die Begriffe ordnen (**12**.7).

Einzelne Daten sind sinnlos. Die Zeichen werden erst brauchbar, wenn sie zu *Dateien und Datenbanken* zusammengestellt sind. Bild **12**.8 zeigt den Weg vom Zeichen zur benutzbaren Datenbank.

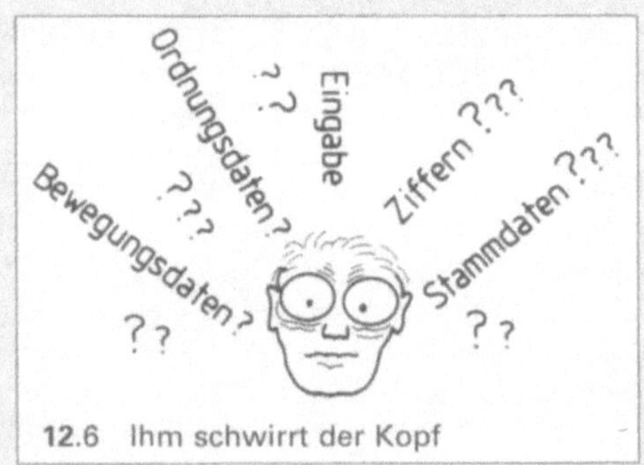

12.6 Ihm schwirrt der Kopf

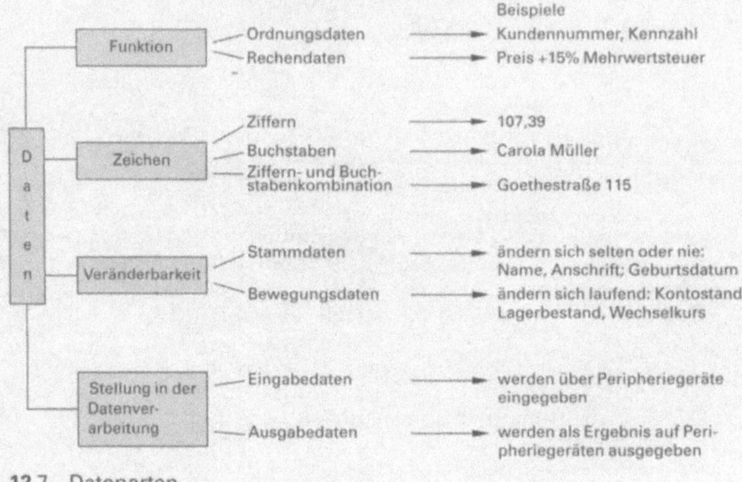

12.7 Datenarten

Zeichen — Grundeinheit aller Daten, z.B. H oder 3

⇓

Datenfeld — logisch zusammenhängende Zeichen, z.B. Hermann

⇓

Datensatz — mehrere Datenfelder, die zu einem Oberbegriff gehören, z.B.
KdNr Adresse
03921 Hermann Lock, Schubertstr. 12, 70565 Stuttgart

⇓

Datei — mehrere Datensätze mit einheitlichen Format, z.B. Kundenkartei eines Salons

⇓

Datenbank — Vernetzung mehrerer Dateien, z.B. Kundenkartei/Datei Färbungen/Datei Dauerwelle/Datei Kosmetikaverkauf

12.8 Vom Zeichen zur Datenbank

12.3.2 Tastatur

Die Tastatur ist, wie wir schon wissen, das wichtigste Eingabegerät. Sie hat, wie Bild **12.9** zeigt, fünf Bereiche.

12.9 Tastatur

Die Schreibtastatur (Schreibmaschinenblock) entspricht der normalen Schreibmaschine. Mit der Umschalttaste für Groß- und Kleinschreibung gibt man Großbuchstaben und die auf der Taste abgebildeten Zeichen ein (Doppelbelegung der Tasten).

Die Zahlentasten (Zahlenblock) der normalen Schreibmaschine liegen in einer Reihe und sind für die Dateneingabe zu umständlich. Zur schnelleren Zifferneingabe hat die Tastatur ein numerisches Tastenfeld wie der Taschenrechner.

Mit den 4 Pfeiltasten (Steuerungsblock) den Bildschirmzeiger (Cursor) auf dem Monitor in jede gewünschte Richtung transportieren.

Die Funktionstasten (Funktionsblock) kann man mit beliebigen Befehlen belegen. Nach Bestätigung dieser Tasten erscheinen die Daten bzw. Mitteilungen oder Befehle auf dem Bildschirm. Längere Anweisungen an den Computer lassen sich so mit einem Tastendruck ausführen.

Die Statusanzeigen geben an, welche Teile der Tastatur eingeschaltet sind.

Die Tastatur besteht aus der Schreibtastatur, dem numerischen Tastenfeld, den Funktionstasten und Statusanzeigen sowie der Cursorsteuerung.

Die Sondertasten der Tastatur erläutert Tabelle **12.10**.

Tabelle 12.10 **Zusatz- oder Sondertasten**

Symbol	Bedeutung	Symbol	Bedeutung
Esc	Escape: dient bei menügesteuerten Programmen dazu, auf das zuletzt gewählte Menü zurückzuspringen	Entf	Entfernung (auch Del): Löschen des Zeichens an der Cursorposition, alle folgenden Zeichen rücken automatisch auf
Strg	Strg: Steuerung oder String: ruft in Kombination mit anderen Tasten bei Anwenderprogrammen bestimmte Funktionen auf	Ende	Ende: setzt den Cursor neben das letzte Zeichen der Zeile
Alt	Alternative: nur in Verbindung mit anderen Tasten, ermöglicht weitere Eingaben	Pos1	Pos. 1 (auch Home): lässt den Cursor an die erste Zeichenposition der ersten Zeile springen
⇤ ⇥	Tabulator: lässt den Cursor in die nächste Tabulatorposition springen (je nach Rechner 4 bis 8 Positionen weiter)	Bild ↑	Bild ↑ (auch PgUp = page up): lässt den Bildschirm eine Seite zurückblättern
⇩	Capslock: dauerhafte Umstellung von Klein- auf Großschreibung, durch Beleuchtung angezeigt	Bild ↓	Bild ↓ (auch PgDn = page down): lässt den Bildschirm eine Seite weiterblättern
⇧	Shift: Großschreibung bei gleichzeitigem Andrücken einer Buchstabentaste bzw. Wahl der Sonderzeichen auf den doppelt belegten Zahlentasten	←	Rück: setzt den Cursor um eine Position zurück und löscht das dort vorhandene Zeichen
Einfg	Einfügung (auch Ins): nachträgliche Eingabe von Zahlen	↵	Return (auch Enter): veranlasst den Computer, eine geschriebene Zeile zu übernehmen
		Druck	Druck (auch PrtSc = print screen): Ausdruck der Bildschirmanzeige
		Num	Num: ermöglicht eine Doppelbelegung des numerischen Felds

12.3.3 Betriebssystem

Betriebssysteme sind die „Manager" einer Rechenanlage. Es sind Programme, die den Datenverkehr zwischen Systemeinheit, Tastatur, Bildschirm und externen Speichern regeln. Vorwiegend geschieht dies mit Disketten und Festplatten (Diskettenbetriebssyteme, DOS). Fehler oder z. B. das Ende der Speicherkapazität einer Diskette meldet das Betriebssystem automatisch. Die heutzutage gebräuchliche Benutzeroberfläche Windows bezeichnet man als Erweiterung des Betriebssystems DOS, obwohl diese seit Windows 95 weitestgehend nicht mehr auf DOS aufbaut, sondern allein lauffähig ist. Windows zeichnet sich durch seine Bedienungsfreundlichkeit aus, Befehle müssen nicht umständlich eingegeben werden, sondern können durch Mausklick ausgeführt werden.

Formatieren nennt man das Vorbereiten neuer Disketten vor einem Speichervorgang. Das Betriebssystem untersucht dabei die Scheibe auf Fehler, kennzeichnet die Spuren und legt einen Platz für das Inhaltsverzeichnis an. Bei alten Disketten löscht man durch Formatieren die bereits gespeicherten Daten.

Inhaltsverzeichnis ist wichtig für das Wiederauffinden von Daten. Dabei ist zu bedenken, dass der Name einer Datei früher aus höchsten 8 Buchstaben und 3 zusätzlichen Zeichen bestehen durfte.

Beispiel Ein pfiffiger Azubi hat sich vier Programme zum Mischungsrechnen besorgt. Er will sie im Inhaltsverzeichnis ablegen und denkt nach. Der Titel „Berechnen der Lösungsmenge" muss auf maximal 8 Zeichen gekürzt werden. Er wählt: RECHNLM. Hinzu kommen BAS (für BASIC), die Programmlänge, das Datum und die Uhrzeit.

RECHNLM BAS 256 10.05.90 17.38

Und so könnte das Inhaltsverzeichnis für Ihre Rechenprogramme aussehen:

```
 Speichermedium in Laufwerk A hat keinen Namen
 Inhaltsverzeichnis von A:\

FLREQUAD BAS       256  10.05.85  17.38
FLRERECH BAS       128  12.01.87  10.04
FLREDREI BAS     23168  31.08.86  17.44
FLREKREI BAS       384  12.01.87  10.04
RECHNKS  EXE       256  27.11.83  13.15
RECHNKM  EXE       256  27.11.83  13.15
RECHNLS  EXE     24704  21.05.87   9.58
RECHNLM  EXE      2344  19.03.87  20.35
RECHNMV  EXE      1408   5.04.87  16.18
RECHNMK  EXE       582  10.11.85  12.00
MWST     COM       512  12.01.87  10.03
DIEKAL   BAS       655  10.11.85  12.00
VERKAL   BAS       369   2.05.85  12.17
VOLWUERF EXE     72320  12.01.87  10.03
VOLQUAD  EXE        41   8.08.86   9.01
VOLZYL   EXE      1649  23.03.87  16.56
VOLKUG   EXE      3072   4.11.87  18.52
        17 Datei(en)    220160 Bytes frei
```

12.11
Inhaltsverzeichnis der Rechenprogramme

12.4 Problemanalyse und Strukturierung

(oder wie Tiny und Tommy ihre Reisefinanzen abrechnen)

Dient der Computer nicht nur als Spielzeug, sondern als Problemlöser, beginnt die Arbeit im Gehirn des Benutzers und nicht etwa am Rechner. Diese Vorarbeiten kann auch die ausgefeilteste Technik nicht ersetzen. Wir wollen sie Ihnen an einem Beispiel aus dem täglichen Leben klarmachen.

Tiny und Tommy, die in Geldangelegenheiten recht genau miteinander umgehen, wollen im Juni 14 Tage gemeinsam Urlaub machen. Um nicht ständig abrechnen zu müssen, soll jeder bestimmte Kosten tragen. Tommy zahlt alles, was mit dem Auto zusammenhängt, Tiny die Übernachtungen. Sonstige Ausgaben werden im Wechsel bezahlt. Jeder hebt seine Quittungen auf, um die Ausgaben am Ende addieren und teilen zu können.

Um dies Problem mit dem Rechner zu lösen, teilen wir es in folgende Arbeitsschritte ein:

Die Aufgabenstellung muss klar und eindeutig formuliert sein. Sie beschreibt das zu lösende Problem.

Bei der Problemanalyse wird festgelegt, welche (Eingabe-)Daten zur Verfügung stehen. Außerdem wird genau bestimmt, was der Computer berechnen soll (Ausgabedaten).

Nur mit Eingabedaten kann der Computer nichts anfangen. Er muss wissen, was er mit diesen Daten tun soll. Dazu zerlegen wir vielschichtige Probleme in Einzelschritte. Die sinnvolle Anordnung der Einzelschritte nennt man *Algorithmus*. Hinter diesem Wort steckt nichts anderes als die logische Abfolge mehrerer Anweisungen, wie wir sie z. B. aus Strickanleitungen, Kochrezepten oder Wegbeschreibungen für Ortsunkundige kennen.

Eine grafische Darstellung macht den Lösungsweg anschaulicher. Dabei entsteht ein Programmablaufplan. Man verwendet vorgeschriebene Symbole mit dem zugehörigen Text und Verbindungslinien (**12**.12). So ergibt sich eine übersichtliche Lösungsvorschrift für das Problem, die bei geeigneten Eingabedaten zwangsläufig zum Ergebnis führt.

Tabelle **12**.12 **Sinnbilder für Programmablaufpläne nach DIN 66001**

Sinnbild	Bedeutung	Sinnbild	Bedeutung
	*Eingabe/Ausgabe* Die manuelle oder maschinelle Ein- oder Ausgabe geht aus der Beschriftung hervor.		*Grenzstelle* Die Beschriftung gibt z. B. Beginn oder Ende des Steuerungsablaufs an.
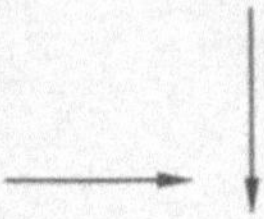	*Ablauflinien* Zur Ablaufverdeutlichung kann auf das folgende Sinnbild ein Pfeil gerichtet sein.		*Aufspaltung* Verzweigung von Ablauflinien
	*Operationen* (Auswahl) allgemeine Darstellung von Operationen im Programmablauf der Steuerung	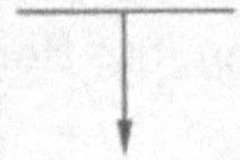	*Zusammenführung* Zusammenführung von Ablauflinien
	Operation von Hand (z. B. Tastenbedienung)	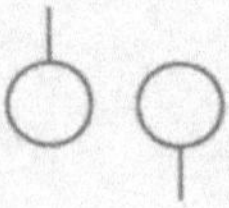	*Übergangsstelle* Zusammengehörende Übergangsstellen haben die gleiche Kennzeichnung.
	Verzweigung im Programmablauf (z. B. Auswahl zwischen Hand- und Automatiksteuerung)		

Die Codierung ist die eigentliche Programmerstellung. Der Algorithmus wird in eine dem Computer verständliche Sprache übersetzt. *BASIC, PASCAL, COBOL, C, FORTRAN* und *ASSEMBLER* sind Beispiele für Programmiersprachen, die man je nach dem Anwendungsbereich auswählt (**12**.13).

Tabelle **12**.13 **Höhere Programmiersprachen**

Name	Bedeutung	Einsatzmöglichkeit
BASIC	**B**eginners **A**ll Purpose **S**ymbolic **I**nstruction **C**ode = für Anfänger und alle Zwecke verwendbare symbolische Programmiersprache	Dialogsprache im technischen und kaufmännischen Bereich
COBOL	**Co**mmon **B**usiness **O**riented **L**anguage = allgemeine Geschäftssprache	im kaufmännischen Bereich
PASCAL	nach dem französischen Mathematiker Pascal benannt	in allen Bereichen
FORTRAN	**For**mula **Tran**slation = Formelübersetzung	im technisch-wissenschaftlichen Bereich

Ein Programmtest wird durchgeführt, um das Programm auf Codierfehler und Fehler im logischen Ablauf zu prüfen. Dazu gibt man Daten ein, bei denen die Ausgabedaten bekannt sind. Kommt der Computer zu einem anderen Ergebnis, muss man auf die Fehlersuche gehen.

Bei der Programmdokumentation unterscheiden wir zwischen Programmbeschreibung und Gebrauchsanleitung. *Beschreibungen* sind wichtig, um später Ergänzungen oder Änderungen vornehmen zu können. Die *Gebrauchsanweisung* ist eine reine Bedienungsanleitung für den Benutzer. Darin steht, wie das Programm zu starten, zu beenden oder abzubrechen ist, falls Zwischenergebnisse erforderlich sind.

6 Schritte zur Problemlösung

1. Aufgabenstellung
2. Problemanalyse
3. Grafische Darstellung des Lösungswegs
4. Codierung
5. Programmtest
6. Programmdokumentation

Und so sehen diese Schritte für Tinys und Tommys Reiseproblem aus (**12**.14):

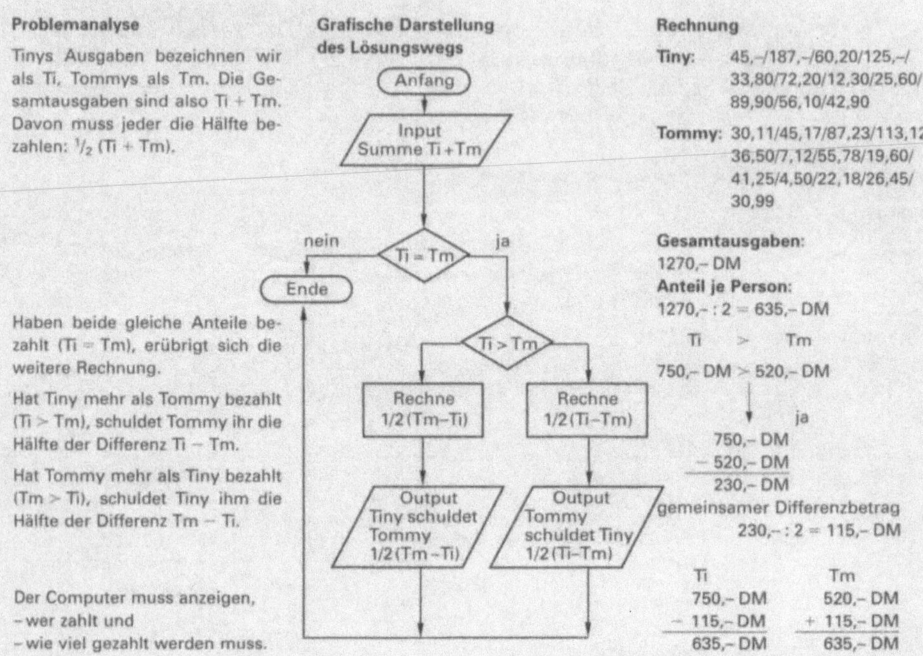

12.14

Tiny und Tommy haben jetzt zwar einen für alle Abrechnungen verwendbaren Programmablaufplan, doch schaut der Computer sie sozusagen mit „verdutztem Monitor" an. Sie müssen sich erst noch mit ihm verständigen. Das Gerät versteht z.B. die Computersprache *BASIC*, weil es über ein „Übersetzungsprogramm" verfügt – den *Interpreter*, der während des Programmablaufs jede Anweisung in den binären Maschinencode übersetzt. (*Compiler* übersetzen komplette Programme in den binären Maschinencode).

Tinys und Tommys „Gespräch" mit dem Computer sieht so aus (**12**.15):

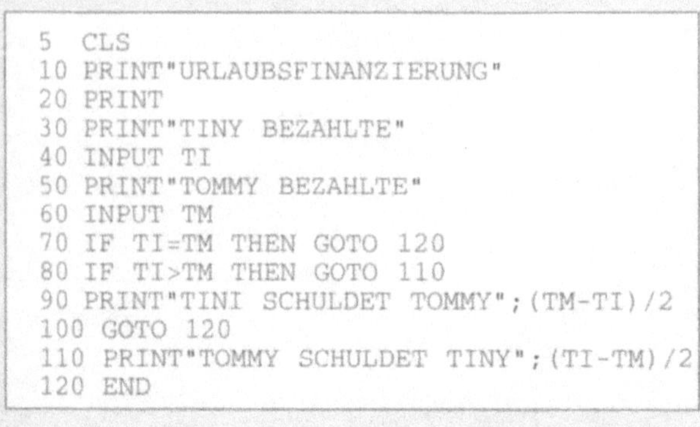

```
5  CLS
10 PRINT"URLAUBSFINANZIERUNG"
20 PRINT
30 PRINT"TINY BEZAHLTE"
40 INPUT TI
50 PRINT"TOMMY BEZAHLTE"
60 INPUT TM
70 IF TI=TM THEN GOTO 120
80 IF TI>TM THEN GOTO 110
90 PRINT"TINI SCHULDET TOMMY";(TM-TI)/2
100 GOTO 120
110 PRINT"TOMMY SCHULDET TINY";(TI-TM)/2
120 END
```

12.15
Tiny und Tommy sprechen in *BASIC* mit dem Computer

Jetzt sind wahrscheinlich Sie „verdutzt": Doch wir wollen Ihnen die verwendeten Zeichen gleich erklären.

Die Zahl am Anfang ist die Zeilennummer, die vor jedem Programmierschritt eingegeben werden muss. Es ist schlau, im 10er-Abstand zu nummerieren; so bleibt genug Platz, um später Befehle einzufügen.

CLS am Anfang löscht vor dem Programmbeginn den Bildschirminhalt.

PRINT ist ein Ausgabebefehl (Bildschirmanzeige). Der in Anführungszeichen stehende folgende Text erscheint später, wenn das Programm läuft, auf dem Monitor.

INPUT ist ein Befehl und bedeutet Eingabe. Kommt während des Programmablaufs eine Input-Angabe, erscheint auf dem Bildschirm ein Fragezeichen – das Programm hat angehalten und wartet auf die Eingabe, z.B. eine Zahl oder einen Namen.

IF-THEN ist eine Verzweigung im Programm. Die Bedingung hat die Form if (wenn). Wird sie nicht erfüllt, springt das Programm zur nächsten Zeile. Ist die Bedingung erfüllt, then (dann) setzt das Programm automatisch mit der dahinter stehenden Anweisung fort.

GOTO (geh nach) steuert nicht die folgende, sondern die mit der Zeilennummer bezeichnete Zeile an und setzt dort das Programm fort.

END ist die letzte Anweisung; sie beendet das Programm.

Die mathematischen Zeichen und die BASIC-Bedeutung von Interpunktionen finden Sie in den Tabellen **12**.16 und **12**.17.

Tabelle **12**.16 **Mathematische Zeichen**

Beispiel	Rechenart	BASIC-Zeichen	BASIC-Beispiel
2 + 5	Addition	+	2 + 5
12 − 3	Subtraktion	−	12 − 3
5 · 9	Multiplikation	*	5 * 9
85 : 5	Division	/	85/5

Tabelle **12**.17 **Interpunktion in BASIC**

. Punkt	Dezimalzeichen, z.B. 17.25
, Komma	Trennzeichen in BASIC-Anweisungen
; Semikolon	veranlasst nach Print-Anweisung, die nächste Print-Anweisung, ihre Ausgabe in die gleiche Zeile zu schreiben
„ Anführungszeichen	lassen den in Anführungszeichen stehenden Text oder die Zahlen auf dem Bildschirm erscheinen

Nachdem Tiny und Tommy ihre Beträge eingegeben haben, erscheint auf dem Monitor das Ergebis (**12**.18). Sie sehen: Tommy muss bezahlen!

```
URLAUBSFINANZIERUNG

TINY BEZAHLTE
? 750
TOMMY BEZAHLTE
? 520
TOMMY SCHULDET TINY 115
Ok
```

12.18 Antwort des Computers

Wichtige Begriffe

Cursor	Bildschirmzeiger
Betriebssystem	Programme, die den Datenfluss zwischen Systemeinheit und angeschlossenen Geräten steuern
Algorithmus	Folge von logischen Anweisungen zur Lösung einer Aufgabe
codieren	Übertragen der Algorithmen in Anweisungen, die der Computer verarbeiten kann
MS-DOS	früher gebräuchlichstes, computereigenes Betriebssystem
formatieren	Vorbereiten von Disketten oder Festplatten, um sie anschließend beschreiben zu können
Programmablaufplan, Struktogramm	übersichtliche grafische Darstellung des Lösungswegs
Programmtest	Prüfen des Programms auf logische Fehler oder Codierfehler
Maschinensprache	Sprache aus den Zeichen 1 und 0
BASIC, LOGO, COBOL, PASCAL	höhere Computersprachen, zur Problemlösung geeignet
Compiler	Übersetzungsprogramm, das ein komplettes Programm nach Abschluss in die Maschinensprache überträgt
Interpreter	Übersetzungsprogramm, das die einzelnen Programmschritte erst während des Ablaufs in den Maschinencode setzt
Windows	Grafische Benutzeroberfläche bzw. eigenes Betriebssystem

12.5 Anwenderprogramme

Ihre Haarschneideschere ist ein Werkzeug, das Sie nur für einen bestimmten Zweck benutzen, nämlich zum Haarschneiden. Zum Schneiden von Papier oder Stoff eignet sie sich nicht. Im Gegensatz dazu ist der Computer ein „Werkzeug" für die verschiedensten Arbeiten. Sein Zweck wird erst durch die Programmauswahl bestimmt. So können Sie am gleichen Tag Werbebriefe für den Sportverein erstellen, den Lagerbestand von Wellmitteln und Fixierlösungen überprüfen, ein Programm für die

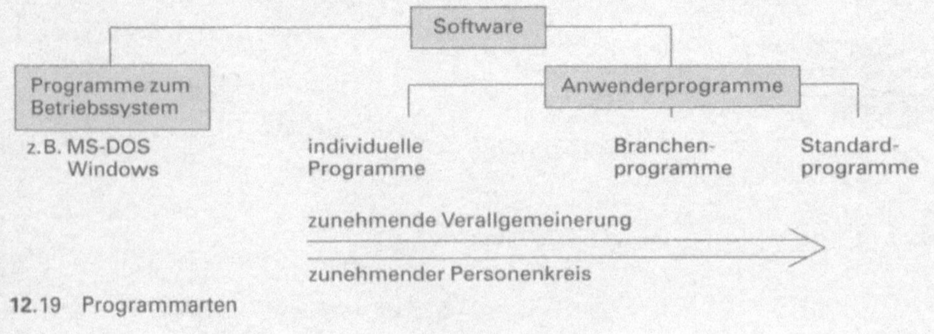

12.19 Programmarten

Terminplanung entwickeln, die Kundenkartei vervollständigen und – falls Ihnen dann noch nicht die Fingerkuppen oder der Kopf weh tun – den Rest der Zeit mit Computerspielen verbringen.

Wir unterscheiden Programme, die zum Betriebssystem gehören, und Anwenderprogramme (**12**.19).

Individuelle Programme sind in der Regel nur für einen einzigen Anwender geschrieben und nutzbar; das macht sie sehr teuer. Die andere Möglichkeit, eigens zugeschnittene Programme zu bekommen, heißt „selbst schreiben". Das ist jedoch mit großem Zeitaufwand verbunden, ganz zu schweigen von den nötigen Kenntnissen.

Branchenprogramme decken einen größeren Kundenkreis ab. Sie sind von allen Angehörigen einer Branche nutzbar, z.B. von allen Friseuren, allen Malerbetrieben. Branchenprogramme finden vielseitigen Einsatz, u.a. bei der Angebotsbearbeitung im Handwerk, bei der Abrechnung der Ärzte oder beim Erstellen der Umsatzstatistik eines Friseursalons, getrennt nach Damen-, Herrensalon, Kabinettwareneinsatz, Verkauf allgemein und Kosmetik.

Standardprogramme werden branchenübergreifend für einen möglichst großen Personenkreis entwickelt („vom Schüler bis zur Stadtverwaltung"). In allen Bereichen der Industrie und des Handwerks müssen Briefe geschrieben, Preise kalkuliert oder die Kundenkartei geführt werden. Diese Arbeiten erledigen Standardprogramme schnell und zweckmäßig, auch im privaten Bereich. Typische Beispiele sind Textverarbeitung, Tabellenkalkulation, Datenbanken und Grafiken.

12.5.1 Textverarbeitung

Textverarbeitungssysteme sind Kombinationen aus Computer, Drucker und Textverarbeitungsprogramm. Die Vorteile werden deutlich, wenn Sie die Arbeit am Computer mit dem Schreiben eines Briefes mit Bleistift auf Papier vergleichen. Beide Arbeiten beginnen mit der Inhaltsplanung. Dabei entstehen im Kopf oder auf Zetteln Stichworte zu den geplanten Kernaussagen des Textes. Diese Denkarbeit nimmt Ihnen auch der beste Computer nicht ab. Die „Stichwortzettel" ordnen Sie vor dem Schreiben und verknüpfen sie zu sinnvollen Sätzen. Dieses „Vorschreiben" erfordert meist größere Mengen Papier. Hier setzt bei der Textverarbeitung die Tätigkeit am Computer ein: Sie erfassen Ihren Entwurf auf dem Bildschirm, können die Abfolge umstellen, Aussagen neu verknüpfen oder ändern. Während Sie sich bei der handschriftlichen Arbeit vor der Reinschrift die Gestaltung (z.B. Unterstreichungen, Absätze, Abstände) genau überlegen, notfalls erst ausprobieren müssen, können Sie dies perfekt am Computer planen und durchführen. In der *Gestaltung* ist der Computer der „Handarbeit" weit überlegen, weil Sie mit ihm unter verschiedenen Schrifttypen, Blocksatz (**12**.20), Mehrspaltendruck und Einrückungen wählen können. Kurz: Ihr Brief bekommt den nötigen Schick.

```
Während Sie sich am Strand oder im
Gebirge erholen, wird Ihr Haar durch
Sonne, Wind und Staub besonders
strapaziert. Wir empfehlen deshalb
unseren Kundinnen vor Reisebeginn
eine Haarbehandlung und Beratung in
unserem Salon.

NEU TXT
```

12.20 Blocksatz

Leider sind Sie mit Ihrem handschriftlichen Brief immer noch nicht fertig, denn Ihre Lehrerin hat Ihnen über die Schulter geschaut und drei Fehler entdeckt! Bevor Sie eine neue Reinschrift anfertigen, müssen Sie den Brief noch einmal korrigieren, wobei Sie besonders auf Rechtschreibung und Zeichensetzung, aber auch auf den Inhalt achten müssen.

Sie sehen: Die „Handarbeit" vollzieht sich in einer festgelegten Reihenfolge. Am Computer sind alle diese Schritte nicht in der Abfolge festgelegt. Während die auf Notizzetteln festgehaltenen ersten Gedankengänge später in den Papierkorb wandern, lassen sie sich im Computer als Textbausteine verwerten. Die besonderen Vorteile der Textverarbeitung aber zeigen sich bei der *Korrektur*. Jederzeit können Sie Teile einfügen oder löschen, Textblöcke innerhalb des Briefes verschieben oder ändern. Sehr bequem sind die automatische Silbentrennung und die selbständige Überprüfung des Textes auf Rechtschreibfehler.

Die Textverarbeitung ermöglicht es Ihnen auch, Briefe an Kunden zu schicken, in die der Computer jeweils den Kundennamen einsetzt. Sie können z. B. allen Kundinnen, die in den letzten vier Wochen eine Dauerwelle erhalten haben, ein Sonderangebot über ein Pflegeset mit Serienbrief ins Haus schicken – der Computer sucht die betreffenden Personen aus dem Speicher heraus.

Bild **12**.21 zeigt einen Bildschirm mit Textverarbeitungsprogramm. Den größten Platz nimmt das Arbeitsfeld ein. Darüber befindet sich der Befehlsbereich.

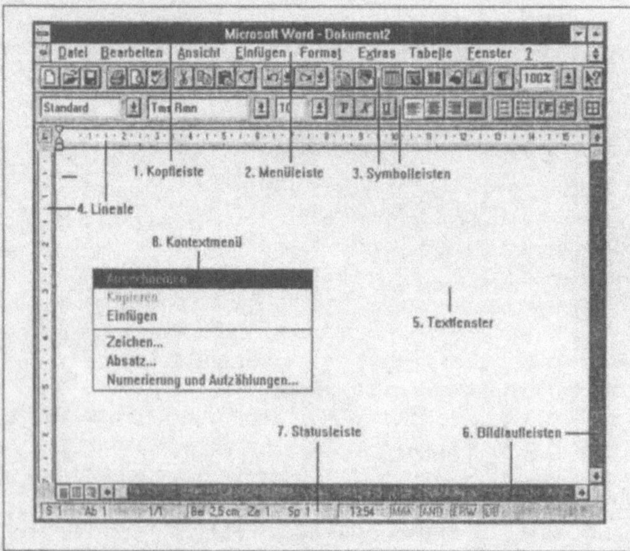

12.21 Benutzeroberfläche von Word für Windows

Das Arbeitsfeld oder Textfenster dient zum Erfassen und Bearbeiten von Texten. Der Text wird über die Schreibtastatur eingegeben, ohne Rücksicht auf Zeilenlänge, Absätze und Leerzeilen. Beim Korrigieren kann man den Cursor an jede beliebige Stelle bewegen (Taste oder Maus).

Das Zeilenlineal begrenzt den linken und rechten Schreibrand und legt bestimmte Feldergößen fest (z. B. bei Tabellen).

Der Befehlsbereich wird *Menü* genannt, weil er tatsächlich mit einer Speisekarte (engl. menu) vergleichbar ist, aus der Sie ein Angebot wählen. Das Computermenü ist allerdings nicht zum Essen, sondern zum Arbeiten! Hier wählen Sie Funktionen, wie Einfügen, Drucken, Speichern. Haben Sie sich für eine Funktion entschieden, klicken Sie diese an. Die *Meldungszeile* hält für den Anwender Hinweise oder Anweisungen bereit. Der *Status* gibt die Stelle an, an der man sich gerade im Programm befindet (z. B. durch Seite, Zeile, Spalte, Programmteil).

12.5.2 Tabellenkalkulation

Lassen Sie sich nicht vom Namen täuschen: Mit einer Tabellenkalkulation können Sie nicht nur hervorragend kalkulieren! Vielmehr handelt es sich um ein elektronisches Rechenblatt. Zur Erklärung ein einfacher Vergleich: Sicher kennen Sie das Spiel „Schiffe versenken". Man teilt das Blatt in Spalten (senkrecht) und Zeilen (waagerecht) ein. Die Spalten werden mit den Buchstaben A, B, C ... gekennzeichnet, die Zeilen durchnummeriert. Jedes entstandene Feld ist durch Kombination von Buchstabe und Zahl benannt (z. B. C3, B19, F20). Das sind beim Computer *Feldadressen*. Mit den Cursortasten bewegbar ist ein *Feldanzeiger*, der als heller Balken oder Rahmen das angesprochene Feld markiert. Die einzelnen Felder lassen sich mit Zahlen, Rechenoperationen (z. B. Addition, Subtraktion), Formeln oder Texten belegen. Bis hierher besteht gegenüber einem gewöhnlichen Rechenblatt noch kein Unterschied.

Den Vorteil wollen wir Ihnen wieder an einem Beispiel erklären. Dazu belegen wir unser Feld A1 mit dem Stundenlohn 12,50 DM, Feld B1 mit dem Begriff Arbeitszeit in Minuten, Feld C1 erhält die erste Rechenoperation, nämlich

$$\text{produktive Lohnkosten} = \frac{\text{Feld A1} \cdot \text{Feld B1}}{60}.$$

Das Feld D1 wird mit dem Betriebsgemeinkostensatz in Prozent belegt, E1 mit der Rechenoperation

$$\frac{\text{Ergebnis Feld C1} \cdot \text{Feld D1}}{100}.$$

So haben wir die vollständige Kalkulation in das elektronische Rechenblatt übertragen. Vorteil gegenüber dem Taschenrechner: Beim Ändern eines Wertes werden *automatisch* alle anderen korrigiert. Steigt der Stundenlohn, gehen Sie mit dem Cursor ins Feld A1, löschen dessen Wert und geben den neuen Betrag ein. Das Programm registriert die Änderung und berechnet alle abhängigen Werte neu.

Wie schon erwähnt, kann man mit der Tabellenkalkulation nicht nur Preise berechnen. Zins und Zinseszins, Gehaltsabrechnungen, Provision, Umsatzstatistik und Tabellenbearbeitung sind nur ein kleiner Ausschnitt der Nutzung. Ebenso wie bei der Textverarbeitung besteht der Bildschirmaufbau einer Tabellenkalkulation aus Menü-, Hinweis- und Statuszeile.

12.5.3 Dateiverwaltung (Datenbanksysteme)

Wohl jeder Mensch hat im Notizbuch oder Kalender, in der Brieftasche oder sonst wo eine Liste mit den Anschriften von Verwandten und Freunden. Ist der Kreis klein, kommt man mit einer einfachen Liste bestens aus. Schwieriger wird es für den Kassenwart eines Sportvereins. Er muss die „Daten" aller Mitglieder verwalten. Früher schrieb man dazu kleine Karteikarten und sortierte sie nach dem Alphabet. Zu Jahresbeginn wurden alle Karten durchgesehen und eine Liste erstellt mit all denen, die ihren Mitgliedsbeitrag zu zahlen „vergessen" hatten. Je nach Mitgliederzahl konnte eine solche Arbeit viele Feierabende ausfüllen. Heute übernimmt der Computer die Sortierarbeit. Als Profi in Sachen Schnelligkeit findet er die säumigen Zahler sehr rasch. Dazu muss man ihm natürlich zuvor die Daten eingeben. Dies geschieht mit Hilfe einer *Datenmaske*. Ihr Aufbau entspricht der Karteikarte: Name, Vorname, Straße, Postleitzahl und Ort, Eintrittsdatum, Mitgliedsnummer. Aus diesen Angaben stellt der Computer einen Datensatz zusammen, den der Kassenwart in unserem Beispiel wohl als „Mitgliederkartei" führen würde (**12**.22).

Datei: Mitgliederkartei

MitglNr	Name	Vorname	Straße	PLZ	Wohnort
07349423	Mueller	Friedrich	Gartenstr. 2	20012	Hamburg

12.22 Mitgliederdatei

Bis hierher könnte man die Datenverwaltung sicher noch ohne Computer bewältigen. Doch der Sportverein hat 15 Abteilungen. Da jedes Mitglied theoretisch in allen 15 Abteilungen aktiv sein kann, wird es in verschiedenen Dateien auftauchen. Herr Müller steht also nicht nur in der allgemeinen Mitgliederkartei, sondern vielleicht auch in den Dateien Tischtennis, Langlauf und Rudern. Beim herkömmlichen Karteikartensystem müsste für jede der 15 Abteilungen ein eigener Karteikasten mit neuen Karten angelegt werden, um einen schnellen Zugriff auf das Portemonnaie des Herrn Müller zu haben. Der Computer verknüpft die Daten dagegen auf Tastendruck (**12**.23).

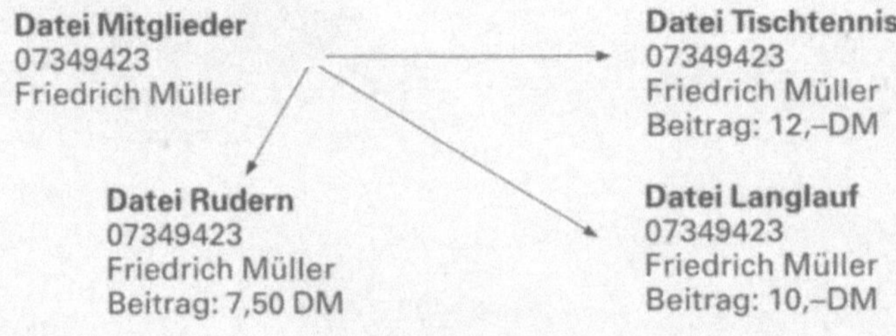

12.23 Datenverknüpfung durch den Computer

Damit lässt sich die Beitragsrechnung problemlos erstellen.

Mit dem Dateiverwaltungsprogramm lässt sich jede Kundenkartei führen. Außer den Stammdaten (Name, Anschrift usw.) werden z.B. bei Friseuren die Arbeitsverfahren und der Verkauf in einer Datei geführt. So kann man Rechnungen erstellen, gezielt werben, über die Datei „Verkauf" den Lagerbestand fortschreiben (auf aktuellem Stand halten) und die Behandlungen in die Umsatzstatistik der Personaldatei übernehmen.

Wichtige Begriffe

individuelles Programm	nur von einem Anwender nutzbares Programm
Branchenprogramm	Programm für alle Angehörigen einer Berufsgruppe, z.B. Schreiner, Dachdecker, Friseure
Standardprogramm	berufsübergreifendes Programm für einen großen Personenkreis
Textverarbeitungssystem	Kombination von Computer, Drucker und einem Programm zur Textverarbeitung
Blocksatz	Zeilen schließen am Anfang und Ende in gerader Linie ab
Statuszeile	gibt dem Benutzer an, an welcher Stelle er sich im laufenden Programm befindet
Menüleiste	zeigt dem Anwender die Befehlsauswahl an
Meldungszeile	gibt dem Benutzer Hinweise oder Anweisungen
Tabellenkalkulation	elektronisches Rechenblatt
Feldadresse	durch eine Kombination von Zahl und Buchstabe gekennzeichnetes Feld auf dem Bildschirm
Feldzeiger	heller Balken oder Rahmen, der die angesprochene Feldadresse auf dem Bildschirm markiert
Dateiverwaltung	elektronischer Karteikasten
Eingabemaske (Datenmaske)	Schema, das die Reihenfolge der Dateneingabe festlegt

12.5.4 Grafische Anwendung

Sie haben sicherlich schon mehrmals die abschreckende Wirkung langer Zahlenreihen erlebt – zu unübersichtlich, um sich ein Bild von der Entwicklung machen oder Größen vergleichen zu können. Im Abschn. 8.1 haben Sie gelernt, Zahlen durch Zeichnungen (Diagramme) zu veranschaulichen. Doch wie üblich machts der Computer schneller.

Computerprogramme zum Erstellen von Grafiken verfügen über eine Übersicht, aus der Sie die verschiedensten Diagramme wählen können (**12**.24 auf S. 224). Diese Muster lassen sich auch kombinieren, so dass Sie unter die Umsatzkurve des Damensalons ein Säulendiagramm mit den Umsätzen jeder Friseurin setzen können. So erhält man eine gute Leistungsübersicht und kann z.B. bei der Kombination Gesamtumsatz/Anzahl der Behandlungen in bestimmten Arbeitsverfahren die Entwicklung veranschaulichen.

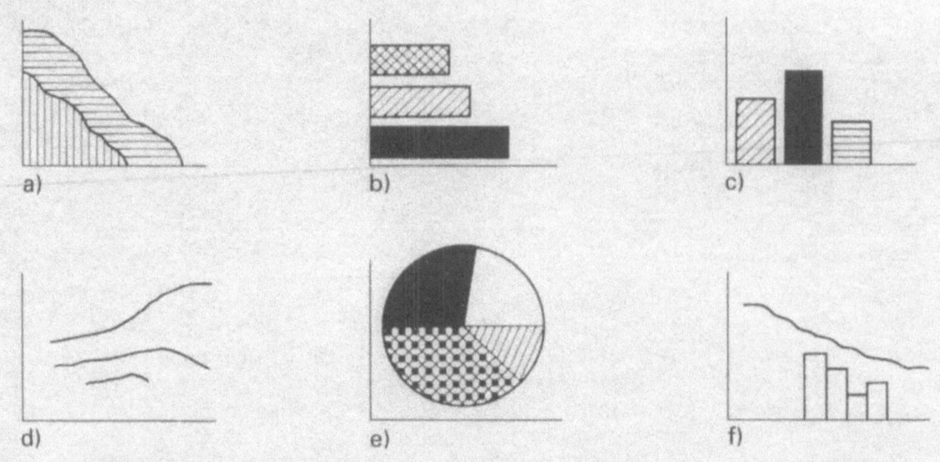

12.24 Diagramme
a) Flächen-, b) Balken-, c) Säulen-, d) Linien-, e) Kreisdiagramm, f) Kombination von Säulen- mit Liniendiagramm

Zur Frisurenberatung gibt es ein spezielles Anwenderprogramm. Der Computer ist mit einer Videokamera verbunden. Der Kopf der Kundin wird aufgenommen und auf den Bildschirm übertragen. Das Programm enthält Grundformen verschiedener Haarschnitte, -längen und -frisuren, die der Kundin schablonenartig „aufgesetzt" werden. Sie kann sich mit den Frisuren sehen und im Gespräch mit der Friseurin entscheiden, welche Frisur am besten zu ihr passt.

Die Beratung per Computer hat sich allerdings in der Praxis nicht durchgesetzt, da die Anlage nicht nur kostspielig ist, sondern auch eine komplizierte Bedienung erfordert, denn die Frisuren müssen der Kopfform der Kundin angepasst werden. Da die Beratung sehr zeitaufwendig ist, muss sie als Dienstleistung kalkuliert werden und kostet die Kundin meist zwischen 15,– und 25,– DM. Dafür kann sie ihr Bild mit der neuen Frisur ausdrucken lassen und mit nach Hause nehmen.

Standardprogramme: Textverarbeitung, Tabellenkalkulation, Dateiverwaltung, grafische Darstellung

12.6 Mischungsrechnen mit dem Computer

Tiny, die Vereinfachungen im Rechnen begeistert aufnimmt, löst neuerdings ihre Aufgaben zum Mischungsrechnen am Computer. Um Ihnen die gleichen Chancen zu geben, stellen wir Tinys Programm vor (**12.25**).

```
10 CLS
20 CLEAR
30 PRINT"MISCHUNGSRECHNEN"
40 PRINT
50 PRINT"FORMELAUSWAHL"
60 PRINT"1 - KONZENTRATMENGE = LÖSUNGSSTÄRKE * LÖSUNGSMENGE / KONZENTRATSTÄRKE"
70 PRINT"2 - LÖSUNGSMENGE = KONZENTRATMENGE * KONZENTRATSTÄRKE / LÖSUNGSMENGE"
80 PRINT"3 - KONZENTRATSTÄRKE = LÖSUNGSMENGE * LÖSUNGSSTÄRKE / KONZENTRATMENGE"
90 PRINT"4 - LÖSUNGSSTÄRKE = KONZENTRATSTÄRKE * KONZENTRATMENGE / LÖSUNGSMENGE"
100 PRINT
110 INPUT"FORMELEINGABE ( 1 BIS 4 )   ",FO
120 IF FO<1 OR FO>4 THEN GOTO 110
130 FO=INT(FO)
140 PRINT:PRINT"FORMEL ";FO:PRINT
150 FO=1 THEN GOSUB 1000
160 FO=2 THEN GOSUB 2000
170 FO=3 THEN GOSUB 3000
180 FO=4 THEN GOSUB 4000
190 END
1000 INPUT"LÖSUNGSSTÄRKE      = ",LS
1010 INPUT"LÖSUNGSMENGE       = ",LM
1020 INPUT"KONZENTRATSTÄRKE   = ",KS
1025 IF LS>KS THEN PRINT"F A L S C H E   E I N G A B E":GOTO 1000
1030 PRINT
1040 PRINT"KONZENTRATMENGE    = ";LS*LM/KS
1050 RETURN
2000 INPUT"KONZENTRATMENGE    = ",KM
2010 INPUT"KONZENTRATSTÄRKE   = ",KS
2020 INPUT"LÖSUNGSSTÄRKE      = ",LS
2025 IF KS<LS THEN PRINT"F A L S C H E   E I N G A B E":GOTO 2000
2030 PRINT
2040 PRINT"LÖSUNGSMENGE       = ";KM*KS/LS
2050 RETURN
3000 INPUT"LÖSUNGSMENGE       = ",LM
3010 INPUT"LÖSUNGSSTÄRKE      = ",LS
3020 INPUT"KONZENTRATMENGE    = ",KM
3025 IF LM<KM THEN PRINT"F A L S C H E   E I N G A B E":GOTO 3000
3030 PRINT
3040 PRINT"KONZENTRATSTÄRKE   = ";LM*LS/KM
3050 RETURN
4000 INPUT"KONZENTRATSTÄRKE   = ",KS
4010 INPUT"KONZENTRATMENGE    = ",KM
4020 INPUT"LÖSUNGSMENGE       = ",LM
4025 IF KM>LM THEN PRINT"F A L S C H E   E I N G A B E":GOTO 4000
4030 PRINT
4040 PRINT"LÖSUNGSSTÄRKE      = ";KS*KM/LM
4050 RETURN
```

12.25 Programm zum Mischungsrechnen

Sind Sie erstaunt über die Zahlensprünge in der ersten Spalte? Man lässt solche Lücken, um später das Programm ergänzen zu können. Nachdem in den Zeilen 10 und 20 der Bildschirm gelöscht ist und der Computer seine Betriebsbereitschaft angezeigt hat, bekommt das Programm den Namen „Mischungsrechnen".

Um mit den Werten etwas anfangen zu können, braucht der Computer klare Anweisungen (Befehle), wie er sie verknüpfen soll. Dazu geben wir von Zeile 60 bis 90 die Formeln 1 bis 4 durchnummeriert ein. Zeile 120 ist eine Absicherung gegen Tippfehler: Wenn eine Formelnummer unter 1 bis 4 dabei ist, fährt das Programm zurück auf die Zeile 110 und fordert eine neue Formeleingabe.

Die Zeilen 150 bis 180 führen zu den jeweiligen Unterprogrammen. Haben Sie Formel 1 gewählt (Konzentratmenge = Lösungsstärke * Lösungsmenge / Konzentratstärke), geht es in Zeile 1000 weiter. Sie werden aufgefordert, die Werte für

LS, LM und KS einzugeben. Wählen Sie die Formel 3, springt das Programm auf Zeile 3000 und fordert die Eingabe der Werte LM, LS und KM. Nach Eintippen des jeweils letzten Wertes erscheint das Ergebnis auf dem Bildschirm.

Zugegeben: Bis hier besteht kein großer Vorteil des Computers gegenüber dem Taschenrechner. Tabellenaufgaben lassen sich zwar schneller lösen, doch Textaufgaben behalten ihre Schrecken, weil das Hauptproblem – das richtige Zuordnen der Werte – noch nicht gelöst ist. Aber hier erweist sich der Computer als große Hilfe. Zwar nimmt er Ihnen nicht die Überlegung und anschließende Zuordnung ab, doch teilt er Ihnen sofort mit, wenn Sie einen Fehler gemacht haben. Möglich wird dies durch eine Programmerweiterung (**12**.26).

```
10 CLS
20 CLEAR
30 PRINT"MISCHUNGSRECHNEN"
40 PRINT
50 PRINT"FORMELAUSWAHL"
60 PRINT"1 - KONZENTRATMENGE = LÖSUNGSSTÄRKE * LÖSUNGSMENGE / KONZENTRATSTÄRKE"
70 PRINT"2 - LÖSUNGSMENGE = KONZENTRATMENGE * KONZENTRATSTÄRKE / LÖSUNGSTÄRKE"
80 PRINT"3 - KONZENTRATSTÄRKE = LÖSUNGSMENGE * LÖSUNGSSTÄRKE / KONZENTRATMENGE"
90 PRINT"4 - LÖSUNGSSTÄRKE = KONZENTRATSTÄRKE * KONZENTRATMENGE / LÖSUNGSMENGE"
100 PRINT
110 INPUT"FORMELEINGABE ( 1 BIS 4 )    ",FO
120 IF FO<1 OR FO>4 THEN GOTO 110
130 FO=INT(FO)
140 PRINT:PRINT"FORMEL ";FO:PRINT
150 IF FO=1 THEN GOSUB 1000
160 IF FO=2 THEN GOSUB 2000
170 IF FO=3 THEN GOSUB 3000
180 IF FO=4 THEN GOSUB 4000
190 END
1000 INPUT"LÖSUNGSSTÄRKE        = ",LS
1010 INPUT"LÖSUNGSMENGE         = ",LM
1020 INPUT"KONZENTRATSTÄRKE     = ",KS
1030 PRINT
1040 PRINT"KONZENTRATMENGE      = ";LS*LM/KS
1050 RETURN
2000 INPUT"KONZENTRATMENGE      = ",KM
2010 INPUT"KONZENTRATSTÄRKE     = ",KS
2020 INPUT"LÖSUNGSSTÄRKE        = ",LS
2030 PRINT
2040 PRINT"LÖSUNGSMENGE         = ";KM*KS/LS
2050 RETURN
3000 INPUT"LÖSUNGSMENGE         = ",LM
3010 INPUT"LÖSUNGSSTÄRKE        = ",LS
3020 INPUT"KONZENTRATMENGE      = ",KM
3030 PRINT
3040 PRINT"KONZENTRATSTÄRKE     = ";LM*LS/KM
3050 RETURN
4000 INPUT"KONZENTRATSTÄRKE     = ",KS
4010 INPUT"KONZENTRATMENGE      = ",KM
4020 INPUT"LÖSUNGSMENGE         = ",LM
4030 PRINT
4040 PRINT"LÖSUNGSSTÄRKE        = ";KS*KM/LM
4050 RETURN
```

12.26 Programmerweiterung Fehlermeldung

Vergleicht man die beiden Programme **12**.25 und **12**.26 miteinander, sieht man, dass in den Zeilen 1025, 2025, 3025 und 4025 Bedingungen eingefügt sind, die eine Verwechslung der Werte verhindern. Geschieht dies doch, kommt Ihnen der Computer sofort auf die Schliche und druckt „falsche Eingabe" (**12**.27).

```
MISCHUNGSRECHNEN

FORMELAUSWAHL
1 - KONZENTRATMENGE = LÖSUNGSSTÄRKE * LÖSUNGSMENGE / KONZENTRATSTÄRKE
2 - LÖSUNGSMENGE = KONZENTRATMENGE * KONZENTRATSTÄRKE / LÖSUNGSSTÄRKE
3 - KONZENTRATSTÄRKE = LÖSUNGSMENGE * LÖSUNGSSTÄRKE / KONZENTRATMENGE
4 - LÖSUNGSSTÄRKE = KONZENTRATSTÄRKE * KONZENTRATMENGE / LÖSUNGSMENGE

FORMELEINGABE ( 1 BIS 4 ) ? 3

FORMEL 3

LÖSUNGSMENGE        = 400
LÖSUNGSSTÄRKE       = 9
KONZENTRATMENGE     = 500
F A L S C H E   E I N G A B E
LÖSUNGSMENGE        = 500
LÖSUNGSSTÄRKE       = 9
KONZENTRATMENGE     = 400

KONZENTRATSSTÄRKE  = 11.25
Ok
```

12.27 Der Computer meldet falsche Eingabe

Wenn Sie die folgenden Übungsaufgaben mit unserem Programm lösen wollen, müssen Sie es erst Zeile für Zeile in Ihren Computer eingeben.

Aufgaben

1. Ergänzen Sie die Tabelle.

	a)	b)	c)	d)	e)	f)	g)	h)	i)	j)
KS (%)	12	9	?	80	32	8,4	6,25	?	27	?
KM (ml)	40	25	30	?	30	?	760	180	5	120
LS (%)	?	2,5	3,5	0,2	4	2,8	1,9	22,5	?	0,2
LM (ml)	120	?	120	4000	240	275	?	3600	900	3000

2. Wie viel ml 18%iges H_2O_2 müssen Sie nehmen, um 500 ml einer 6%igen Lösung herzustellen?

3. Das Fingerbad zur Maniküre soll 1,5% H_2O_2 enthalten. Wie viel 6%iges H_2O_2 haben die 180 ml Lösung?

4. Ein Friseur hat 40 ml H_2O_2 mit Shampoo und Wasser zu 200 ml einer 3%igen Blondierwäsche gemischt. Wie stark war das H_2O_2?

5. Tiny hat 30 ml H_2O_2 mit Farbcreme zu 90 ml Färbemasse verrührt. Da in der Mixecke ziemliche Unordnung herrscht und mehrere Wasserstoffperoxidflaschen herumstehen, misst sie die Stärke der fertigen Masse. Die Messspindel zeigt 1,8%. Wie stark war ihr H_2O_2?

6. Bei 10 Minuten Einwirkzeit soll eine Desinfektionslösung 2%ig sein. Wie viel Lösung erhalten Sie aus 30 ml 68%igem Konzentrat?

7. Wie viel ml Lösung lassen sich aus 360 ml 8,6%igem H_2O_2 herstellen, wenn die Lösung 6%ig werden soll?

8. Wie stark wird eine Lösung, wenn man 480 ml 5,4%iges H_2O_2 mit Wasser zu 600 ml Lösung verdünnt?

9. Welche Lösungsstärke erhalten Sie, wenn Sie 25 ml 9%iges H_2O_2 mit Wasser, Shampoo und Blondierpulver zu 160 ml Blondierwäsche mischen?
10. Eine fertige Blondier- und Färbelösung darf nicht stärker als 12% sein. Eine Kollegin will eine „schnelle" Hellerfärbung erreichen und mischt 60 ml 17,2%iges H_2O_2 mit Farbe zu 140 ml Farbbrei. Darf sie die Lösung auftragen?

Computeranzeige bei Bedienungsfehlern

file not found	die angesprochene Datei wurde nicht gefunden
syntax error	fehlerhafte Eingabe, z. B. fehlende Anführungszeichen, ungleiche Anzahl von Klammern
division by zero	es wurde versucht, durch 0 zu teilen
undefined line number	die angesprochene Zeile ist nicht vorhanden
disk full	kein Speicherplatz mehr auf der Diskette frei
disk not ready	Diskette ist nicht funktionsfähig; entweder ist das Diskettenlaufwerk nicht richtig verriegelt oder es ist keine Diskette eingelegt
out of paper	der Drucker hat kein Papier

Computervokabeln (s. auch S. 229)

Alt	alternative = Auswahl
ASCII	**A**merican **S**tandard **C**ode for **I**nformation **I**nterchange = international genormter Code zur Datenübertragung
Backspace	Rückwärtsschritt
Basic	**B**eginners **A**ll Purpose **S**ymbolic **I**nstruction **C**ode = höhere Programmiersprache
Bit	**bi**nary dig**it** = Zweierschritt
Booten	Laden, z. B. Betriebssystem
CAD	**c**omputer **a**ided **d**esign = computerunterstütztes Zeichnen, Entwerfen, Konstruieren
Caps lock	**caps**itals **lock**ed = Großbuchstaben eingestellt
CD-ROM	**C**ompact-**D**isc-**R**ead-**O**nly-**M**emory Eine bespielte Platte, die nur gelesen werden kann
Cls	**cl**ear **s**creen = Bildschirm löschen
COM	**com**mand = ausführbar
CPU	**c**entral **p**rocessing **u**nit = Zentraleinheit
Cursor	Bildschirmzeiger
Del	**del**ete = Löschen
Directory	Inhaltsverzeichnis, Adressbuch
DOS	**d**isk **o**perating **s**ystem = früheres Betriebssystem für Disketten
End	Beenden
Escape	Flucht, d. h. Zurück zum Programmanfang
Exe	**exe**cutive = ausführbar

Computervokabeln, Fortsetzung

Goto	gehe zu
Hardware	harte Ware = Computer, Peripheriegeräte
Home	Cursor geht an die erste Zeichenposition
If – then	wenn – dann
Input	Eingabe
Ins	**ins**ert = Einfügung
Joystick	Steuerknüppel
Menü	(Speisekarte) Befehlsauswahl
MS-DOS	**M**icrosoft **d**isk **o**perating **s**ystem = Betriebssystem für Disketten
OS	**o**perating **s**ystem = Betriebssystem
PgDn	**page down** = eine Seite vor
PgUp	**page up** = eine Seite zurück
Plotter	computergesteuerte Zeichenmaschine
Print	Drucken
Prompt	bereit
PrtSc	**pr**in**t** **sc**reen = Ausdruck des Bildschirminhalts
RAM	**r**andom **a**ccess **m**emory = Speicher mit wahlfreiem Zugriff, Schreib-Lese-Speicher
ROM	**r**ead **o**nly **m**emory = Nur-Lese-Speicher
Run	Laufen
Scanner	Abtaster
Shift	Verschieben
Software	weiche Ware = Programme, Daten
Strg	**str**in**g** = Steuerung
Windows	Grafische Benutzeroberfläche/Betriebssystem
Word	Textverarbeitungsprogramm

13 Anhang

13.1 Taschenrechner

Taschenrechner haben zahlreiche Vorteile: Schwierige Aufgaben lassen sich schneller lösen als durch schriftliches Rechnen und genauere Ergebnisse erzielen. Allerdings rostet bei dauernder Verwendung das Gehirn ihrer Benutzer ein. Fällt der Rechner dann einmal aus, machen diese Leute lange Gesichter, weil sie die Aufgabe selbst nicht mehr rechnen können!

Für die Arbeit mit dem Taschenrechner müssen wir einige Punkte beachten.

Aufbau

Wir haben uns im Bild **13**.1 auf ein einfaches Taschenrechnermodell beschränkt.

Die Grundfunktionen sind zwar bei allen Rechnern gleich, bei Zusatzfunktionen wie z. B. Prozenttaste, Wurzeltaste und Speicher kann es jedoch Unterschiede geben.

Überprüfen Sie also die Übereinstimmung Ihres Rechners mit unseren Beispielen. Falls er von unserem Modell abweicht, bleibt Ihnen nur der Spaziergang durch die Gebrauchsanweisung.

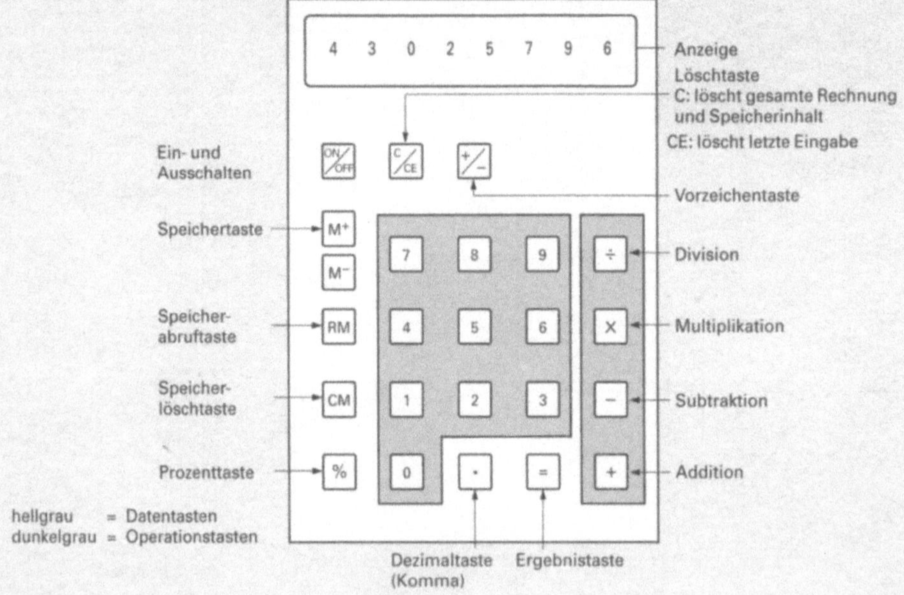

13.1 Taschenrechner

Im allgemeinen hat ein Taschenrechner folgende Tasten:

Taste		Funktion
Ein/Aus-Taste	an – ON aus – OFF	Ein- und Ausschalten des Rechners
C/CE-Taste	C – engl. clear CE – engl. clear entry	Löschen von Rechenoperationen C – Löschen der gesamten Eingabe und der Speicherinhalte CE – Löschen der letzten Eingabe
Datentasten 0 – 9		Eingabe der Ziffern
Operationstasten Addition Subtraktion Multiplikation Division	 + − × ÷	Eingabe der jeweiligen Rechenart Anzeige der jeweiligen Zwischenergebnisse
Ergebnistaste	=	Anzeige des Endergebnisses
Dezimaltaste	.	Eingabe des Kommas
Prozenttaste	%	Anzeige von Prozentwerten
Vorzeichentaste	+ / −	Ändern des Vorzeichens
Speichertaste	M – engl. memory auch M + und M −	Speichern von (Zwischen)-Ergebnissen oder Zahlen
Speicherabruftaste	RM – engl. recall memory	Anzeige bereits gespeicherter Ergebnisse
Speicherlöschtaste	CM – engl. clear memory	Löschen gespeicherter Ergebnisse

Bedienungshinweise

Eingabe. Vor Beginn jeder Rechnung muss der Speicher des Taschenrechners leer sein. Deshalb drücken wir zuerst die Löschtaste [C].
Die Zahlen werden mit den Zifferntasten in derselben Reihenfolge wie beim Schreiben eingegeben.

Beispiel	Zahl	5	3	8	7
Eingabe		1.	2.	3.	4.
		[5]	[3]	[8]	[7]
Anzeige		5	3	8	7

Das Komma bei Dezimalzahlen wird mit der Dezimaltaste [.] gesetzt, da viele Länder statt der Kommas einen Dezimalpunkt verwenden.

Beispiel	Zahl	7	8	2	,	1	5
Eingabe		1.	2.	3.	4.	5.	6.
		[7]	[8]	[2]	[.]	[1]	[5]
Anzeige		7	8	2	.	1	5

Grundrechenarten. Die meisten Taschenrechner arbeiten nach diesem Schema:
Zahleingabe mit Datentasten → Operationstaste → Zahleingabe → Ergebnistaste

Das Ergebnis erscheint nach dem Drücken der Ergebnistaste.

Addition

Beispiel	Zahleingabe – Operationstaste – Zahleingabe – Ergebnistaste			
Eingabe	5	+	7	=
Anzeige	5	5	7	12

Bei fortlaufenden Rechnungen (z.B. Addition mehrerer Zahlen) wird das Schema erweitert:

Zahleingabe → Operationstaste → Zahleingabe → Operationstaste → Zahleingabe → usw. → Ergebnistaste

Dabei erscheint nach dem Drücken der Operationstaste jeweils das Zwischenergebnis.

Beispiel 4 + 8 + 7 + 2 + 9

Eingabe	1.	2.	3.	4.	5.	6.	7.	8.	9.	10.
	4	+	8	+	7	+	2	+	9	=
Anzeige	4	4	8	12	7	19	2	21	9	30

Subtraktion

Beispiel 12,75 − 2,92

Eingabe	1.	2.	3.	4.	5.	6.	7.	8.	9.	10.	11.
	1	2	.	7	5	−	2	.	9	2	=
Anzeige	1	12	12.	12.7	12.75	12.75	2	2.	2.9	2.92	9.83

Auch bei der Subtraktion mehrerer Zahlen erscheint das Zwischenergebnis jeweils nach dem Drücken der Operationstaste.

Beispiel 25,3 − 7 − 2,1 − 1,9

Eingabe	1.	2.	3.	4.	5.	6.	7.	8.	9.	10.	11.	12.	13.	14.	15.
	2	5	.	3	−	7	−	2	.	1	−	1	.	9	=
Anzeige	2	25	25.	25.3	25.3	7	18.3	2	2.	2.1	16.2	1	1.	1.9	14.3

Wiederholte Addition und Subtraktion:

Beispiel 23 − 12 + 1,8 − 3 + 85

Eingabe	1.	2.	3.	4.	5.	6.	7.	8.	9.	10.	11.	12.	13.	14.	15.
	2	3	−	1	2	+	1	.	8	−	3	+	8	5	=
Anzeige	2	23	23	1	12	11	1	1.	1.8	12.8	3	9.8	8	85	94.8

> Außer zur Subtraktion dient die − -Taste noch zur Eingabe negativer Zahlenwerte.

Multiplikation

Beispiel 5 · 3,5 · 11,4

Eingabe	1.	2.	3.	4.	5.	6.	7.	8.	9.	10.	11.
	5	×	3	.	5	×	1	1	.	4	=
Anzeige	5	5	3	3.	3.5	17.5	1	11	11.	11.4	199.5

Division

Beispiel 528 : 2 : 4

Eingabe	1.	2.	3.	4.	5.	6.	7.	8.
	[5]	[2]	[8]	[÷]	[2]	[÷]	[4]	[=]
Anzeige	5	52	528	528	2	264	4	66

Wiederholte Multiplikationen und Divisionen

Beispiel 3 · 20 : 6 · 5,3

Eingabe	1.	2.	3.	4.	5.	6.	7.	8.	9.	10.	11.
	[3]	[×]	[2]	[0]	[:]	[6]	[×]	[5]	[.]	[3]	[=]
Anzeige	3	3	2	20	60	6	10	5	5.	5.3	53

Beispiel $\frac{500 \cdot 50 \cdot 250}{1000 \cdot 20}$

Auch bei Brüchen müssen wiederholte Multiplikationen und Divisionen ausgeführt werden. Dabei ist bei der Eingabe zu beachten:

Eingabe	1.	2.	3.	4.	5.	6.	7.	8.	9.	10.
	[5]	[0]	[0]	[×]	[5]	[0]	[×]	[2]	[5]	[0]
Anzeige	5	50	500	500	5	50	25000	2	25	250

11.	12.	13.	14.	15.	16.	17.	18.	19.
[÷]	[1]	[0]	[0]	[0]	[÷]	[2]	[0]	[=]
6250000	1	10	100	1000	6250	2	20	312.5

Wir rechnen also folgendermaßen: 500 · 50 · 250 : 1000 : 20 = 312,5

> Obwohl im Nenner zwischen den Zahlen ein Malzeichen steht, benutzen wir die Divisionstaste, denn wir müssen den Zähler sowohl durch 1000 als auch durch 20 teilen!

Addition, Subtraktion, Multiplikation und Division

Beispiel 4 + 7 · 3

Hier müssen Sie aufpassen, denn Ihr Taschenrechner kennt die Regel Punktrechnung geht vor Strichrechnung nicht!

Eingabe	1.	2.	3.	4.	5.	6.
	[7]	[×]	[3]	[+]	[4]	[=]
Anzeige	7	7	3	21	4	25

Gebrauch des Speichers

Beispiel Tinys Chefin bestellt:

Mittel	Anzahl	Stückpreis
Tönungsbalsam	10	3,–
Föhnspülung	4	15,–
Haarfarbe	30	6,–
Blondierpulver	2	22,–

Berechnen Sie den Gesamtpreis.

Beispiel, Fortsetzung — Sind vor einer abschließenden Addition/Subtraktion Nebenrechnungen erforderlich, bietet sich der Gebrauch der Speichertasten [M+] bzw. [M−] an. Der Speicher erspart das Notieren von Zwischenergebnissen und führt die Addition bzw. Subtraktion aus.

Eingabe
1. 10 × 3 = 30 → [M+]
2. 4 × 15 = 60 → [M+]
3. 30 × 6 = 180 → [M+]
4. 2 × 22 = 44 → [M+]

Wenn Sie nun das Endergebnis wissen wollen, drücken Sie einfach die Taste [RM], und in der Anzeige erscheint die Summe **314**.

Sind bei einer Aufgabe Additionen und Subtraktionen erforderlich, bedienen Sie entsprechend [M+] und [M−]. Je nach Eingabe addiert oder subtrahiert der Rechner im Speicher.

Zum Löschen der Ergebnisse im Speicher drücken Sie zuerst die Zahlentaste [0] und dann die Operationstaste [CM]. Zur Kontrolle drücken Sie noch [RM]. Erscheint eine Null, ist der Speicher gelöscht.

Gebrauch der Prozenttaste

Die Prozenttaste eröffnet drei Rechenmöglichkeiten:

- Berechnen des Prozentwerts → [×] [%]
- Addition des Prozentwerts → [+] [%]
- Subtraktion des Prozentwerts → [−] [%]

Beispiel 1 **Berechnen des Prozentwerts**
Wie viel DM sind 5% von 88,– DM?
Eingabe 88 [×] 5 [%]
Anzeige 4,4, also **4,40 DM**

Beispiel 2 **Addition des Prozentwerts**
Eine Rechnung lautet auf 145,80 DM ohne Mehrwertsteuer. Berechnen Sie den Endpreis einschließlich Mehrwertsteuer.
Eingabe 145,80 [+] 15 [%]
Anzeige 166,212, also **166,21 DM**

Beispiel 3 **Subtraktion des Prozentwerts**
Die Chefin gewährt 12% Personalrabatt auf Kosmetika. Was kostet die Tagescreme zu 22,60 DM nach Abzug des Rabatts?
Eingabe 22,60 [−] 12 [%]
Anzeige 19,888, also **19,89 DM**

Korrektur von Rechenoperationen bei den Grundrechnungsarten

Drücken Sie aus Versehen die Tasten
[+] oder [−], betätigen Sie anschließend die Taste [0].
[×] oder [÷], betätigen Sie anschließend die Taste [1].

Am Ergebnis ändert sich in beiden Fällen nichts, und Sie können Ihre Rechnung fortführen. Probieren Sie's aus!

Beispiel 27 + 5 + 9

Eingabe	[2]	[7]	[+]	[5]	[−]	[0]	[+]	[9]	[=]
Anzeige	2	27	27	32	32	0	32	9	41

13.2 Formelsammlung

Maße und Gewichte

Längenmaße	Flächenmaße	Volumen (Raummaße)	Volumen (Hohlmaße)
			$1\ m^3 = 1000\ l$ $1\ hl = 100\ l$ $1\ dm^3 = 1\ l$ $1\ cm^3 = 1\ cl$ $1\ mm^3 = 1\ ml$
1 cm	$1\ cm^2$	$1\ cm^3$	
			Masse (Gewichte)
1 km = 1000 m 1 m = 10 dm 1 m = 100 cm 1 m = 1000 mm 1 dm = 10 cm 1 cm = 10 mm	$1\ km^2 = 100$ ha 1 ha = 100 a $1\ a = 100\ m^2$ $1\ m^2 = 100\ dm^2$ $1\ dm^2 = 100\ cm^2$ $1\ cm^2 = 100\ mm^2$	$1\ m^3 = 1000\ dm^3$ $1\ dm^3 = 1000\ cm^3$ $1\ cm^3 = 1000\ mm^3$	1 t = 1000 kg 1 kg = 1000 g 1 g = 1000 mg

Flächen und Körper

Quadrat	Rechteck	Rhombus	Parallelogramm	Dreieck
$U = 4a$	$U = 2a + 2b$	$U = a \cdot h$	$U = (a + b) \cdot 2$	$U = a + b + c$
$A = a^2$	$A = ab$	$A = a \cdot 4$	$A = a \cdot h$	$A = \frac{ah}{2}$

Kreis	Ellipse	Würfel	Quader
$U = d \cdot 3{,}14$	$U = \frac{(D + d)}{2} \cdot 3{,}14$	$O = 6a^2$	$O = 2(ab) + 2(ah) = 2(bh)$
$A = r^2 \cdot 3{,}14$	$A = \frac{D}{2} \cdot \frac{d}{2} \cdot 3{,}14$	$V = a^3$	$V = abh$

Zylinder	Kugel	Pyramide	Prisma	Kegel
$O = \frac{3{,}14d(2h + d)}{2}$	$O = 3{,}14d^2$	$V = \frac{a \cdot b \cdot h}{3}$	$V = A \cdot h$	$V = \frac{\pi \cdot r^2 \cdot h}{3}$
$V = \frac{3{,}14d^2h}{4}$	$V = \frac{3{,}14d^3}{6}$			

Prozentrechnung

$w = \frac{g \cdot p}{100}$ $\qquad p = \frac{w \cdot 100}{g}$ $\qquad g = \frac{w \cdot 100}{p}$

Zinsrechnung

$$z = \frac{k \cdot p \cdot t}{100} \qquad \text{Zinsfaktor} = \frac{\text{Endkapital in \%}}{100}$$

$$p = \frac{z \cdot 100}{k \cdot t}$$

1 Jahr = 12 Monate = 52 Wochen = 360 Tage
1 Monat = 30 Tage

$$k = \frac{z \cdot 100}{p \cdot t}$$

$$t = \frac{z \cdot 100}{k \cdot p}$$

Mischungsrechnen

Konzentratstärke · Konzentratmenge = Lösungsstärke · Lösungsmenge
KS · KM = LS · LM

$$KS = \frac{LS \cdot LM}{KM} \qquad KM = \frac{LS \cdot LM}{KS} \qquad LS = \frac{KS \cdot KM}{LM} \qquad LM = \frac{KS \cdot KM}{LS}$$

Mischungskreuz

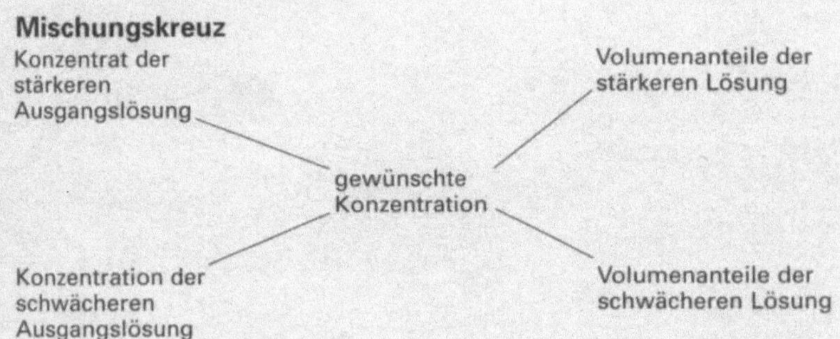

Bildquellenverzeichnis

Baufachkunde Grundlagen, Stuttgart 1990: Bild **12**.4
Fachkunde für Raumausstatter, Stuttgart 1996: Bild **12**.2, **12**.4, **12**.5
Metallfachkunde 1, Stuttgart 1990: Bild **12**.2, **12**.5, **12**.12.

Alle anderen Bilder und Zeichnungen stammen aus dem Verlagsarchiv.

Sachwortverzeichnis

(f. = und folgende Seite, ff. = und folgende Seiten)